VESPA GT, GTS, GTV AUTOMATIK-ROLLER

Alle Viertakter 125 bis 300 cm³ seit 2003

TECHNIK, WARTUNG, REPARATUR

Das im Juni 2023 vorgestellte Sportmodell der GTV 300 in Beige. Mit 23,8 PS war der 278 cm³ große Viervakt-Mittelmotor das stärkste je in einer Serien-Vespa eingesetzte Triebwerk. LED-Scheinwerfer und weiterentwickelte Elektronik-Ausstattung waren serienmäßig.

Diese Vespa GTS Super 300 i.e. hat der Verlag gekauft, um die für dieses Buch erforderlichen Fotoproduktionen durchführen zu können. Das Bild entstand Anfang November 2010 und damit unmittelbar vor Redaktionsschluß der 1. Auflage. Auch danach blieb die GTS Super dem Verlag lange erhalten – als wendiges und viel Spaß machendes Kurzstrecken-Fahrzeug.

ISBN 978-3-667-11582-9
Dépôt légal – 4e édition : 2023, juillet

572, rue des Préaux, 61210 Giel-Courteilles
Achevé d'imprimer en juillet 2023 dans l'Union Européenne.

VESPA GT, GTS, GTV AUTOMATIK-ROLLER

Alle Viertakter 125 bis 300 cm³ ab 2003

4. Auflage, alles in Farbe

GT/GTS/GTV 125, 200, 250, 300 i.e.
Vierventil-Viertakt-Technik allgemein;
anwendbar für viele Piaggio-Modelle

TECHNIK, WARTUNG, REPARATUR

HANS J. SCHNEIDER
SCHNEIDER MEDIA

IMPRESSUM

VESPA GT, GTS, GTV AUTOMATIK-ROLLER
beschreibt ausführlich alle Montage-, Reparatur- und Inspektionsarbeiten an den ab 2003 gebauten Vespa-Modellen mit Vierventil-Motor. Alle Angaben in diesem Buch erfolgen nach bestem Wissen und dem Stand der Technik bei Redaktionsschluß. Das Nachvollziehen der beschriebenen Arbeiten geschieht auf eigene Gefahr. Beachten Sie dazu bitte auch unsere **Enthaftungserklärung** unten rechts.

Bildnachweis
Fotos: Hans J. Schneider (300 Reparatur);
Piaggio Umschlag (3), S. 1, 6 (je 1), S. 8/9 (4), S. 10/11 (5), S. 12/13 (5), S. 14/15 (7), S. 16 (3), S. 17, 20, 25, 27, 31, 52, 53, 131, 153 (je 1), S. 154/155 (10), S. 156/157 (4), 158/159 (10), S. 160/161 (3), S. 162/163 (5)
Axel Koenigsbeck (3), Rainer Schulz (1)
Simon Schneider (10)
Strich- und Computer-Zeichnungen: Schneider Media/Basis Piaggio: S. 18, 20, 24, 25 (je 1), S. 27 (2), S. 33 (1), S. 35 (3), S. 36 (1), S. 37 (4), S. 44, 47, 49, 57, 60, 62, 65, 70, 73, 75, 79, 84, 85, 87, 91, 92 (je 1), S. 93 (2), S. 95, 97, 99, 101, 103, 105, 107 (je 1), S. 113 (2), S. 115, 117, 118, 120, 121, (je 1)
Schaltpläne: Schneider Media S. 146-152 (4).
Alle Zeichnungen, Schaltpläne und Schaltbilder wurden vom Verlag angefertigt; als Quelle dienten die bei den Montagearbeiten gemachten Erfahrungen, aber auch Unterlagen von Piaggio. Ähnlichkeiten sind zwangsläufig.

Herstellung
Layout: Hans J. Schneider
Bildbearbeitung, Produktion: Vincent Schneider
Graphik: Simon Schneider
Mitarbeit Werkstatt: Simon, Valentin und Vincent Schneider, Rainer Schulz
Schlußredaktion: Dr. Valentin Schneider

Verlag
SCHNEIDER MEDIA FRANCE SAS

FSC www.fsc.org MIX Papier | Fördert gute Waldnutzung FSC® C084279

Vertrieb
Delius Klasing Verlag GmbH
Siekerwall 21, D-33602 Bielefeld;
Tel. 0521/5590, Fax: 0521/559115
E-Mail: info@delius-klasing.de

ISBN D, A, CH:
ISBN 978-3-667-11582-9

Printed in the European Union

Dank an die Kollegen
Der Autor dankt ganz besonders Zweiradmechanikermeister Rainer Schulz vom Zweiradhaus Schulz in Kommern für sachverständige Unterstützung und Beratung im technischen Bereich. Dank auch an Dr. Ingo Leipoldt aus Kommern und Laura von Witzenhausen aus Mechernich (Überlassung von Fahrzeugen) sowie an Ansgar Schauerte und Stephanie Wolff, Piaggio Deutschland GmbH.

Dank an die Leser für ihre Mitarbeit
Ein herzliches Dankeschön natürlich auch an alle Leser, die mit Tips und Hinweisen die Neuauflage bereichert haben: Jürgen Bauer, John Eckert, Detlef Köhn, Werner Lechner, Matthias Müller, Stefan Ott, Matthias Planz, Volker Simon.

Hinweis auf andere Piaggio-Modelle
Für die Zerlegungsarbeiten wurden **beispielhaft** Vespa-Roller der Typen GT 125, GT 200, GTS 250 i.e. und GTS Super 300 i.e. verwendet. Die entsprechenden Arbeiten und Hinweise lassen sich auch bei den technisch weitgehend identischen Modellen der GTS-Serie anwenden.
Der **flüssiggekühlte Vierventilmotor** sowie das **Fahrwerk** und die **Bremsanlage** finden sich **nahezu identisch in vielen Fahrzeugen von Piaggio, Vespa und Gilera.** Insofern ist das Buch auf eine Vielzahl von Modellen dieser Hersteller anwendbar.

Enthaftungserklärung
Unzureichende Sachkenntnis verpflichtet den Leser, die gezeigten Arbeiten nicht selbst in die Hand zu nehmen, sondern in einer Fachwerkstatt ausführen zu lassen. Alle Informationen, technischen Angaben und Anleitungen in diesem Buch wurden vom Autor mit der größten Sorgfalt zusammengetragen.
Das Nachvollziehen der beschriebenen Arbeiten erfolgt in jedem Fall auf eigene Gefahr.
Der Verlag kann weder Garantie noch juristische Verantwortung oder irgendeine Haftung für Folgen, die auf fehlerhafte oder unvollständige Angaben oder falsche Interpretation der Hinweise oder fehlerhaftes Arbeiten zurückgehen, übernehmen. Auch verantworten Autor und Verlag nicht Fehler, die auf falsche Angaben durch Fahrzeughersteller entstanden sind.
Haftungsansprüche gegen Autor oder Verlag sind damit ausgeschlossen.

INHALT

Welten trennen die Vespa GTS Super 300 i.e. von der klassischen Zweitakt-Vespa. Motor- und Fahrwerkstechnik erlauben sogar sportliche Fahrweise.

Mit umweltverträglicher Vierventiltechnik und erstklassigem Fahrwerk auf Erfolgskurs: Vespa GT, GTS und GTV

Die Einführung der GT- und GTS-Modelle ab 2003 war eine Zeitenwende in der damals bereits fast 60jährigen Geschichte der Vespa. Wo früher der Zweitaktmotor sein Benzin-Öl-Gemisch auf relativ unwirtschaftliche und schadstoffreiche Art verbrannte, geht seitdem ein moderner **Viertakt-Vierventil-Motor** deutlich sparsamer mit dem teuren Treibstoff um, ganz ohne Ölverbrauch und bei den 2005 vorgestellten Modellen mit Einspritztechnik zusätzlich schadstoffarm dank geregeltem Katalysator. Ein zeitgemäßes Flüssigkühlsystem reduziert den Lärm und verbessert die Thermik, was ebenfalls den Verbrauch senkt.

Auch Fahrwerk und Bremsanlage wurden entscheidend verbessert: Zwei Federbeine garantieren beispielhafte Stabilität und hohe Zuladung, zwei großzügig ausgelegte Scheibenbremsen sorgen für beste Verzögerung. Für **2014** wurde die Vorderradführung nochmals optimiert, und auf Wunsch gibt es ein **Zweikanal-ABS** neuester Generation mit integriertem **ASR.**

Die traditionell wie bei der Ur-Vespa aus Stahlblech gefertigte Karosserie wurde aerodynamisch so optimiert, daß der Fahrtwind sanft über Fahrer und Fahrzeug hinweggleitet. Daß es den Vespa-Designern trotzdem gelang, die nostalgische und zeitlos schöne Vespa-Linie beizubehalten, ist ein besonderes Verdienst. Nie zuvor war eine Vespa so ausgewogen, umweltverträglich, ökonomisch und hochwertig. Das Fahren macht großen Spaß, die Bedienung ist ein Kinderspiel und bei alledem ist der Wertverlust minimal.

Bei High-Tech-Scootern wie GT, GTS und GTV sind dem Do-it-yourself – wie bei modernen Motorrädern und Automobilen – allerdings bestimmte Grenzen gesetzt. An der elektronisch gesteuerten Zünd- und Einspritzanlage sowie am ABS können nur geschulte Fachleute auf Fehlersuche gehen und Mängel beheben, allein schon wegen der komplizierten Meßgeräte und Spezialwerkzeuge, die im freien Handel nicht erhältlich sind.

Bei allen anderen Baugruppen von Radführung über Bremsanlage und Beleuchtung bis hin zu Motor, Keilriemenautomatik und Getriebe haben wir unser seit 1985 gepflegtes Prinzip beibehalten, der Technik möglichst weitgehend durch Zerlegen und Zusammenbauen auf den Grund zu gehen und die nötigen **Tipps für Wartung und Reparatur** zu geben.

Wir denken, daß auch die **4. Auflage** unseres bereits seit 2011 verkauften Bestsellers wieder eine wertvolle Hilfe für alle ist, die sich näher mit der Technik der Super-Scooter von Vespa befassen wollen. Daß nahezu alle Fotos farbig sind, wertet die Neuauflage zusätzlich auf.

Allzeit unfall- und pannenfreie Fahrt wünscht Ihnen

Hans-Jürgen Schneider
Normandie, Juli 2023

Fürs Standfoto ohne Helm und Schutzbekleidung: Autor Hans-Jürgen Schneider und Sohn Vincent (Scan und elektronische Buch-Produktion) auf ihrer GTS Super 300 i.e. im September 2010. Die stärkste Vespa, die es je gab, sorgt bereits für hochgezogene Mundwinkel, wenn man sich nur draufsetzt. Unterwegs überzeugt sie mit ihrer vorbildlichen Straßenlage und dem bulligen, anzugsstarken Viertakt-Motor.

Aufbruch in eine neue Ära mit Vierventiltechnik, Benzineinspritzung und Katalysator

Mit der vollkommen neuen Baureihe Vespa Granturismo trat Piaggio 2003 an die Öffentlichkeit. Basismodell war die Vespa GT 125 mit 15 PS, Topmodell die Vespa 200 GT mit 20 PS. Die Fahrzeuge stießen auch in Deutschland auf großes Interesse und laufen inzwischen in beträchtlichen Stückzahlen auf den Straßen Europas.

GT-Modelle mit Vergaser-Motoren

Für kräftigen Vortrieb sorgten flüssigkeitsgekühlte Viertakt-Einzylindermotoren mit vier Ventilen und obenliegender Nockenwelle vom Typ LEADER, gekoppelt mit der bewährten, im Detail verbesserten und verstärkten Keilriemen-Automatik. Für die Gemischaufbereitung waren zunächst nur Vergaser zuständig, allerdings solche modernster Bauart.

GTS 250 mit Benzineinspritzung

Im Mai 2005 wurde das Modell GT 200 von der GTS 250 i.e. abgelöst, die statt mit der Vergasertechnik mit einer elektronisch gesteuerten Einspritzanlage sowie geregeltem Dreiwege-Katalysator ausgerüstet war, es auf 21,4 PS brachte und wahlweise (ab Juli 2005) auch mit ABS bestellt werden konnte. Der für die Einspritz-Modelle vor allem im

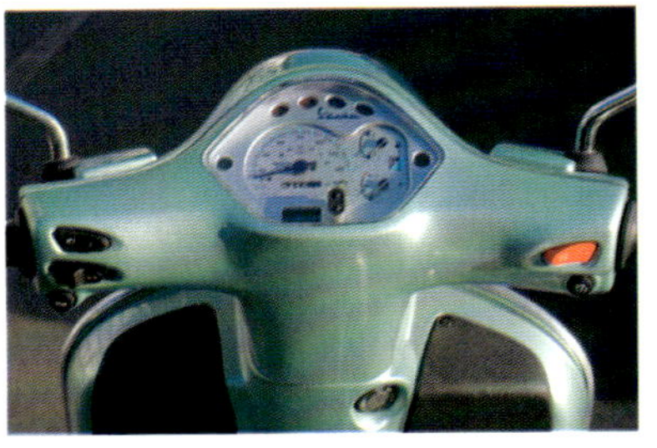

Die von 2003 bis 2005 gebaute GT 200 läutete zusammen mit dem 125er Basismodell eine neue Vespa-Epoche ein. Mit flüssiggekühltem Vierventil-Mittelmotor, langem Radstand, niedrigem Schwerpunkt und großen 12-Zoll-Rädern bot der 21 PS starke Roller eine Straßenlage, die Vespa-Fahrer früher nicht kannten. Beliebtes Zubehör war und ist das in Fahrzeugfarbe lackierte Topcase. Die hier gezeigte GT 200 wurde uns freundlicherweise von Dr. Ingo Leipoldt aus Kommern zur Verfügung gestellt.

Bereich Anlasser/Lichtmaschine stark geänderte Motor hieß jetzt „QUASAR“. Das 125er Modell wurde umbenannt in GTS 125, blieb inklusive LEADER-Motor und an die Euro 3-Norm angepaßter Vergasertechnik aber unverändert.

Die Zeitschrift „Scooter“ ermittelte im Herbst 2007 bei der GTS 250 i.e. eine Höchstgeschwindigkeit von 120,4 km/h. Die ältere GT 200 L war mit 118,8 km/h nur unwesentlich langsamer (zum Vergleich Cosa 200 mit Zweitaktmotor: 100,9 km/h).

GTS 300: stärkste je gebaute Vespa

Mit der stärksten Vespa aller Zeiten, der GTS 300 i.e. Super erregte Piaggio im Herbst 2008 Aufsehen. Der auf 278,3 cm³ Hubraum vergrösserte Vierventilmotor war in der Spitzenleistung mit 22,3 PS nur unwesentlich stärker, glänzte aber mit einem deutlich verbesserten Drehmoment und kräftigerem Durchzug aus

Oben: Moderne trifft Antike – die GT 200 vor dem Kolosseum in Rom. Als optimales Stadtfahrzeug trägt die Vespa seit 1946 dazu bei, den Verkehr in den Städten flüssig zu halten. Vor allem in italienischen und französischen Metropolen entlasten die wendigen Flitzer die Straßen und Plätze. Links: Das Topcase ist perfekt in die Silhouette der GT 200 integriert.

Rechts oben: Auf der Mailänder Motorradmesse 2005 zeigte Piaggio diesen GTV-Vorläufer als „GT 60 Showbike". Der Roller entsprach technisch der 2006 gestarteten GTV-Serie. Unten rechts: die Serienversion der GT 60 mit schwarzem Ledersattel. Unten: Mit der 2009 vorgestellten Vespa GTS 125 i.e. zog die Einspritz- und Katalysatortechnik auch die 125er Klasse ein.

niedrigen Drehzahlen heraus. Mit Spitzengeschwindigkeiten von gut 120 km/h sind die 250er und 300er Typen durchaus langstreckentauglich. 2010 wurde die Palette aufgestockt durch das Sondermodell GTS 300 Super-Sport, das 5249 Euro kostete, in rassigem Titansilber lackiert war und durch Instrumente mit roten Zeigern Sportlichkeit suggerierte.

GTV-Modelle im Nostalgie-Look

In Italien seit 2006, in Deutschland seit Ende 2008 zusätzlich im Programm waren die technisch mit den GTS-Modellen identischen GTV-Modelle 125 und 250 i.e., wobei das Modell GTV 125 noch den LEADER-Vergasermotor besaß. Die GTV 250 i.e. lief von Anfang an mit Einspritzung. Äußerlich unterschieden sich die GTV-Typen durch eine Frontpartie im Stil der 1950er Jahre mit

einem auf den Vorderkotflügel gesetzten Hauptscheinwerfer und kleinem Windabweiser am Lenker.

Betont nostalgisch präsentierte sich das Cockpit mit verchromtem Rohrlenker, Blockarmaturen und einem klassischen, in Chrom eingefaßten Rundinstrument. Speziell war die Leder-Sitzbank in Doppelsitz-Optik.

Besonders exklusiv kam das 2010 erschienene Sondermodell GTV 300 i.e. „Via Montenapoleone" daher. Die

Via Montenapoleone ist als Mailands Prachtstraße bekannt für Mode, Kunst und Design. Die GTV 250 i.e. kostete 5699 Euro, die Montenapoleone stolze 5929 Euro.

GT 60 zum Auftakt der GTS-Serie

Die auf 999 Exemplare limitierte Vespa GT60 erschien anläßlich des 60. Vespa-Geburtstags 2006 von Piaggio herausgebracht, war in der Farbe

Beide Bilder zeigen die Vespa GTS 250 i.e. in der Original-Ausführung von 2005 mit rundem Hupengitter auf der Kaskade. Charakteristisch für alle Vierventil-Modelle sind die seitlichen Einläße für die beiden Aluminium-Kühler hinter der aerodynamisch gut geformten Front. Mit ihrem gut 20 PS starken Motor erreicht die 250er über 120 km/h.

725 grau lackiert und hatte einen schwarzen, zweisitzigen Ledersattel. Der GT 60-Schriftzug saß auf der rechten Seite am hinteren Kotflügel im vorderen Bereich. Die GT 60 war der Auftakt der GTV-Reihe, erschien aber nie in einer Piaggio-Preisliste und war nur für betuchte Sammler gedacht. Der Preis war mit 7000 bis 10.000 Euro je nach Ausstattung entsprechend hoch.

Bei der Auslieferung dieser Fahrzeuge (für Deutschland 180 Exemplare) wurde eine Silber-Plakette mit der laufenden Nummer und den Initialien des Erstbesitzers angebracht. Zu den besondere n Extras gehörten eine Lederbox mit einem exklusiven Vespa-Buch, ein Lederschlüsselanhänger mit GT 60-Schriftzug, eine Ledermappe für die Papiere, ein Prospekt der GT60 und eine Karte mit von Hand eingetragener Nummer und der Unterschrift von Marco Lamberi, dem Chefdesigner von Vespa. Last but not least gab es ein numeriertes Zertifikat und eine exklusive Schutzdecke mit Vespa GT 60-Schriftzug.

GTS 125 mit Einspritzung und Kat

Eine interessante Neuheit war die auf der EICMA in Mailand 2008 vorgestellte und seit April 2009 lieferbare GTS 125 i.e. Super, mit der die Einspritz- und Katalysator-Technik damit auch in die beliebte 125er

Als stärkste Vespa aller Zeiten kam 2008 die GTS Super 300 i.e. heraus. Oben Modell 2008, unten Modell 2014.

Klasse Einzug hielt. Das Vorläufermodell GTS 125 besaß nur einen Zweiweg-Katalysator und ein zusätzliches Sekundär-Luftsystem.

Auch wenn die GT-, GTS- und GTV-Typen den Stil der klassischen Vespa perfekt widerspiegeln, unterscheiden sie sich von den Oldtimern durch erheblich größere Abmessungen (plus 13 cm Länge gegenüber beispielsweise der LX 125). Resultat der Gesamtmaßnahmen ist ein deutlich höheres Gewicht: 158 kg gegenüber 120 kg bei der LXV.

Betont werden muß in diesem Zusammenhang noch einmal, daß die Vespa-Modelle der LX- und GTS-Baureihen heute die einzigen Scooter sind, die über eine selbsttragende Ganzstahlkarosserie verfügen. Diese Bauweise ist 2,5mal so verdrehfest wie eine Rohrrahmen-Konstruktion, wie sie bei den meisten anderen Fahrzeugen zu finden ist.

Klassische Linie, größere Maße

Bei GT, GTS und GTV bietet die gegenüber ET und LX verbreiterte und vergrößerte Karosserie mehr Platz und besseren Wetterschutz, das ganze Fahrzeug sieht erwachsener und nobler aus. Der längere

Radstand verbessert Komfort und Geradeauslauf.

Herausragende Designmerkmale sind zum Beispiel die seitlichen Kühllufteinlässe, die ausklappbaren Soziusfußrasten aus Leichtmetall und die großzügig dimensionierten Heckleuchteneinheiten. Die Super-Modelle 125 und 300 zeigen zudem

Oben und links: GTS Super 300 i.e. von 2008. Unten rechts: das Sondermodell GTS 300 Super Sport von 2014. Alle Super-Typen, das es in verschiedenen Lackierungen gibt.

Oben links, unten links und rechts: GTV 250; oben rechts: GTV Vie della Moda von 2014. Geteilte Sitzbank, Zentralinstrument, verchromter Lenker und Scheinwerfer auf dem Kotflügel sind Reminiszenzen an die klassische Vespa der 1950er Jahre.

(innen) mattschwarz lackierte Fünfspe-chen-Leichtmetallräder und eine in „Racing Red" lackierte Spiralfeder an der Vorderradführung.

Große 12-Zoll-Räder und kräftige Scheibenbremsen vorn wie hinten sind ebenso Bestandteil des robusten Sicherheits-Fahrwerks wie die Vespa-typische Kurzschwinge vorn sportlich abgestimmten Federbein. Das Hinterrad ist wie bei allen Piaggio-Rollern in die Antriebseinheit integriert, die sich hier erstmals über zwei Federbeine abstützt.

Umweltverträgliche Motortechnik

Alle ab 2006 gebauten Viertaktmodelle – auch die mit Vergasertechnik – entsprechen den Umweltbestimmungen nach Euro 3. Nie war eine Vespa so umweltverträglich und sparsam wie eine GTS oder GTV; der Verbrauch liegt selten über 3,5 Liter Super bleifrei auf 100 km. Kein Vergleich also mehr mit den legendären PX-Modellen, deren Zweitakt-Einzylinder Benzin-Öl-Gemisch verbrannten, die Abgase ungefiltert in die Luft abgaben und im Verbrauch kaum unter 4,5 l/100 km kamen. Mit einem zulässigen Gesamtgewicht von 340 kg dürfen die modernen

Vierventil-Modelle rund 180 kg zuladen, was guter Motorrad-Standard ist.

Im Alltagsbetrieb zeichnen sich die Vierventiler nicht nur durch ihre Genügsamkeit, sondern auch durch hohe Zuverlässigkeit aus. Wer seine Vespa indes in die Werkstatt bringt, muß mit hohen Inspektions- und Ersatzteilpreisen rechnen. Die Wartungskosten lassen sich durch die Anwendung der Tips in diesem Buch senken. Zu den Schwächen zumindest der frühen GT-Modelle gehört gelegentliches Bremsenquietschen

(Dauertest „Scooter“ Heft 1/2004). Eine schöne Charakterisierung formulierte das Magazin „roller“: „Für die italienischen Momente im Leben gibt es nichts Passende-res als eine Vespa. Die GTS 250 verbindet Prosecco-Spritzigkeit mit kräftigem Espresso-Drehmoment.“

Viele Details und zusätzliche Fotos der technisch verbesserten Modelle ab Modelljahr 2014 finden sich ab Seite 153.

Links oben: Aufsehen erregte Piaggio 2008 mit dieser Studie eines GTV 250-Gespanns. Oben rechts: GTV 250 mit reichlich Chrom. Unten: Rund 6000 Euro kostete 2010 das Sondermodell GTV 300 „Via Montenapoleone“.

Karosserie und Karosserieelektrik; Aus- und Einbau der Bauteile, Prüfung der Beleuchtung

Schon 1996 kehrte Piaggio mit den Vespa-Zwillingen ET 2 und ET 4 zum bereits bei der Ur-Vespa angewandten Karosseriebau zurück. Anders als die ab 1990 produzierten Roller der Sfera-Baureihe mit Zentralrahmen und viel Plastik hatten die ET-Modelle wieder eine selbsttragende Karosserie aus Stahlblech. Auch die GT-, GTS- und GTV-Modelle ab 2003 sind nach diesem Prinzip gebaut. Die Festigkeit des Aufbaus wurde mit modernsten Computerverfahren berechnet, die Aerodymaik im Windkanal optimiert.
Alle modernen Vespa-Typen mit Stahlkarosse sind recht wartungsfreundlich. So lassen sich die wenigen Plastikelemente mit geringem Aufwand abnehmen. Wenn nichts Spezielles zu beachten ist, erfolgt der Einbau in umgekehrter Reihenfolge.

Die Stahlblechkarosserie der GT-, GTS- und GTV-Modelle wird von Robotern zusammengeschweißt. Die Computerbilder unten verdeutlichen, wie stabil und kompakt die Konstruktion ist. Bild oben rechts: Endkontrolle einer GT 125 im Piaggio-Werk Pontedera.

Tip vorab: Um Zubehör wie Steckdose oder Blinkerpieper anzuschliessen, kann man den **Stecker** der „Plug and Play-**Alarmanlage** nutzen (bei den 250ern hinter der linken Kontrollklappe am Beinschild, bei den 300ern hinter dem linken Blinker).

Rückspiegel abbauen: Zunächst den Schutzgummi hochschieben und den rechteckigen Deckel unten am Schaft abnehmen; er ist mit KS oder IS 2,5 befestigt. Mutter SW 17

Abkürzungen in den Wartungstexten
KS = Kreuzschlitzschraube, S = Schlitzschrau
IS = Inbusschraube, MS = Maschinenschrau
RM = Rändelmutter, TX = Torx-Schraube

lockern und Rückspiegel ausdrehen. Diese Arbeit ist auch erforderlich, wenn die **Lenkerverkleidung** ausgebaut werden muß. Beim **Rückspiegel-Einbau** Position mit der Einstellmutter justieren. Dazu wieder Gabelschlüssel SW 17 verwenden.

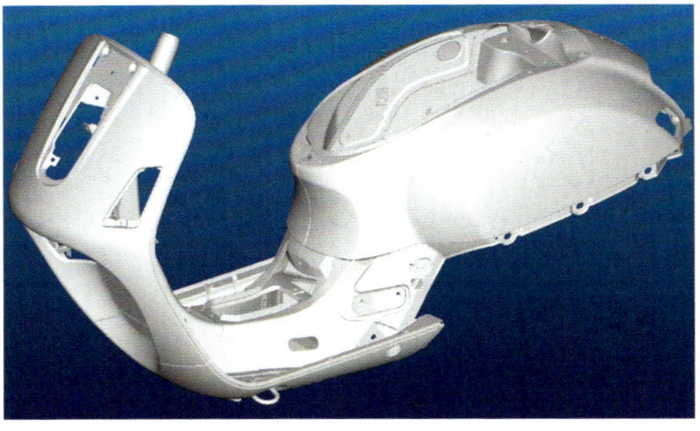

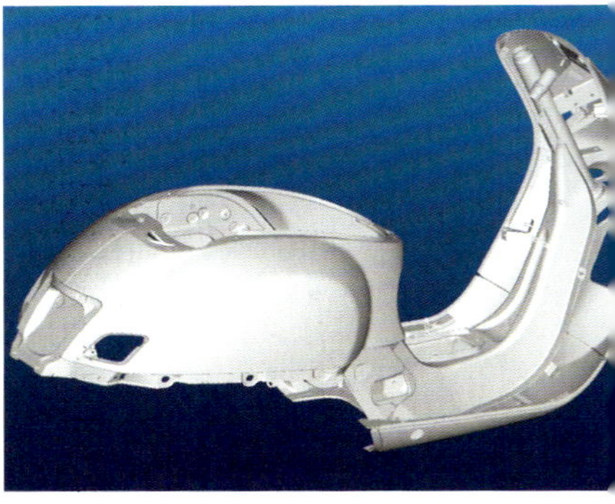

Vordere Lenkerverkleidung mit Scheinwerfer und Glühlampe ausbauen (GT, GTS): An der Rückseite zwei KS ausdrehen. Vorne unter der Lampe befindet sich eine weitere KS; Beim Ausdrehen am besten magnetisches Werkzeug zu Hilfe nehmen oder den Schacht mit einem **Tuch** abdecken; die Schraube fällt sonst leicht in den Steuerrohrschacht. Folge wäre, das Beinschild etc. zu demontieren und die Schraube rausfischen - eine aufwendige und unnötige Prozedur. Auch der spätre Zusammenbau ist nicht einfach
Unter den Abdeckkappen für die Rückspiegel befinden sich **Clipse,** die mit einem kleinen Schraubendreher nach hinten gedrückt werden müssen. Anschließend können Lenkerverkleidung und Scheinwerfer abgenommen werden. Bei Bedarf läßt sich nun auch die Scheinwerfer-Glühlampe wechseln. Bei den **GTV-**Modellen befindet sich der Scheinwerfer leicht zugänglich auf dem vorderen Kotflügel.

Tachometer, Instrumente und Kontrollampen prüfen/wechseln (GT, GTS): Bei abgenommener vorderer Lenkerverkleidung sind Tachometer, Instrumente und Kontrollampen gut zugänglich. Die Kontrollampen lassen sich mit ihren Fassungen durch Drehen gegen den Uhrzeigersinn entnehmen. Ansonsten bei der Demontage der Einzelelemente einen passenden KS-Dreher verwenden. Die Tachowelle ist oben mit einer Rändelschraube, am Vorderrad mit einer Schraube SW 10 gesichert (s. a. Kapitel „Scheibenbremsen"). Bei den **GTV-**Modellen ist die Instrumenteneinheit in eine kompakte Mittelkonsole integriert.

Instrumente und Kontrollampen prüfen/wechseln (GTV): Von vorn und unten zwei Schrauben ausdrehen und die Instrumenteneinheit nach oben herausziehen. Dann die beiden seitlichen Sperrzungen drücken und die Tachowelle abziehen. Der siebenpolige Kabelstecker kommt nach Drücken auf die mittlere Sperrzunge frei. Die betreffende Lampenfassung zum Ausbau gegen den Uhrzeigersinn drehen und die Lampe herausziehen; der **Einbau** erfolgt in umgekehrter Reihenfolge.

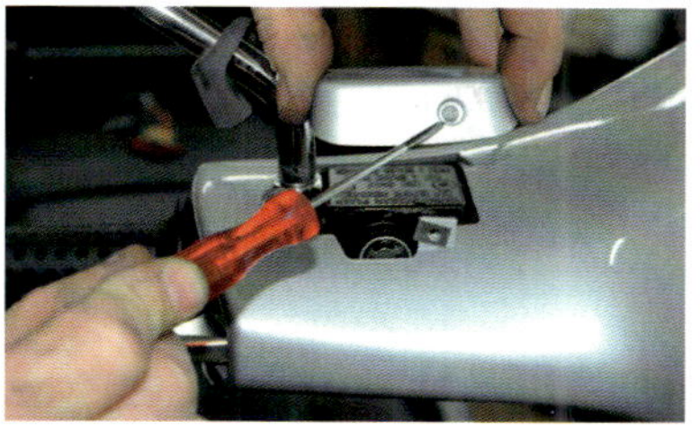

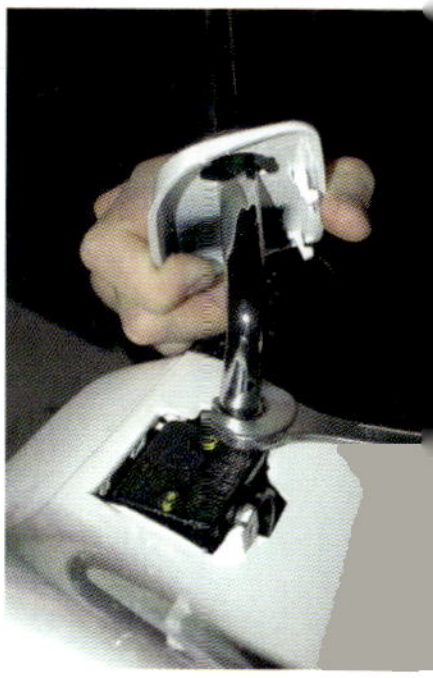

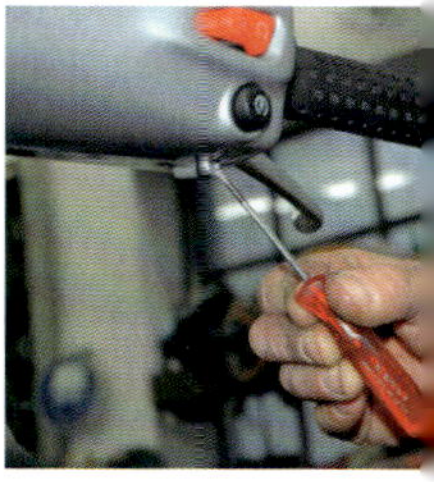

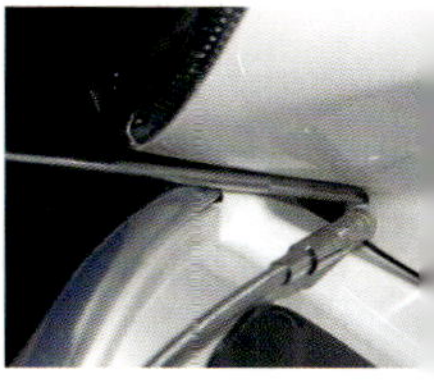

Fotos oben: Ausbau der Kontrollkappe und des Rückspiegels. Die Bilder darunter zeigen, wo der Schraubendreher angesetzt werden muß, um die Clipse der Lenkerverkleidung auszuheben bzw. die Schrauben auszudrehen; bei der vorderen Schraube Magneten zu Hilfe nehmen. Unten links: Computergraphik der GT.

Rechts: Der Scheinwerfer wird zusammen mit der vorderen Lenkerverkleidung abgenommen
Mitte links: Instrumentenrückseite GTS 300, Abnahme einer Kontrollampe.
Mitte rechts: Abnahme der Scheinwerfer-Glühlampe.

Innenschild ausbauen: Während die Karosserie mit dem vorderen Beinschild wie bei allen klassischen Vespa-Modellen aus einer tragenden Stahlblechkonstruktion besteht, ist das innere Schild inkl. Handschuhfach aus Kunststoff hergestellt. Es muß abgenommen werden, wenn an Kühlanlage oder Lenkschloß gearbeitet werden muß. Vorher ist der Ausbau der Lenkerverkleidung zu empfehlen.
Abschnitt 1: Zunächst das **Piaggio-Emblem** vorsichtig mit einem kleinen Schraubendreher aushebeln und die dahinterliegende KS lösen. **Tip:** Streifen Malerkrepp unterlegen,

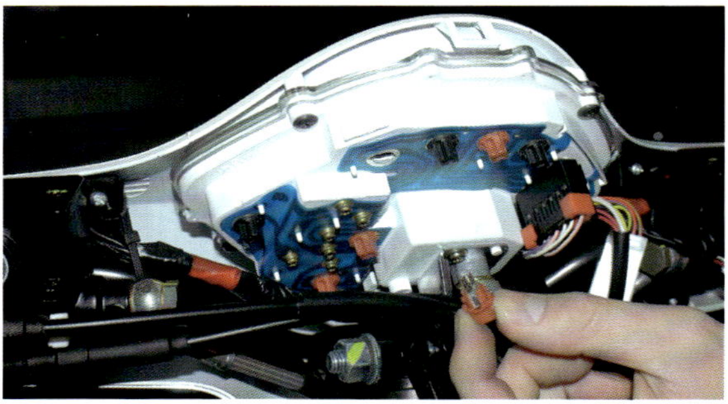

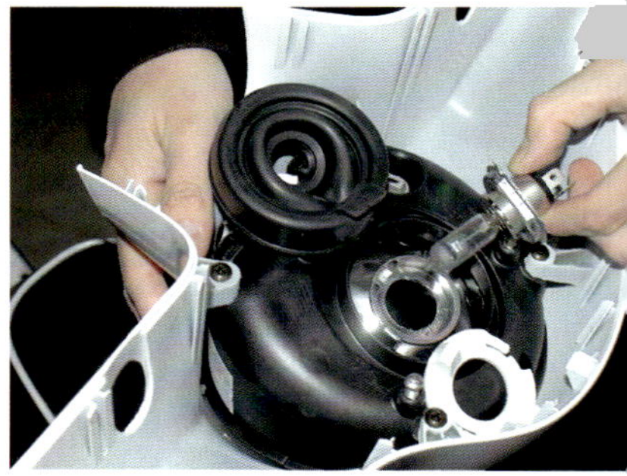

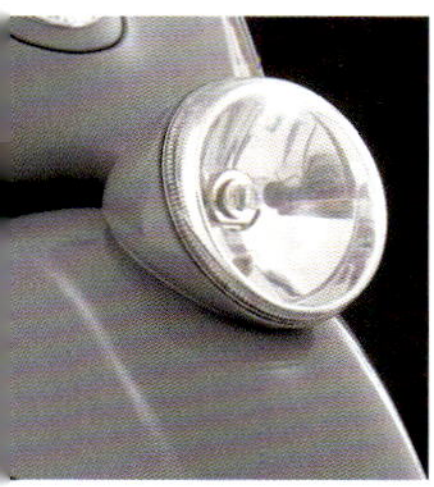

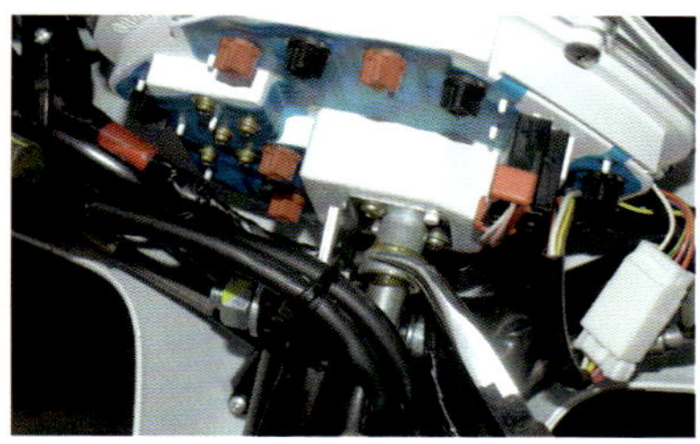

Unten links: Der GTV-Scheinwerfer wird von der Kotflügel-Unterseite her eingestellt.
Unten Mitte: Die Instrumenteneinheit der GTV ist mit zwei Schrauben befestigt.
Unten rechts: Die Tachowelle wird mit einer gewinkelten Spitzzange abgeschraubt.

Hintere Lenkerverkleidung ausbauen (GT, GTS): Nach Ausbau von Rückspiegeln und Scheinwerferträger kann die rückwärtige Lenkerverkleidung mit der Instrumenteneinheit demontiert werden. Dazu zwei Schrauben an den Lenkerhaltern und zusätzliche Schrauben unten am Steuerrohr lösen. Bei Komplettausbau die Multistecker und die Tachowelle lösen. Die Instrumentenkonsole ist am Träger festgeschraubt. Bei der **GTV** entfällt diese Arbeit.

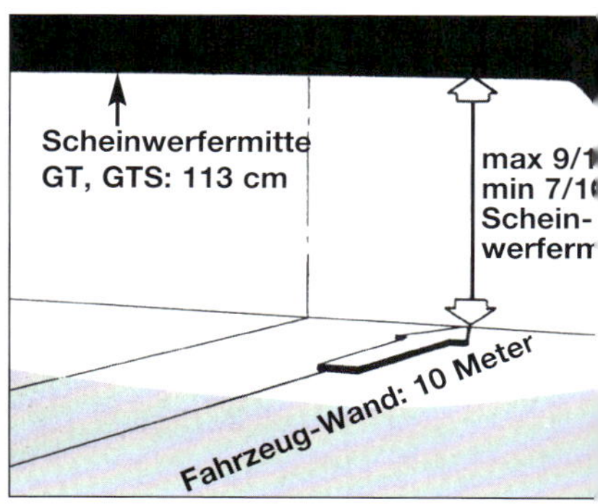

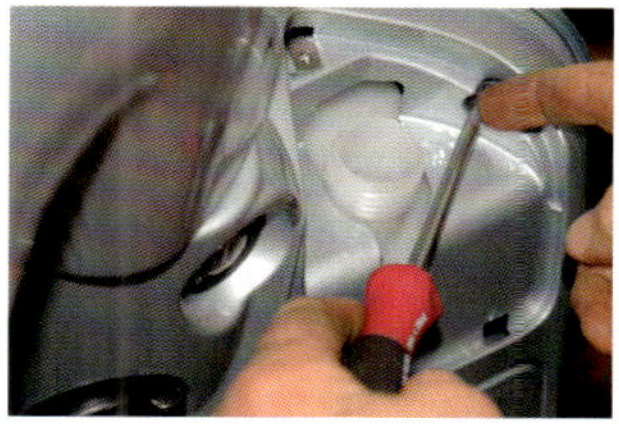

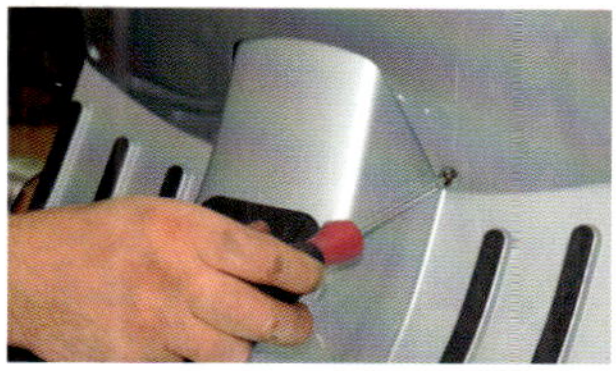

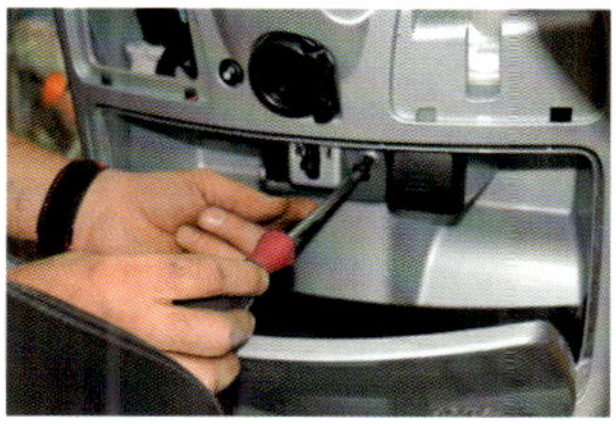

Ausbau des Innenschilds; links oben und unten: Abhebeln des Emblems und Ausdrehen der darunter sitzenden Schraube. Oben Mitte: Nach Abnehmen der Kaskade werden zwei weitere KS ausgedreht. Unten Mitte und oben rechts: Abnehmen der beiden Kontrollabdeckungen. Rechts Mitte und unten: Ausdrehen der Schrauben unten und im Handschuhfach. Die gezeigte GT 125 wurde uns freundlicherweise von Laura von Witzenhausen aus Mechernich zur Verfügung gestellt.

Scheinwerfer einstellen: *Die Scheinwerfereinstellung sollte von Zeit zu Zeit, mindestens aber einmal im Jahr und natürlich auch dann, wenn der Roller einmal zu Boden gegangen sein sollte, überprüft werden.*
Zunächst die ***Kaskade abbauen;*** *das vermeidet Kratzer und erleichtert den zugang zur Einstellschraube.*
Dann das unbelastete Fahrzeug auf eine ebene Fläche zehn Meter und im rechten Winkel vor eine möglichst im Halbschatten liegende Wand stellen und auf dem Mittelständer aufbokken; der Reifenluftdruck muß korrekt sein (Fahrzeug unbelastet: vorn 1,8, hinten 2,0 bar).
Der Abstand vom Boden zur Scheinwerfermitte beträgt bei GT und GTS 113 cm. Diesen Wert auf die Wand übertragen und entsprechend eine waagerechte Linie ziehen. Dann den Motor anlassen, im Leerlauf halten und das Abblendlicht einschalten. Die Hell-Dunkelgrenze des Lichtkegels darf nicht mehr als 9/10 und nicht weniger als 7/10 der Scheinwerfermitte betragen. Bei den GTV-Modellen sinngemäß verfahren. Zur Korrektur mit einem Kreuzschlitzschraubendreher die unterhalb des Scheinwerfers in die Lenkerverkleidung eingelassene Schraube drehen (bei der GTV Schraube unten im Kotflügel).

sonst gibt es Kratzer. Die **Plastik-Kaskade** abnehmen, dahinter zwei KS ausdrehen. Nun sind auch Hupe und Regler zugänglich.
Abschnitt 2: Zunächst die beiden **Kontrollkappen** abnehmen; sie sind mit je einer KS gesichert. Dahinter ist das Schild mit 2 KS befestigt. Unten befinden sich auf jeder Seite zwei weitere KS, von denen die längeren außen sitzen. Dann Handschuhfach durch Drücken des Zündschlüssels öffnen und die mittige KS im Handschuhfach ausdrehen.
Abschnitt 3: Schild anheben und Stecker des elektrischen **Sitzbank-Öffners** abziehen. Bowdenzug der Sitzbank-Verriegelung abschließen, evtl. auch den Sicherungskasten abmontieren. Anschließend kann das Schild abgenommen werden, wobei es vorsichtig über den Kühlmittel-Ausgleichbehälter bugsiert werden muß; einfacher geht's, wenn die Verschlußkappe des Ausgleichsbehälters abgenommen wurde.
Beim **Zusammenbau** auf den korrekten Sitz der **Antenne der Weg-**

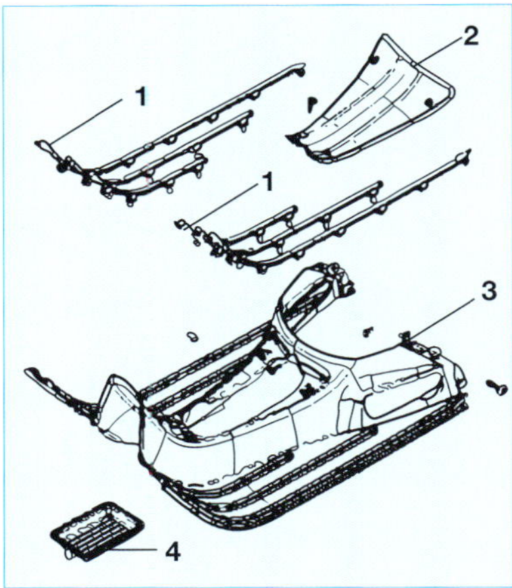

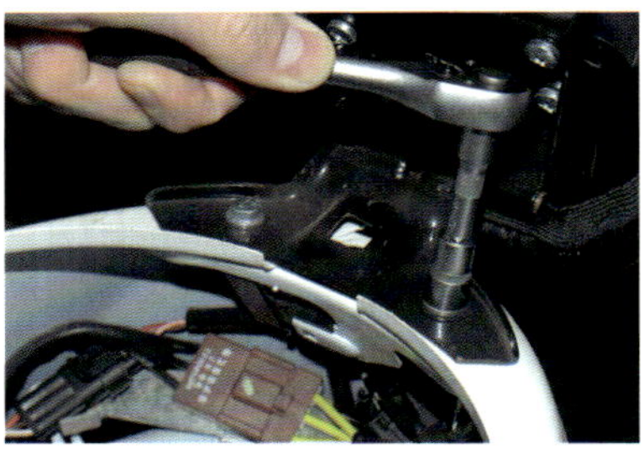

Oben: Bei den GTV-Modellen ist die Sitzbank zweigeteilt und mit Leder bezogen. Die Bezüge sind wetterempfindlich und sollten beim Parken mit einem Überzug geschützt und außerdem regelmäßig imprägniert werden. Nasses Leder an der Luft trocknen lassen. Beim Tanken darf kein Benzin auf das Leder geraten. Alle Befestigungsschrauben kommen nach Hochklappen des Bankrahmens frei. Graphik: die Trittbrett- und Fußraumelemente; 1 = Fußleisten, 2 Batterieabdeckung, 3 = Trittbrett, 4 = Batteriefach. Foto unten: Die GT- und GTS-Sitzbänke sind vorn mit zwei Schrauben SW 10 befestigt.

fahrsperre achten. Bowdenzug anschließen und Schild in umgekehrter Reihenfolge montieren. **Achtung:** Vor der Schildbefestigung die Funktion von Handschuhfachöffner und Sitzbank-Notentriegelung prüfen; sonst muß u.U. später alles wieder auseinandergenommen werden.

Tip: Vor dem Eindrehen der im Handschuhfach liegenden Schraube den Hebel für das Öffnen mit einem Gummiband sichern; sonst läßt siuch das Handschuhfach nach dem Zudrücken nicht mehr öffnen.

Sitzbank, Helmfach ausbauen: Bei allen Modellen die Sitzbankverriegelung öffnen, Sitzbank hochklappen und die beiden Scharnierschrauben ausdrehen. Bei der GTV ist der rückwärtige Sitz von unten mit vier Schrauben am Sitzbankrahmen befestigt. Helmfach einfach herausheben.

Sitzbankverriegelung ausbauen: Zunächst die Kabel aus den Befestigungsschellen lösen und die beiden Schrauben vom Deckel des Sitzbankhakens abschrauben. Dann das Vorgelegekabel der Sitzbanköffnung entfernen. Zum Ausbau von Kabel und Schutzhülle den Sprengring entfernen und das Kabelende aus dem Sitzbankhaken herausziehen. Das andere Kabelende aus der Befestigung am Schloß nehmen. Den Kabelstecker von der Stellvorrichtung der Sitzbanköffnung abnehmen und die beiden Schrauben ausdrehen. Zuletzt die Feder vom Vorgelege ausbauen und die Stellvorrichtung aus der Halterung nehmen.

Beim **Zusammenbau** unbedingt darauf achten, daß der Bowdenzug der Notentriegelung korrekt verlegt ist, sonst rastet die Sitzbank nicht ein.

Gepäckträger und Haltegriffe ausbauen: Sitzbank vorklappen und die Schrauben ausdrehen, die den Träger bzw. die Haltegriffe halten. Je nach Konstruktion auch die Stützschrauben des Trägers vom Karosserieheck abschrauben. Ein womöglich montiertes Topcase kommt mit dem Träger frei. **Achtung:** Topcase und Träger vernünftig abstützen, wenn die Haltegriffe demontiert werden, sonst kann es zu Lackschäden an der Karosserie kommen.

Seitenverkleidungen ausbauen: Bei allen Modellen sind die schmalen Kunststoffteile vorn mit je einer KS und hinten mit einer von innen zugänglichen Mutter SW 10 befestigt. Je drei ziemlich fest sitzende Stifte fixieren die Teile zusätzlich in

Gummiösen. KS und Mutter ausdrehen, Teil aus den Ösen, dann nach hinten aus den vorderen Laschensitzen ziehen. Falls erforderlich, auch die KS der Bodenabschlußverkleidung ausdrehen.

Trittbrett, Bodenverkleidung und Fußrasten ausbauen: Zunächst Seitenverkleidungen und Innenschild demontieren wie beschrieben. Dann die KS ausdrehen, mit denen die Elemente der **Bodenabschlußverkleidung** befestigt sind. Das schwarze **Fußmittelteil** wird von vier KS gehalten; diese ausdrehen und Element abheben (Fotos s. Batterieausbau).

Die **Fußrastensockel** sind mit je einer Inbusschraube befestigt. Nun die drei KS ausdrehen, die das **Trittbrett** mit der Karosserie verbinden - eine in der Mitte, je eine rechts und links. Anschließend die rechts und links eingelassenen **Gummileisten** vorsichtig aus ihren Nuten ziehen, sie können bei Gewaltanwendnung reißen. Darunter befin-

den sich auf jeder Seite drei Schrauben. Nach deren Entfernung das Trittbrett vorn anheben und aus der Karosserie herausziehen.

Vorderkotflügel ausbauen: Wie bei allen klassischen Vespa-Modellen muß hierzu leider die komplette Lenkeinheit samt Verkleidung und Steuerrohr ausgebaut werden. Hinweise dazu finden sich im **Kapitel Vorderradführung.** Nach Ausbau der Vorderradführung lassen sich die drei Muttern lösen, mit denen der Vorderkotflügel befestigt ist.

Hinterradkotflügel ausbauen: Seitenverkleidungen, Kennzeichenbeleuchtung und Heckleuchten ausbauen wie oben bzw. unten beschrieben. Schrauben ausdrehen, die den Kotflügel mit der Antriebseinheit verbinden.

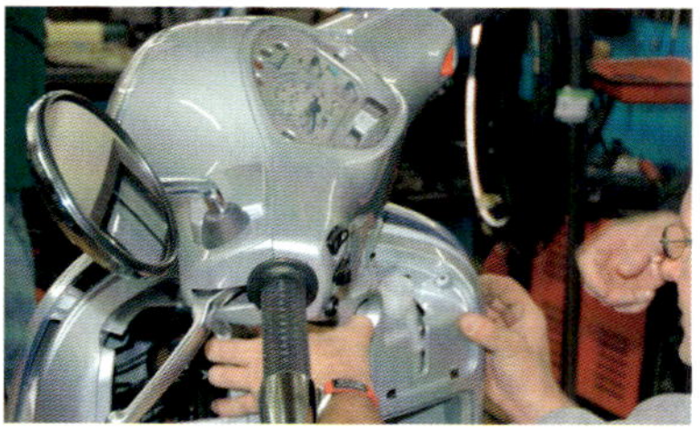

Oben und Mitte: Innenschild nach hinten ziehen und abnehmen. Dabei muß es vorsichtig über den Kühlmittel-Ausgleichsbehälter manövriert werden. Leichter geht's, wenn vorher der Behälterverschluß abgenommen wurde.

Bilder unten: Abschrauben und Abziehen der schmalen Seitenverkleidungen bei GTS und GT. Die Plastiknoppen sitzen in Gummiösen und müssen vorsichtig abgezogen werden. Unten: die Sitzbankverriegelung.

Sicherungen und Stromkreise am Beispiel der Vespa GTS 250 i.e.

Die Elektrik der GTS-Modelle umfaßt drei Sicherungsgruppen (nur Flach-, keine Glassicherungen):
- 6 Sicherungen im Handschuhfach links
- 2 Sicherungen unter dem Helmfach und unter der Verriegelung für das Sitzbankscharnier
- 2 Sicherungen unter dem Helmfach an der linken Seitenverkleidung

Sicherung und geschützte Stromkreise	Position am Klemmbrett	Stärke
Hauptsicherung	1	30 A
Einspritz-Zündelektronik	2	7,5 A
Fernrelais, Einspritzanlage	3	10 A
Einspritz-/Zündelektronik	4	7,5 A
Armaturenbrettbeleuchtung, Gegensprechanlage, Diebstahlsicherung	5	10 A
Fernlicht/Abblendlicht, Hupe	6	7,5 A
Fernlicht/Abblendlicht, elektrische Sitzbanköffnung	7	15 A
Stromversorgung Armaturenbrett, Gegensprechanlage, Diebstahlsicherung	8	10 A
Anlassermotor, Bremslicht	9	7,5 A
Standlicht vorne und hinten, Instrumentenbeleuchtung	10	7,5 A

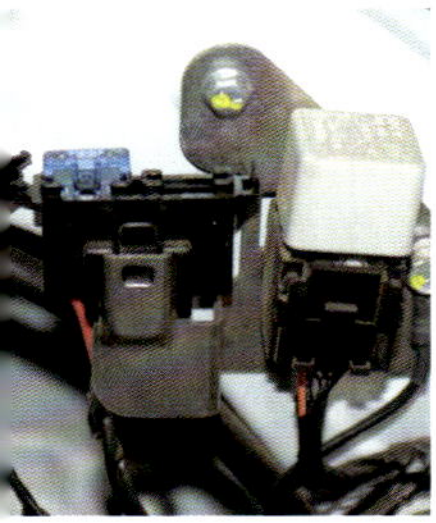

Die Sicherungen sind im Handschuhfach und unter dem Helmfach im Fahrzeugheck untergebracht und leicht erreichbar. Die schematische Aufstellung zeigt die Belegung bei einer GTS 250 i.e. Die Fotos wurden an einer GTS Super 300 i.e. realisiert, die in der Belegung wieder abweicht von der GTS 250 i.e.

Sicherungsbelegung

10 7,5 A	2 7,5 A	3 10 A / 4 7,5 A
9 7,5 A		
8 10 A		
7 15 A	1 30 A	
6 7,5 A		
5 10 A		

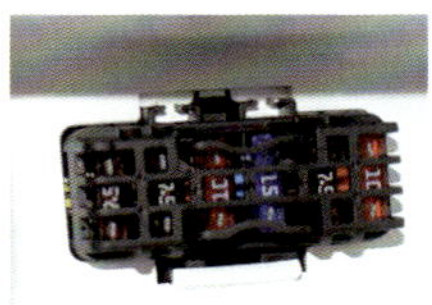

Sicherungen – allgemeine Hinweise: Die elektrische Anlage der grossen Vespa-Modelle ist durch eine ganze Batterie von Flachsicherungen geschützt, die sich im Handschuhfach und unter dem Helmfach befinden (s.a. Aufstellung oben).
Grundsätzlich gilt: Bei einer defekten Sicherung stets auch den Verursacher des Schadens ermitteln und den Fehler beheben; sonst brennt die neue Sicherung gleich wieder durch.
Achtung: Niemals die Sicherung mit Draht oder einem Stück Kabel überbrücken oder Flachsicherungen mit höherer Kapazität verwenden. Dies kann zu schweren Elektrikschäden und sogar zu Bränden führen.

Hauptsicherung - Kontrolle: Motor abstellen, Sicherung herausnehmen und Steckverbindung trennen. Ein **Ohmmeter** an die beiden Zungen der sicherungsseitigen Klemme anschließen; der Wert muß zwischen 12 und 20 Ohm liegen; anderenfalls Sicherung ersetzen. Jetzt ein **Voltmeter** an die beiden Zungen der anderen Klemme anschließen; es darf keine Spannung anliegen, auch dann nicht, wenn der Zündschlüssel auf „ON" steht. Zuletzt Motor starten und Spannung nochmals prüfen; sie muß jetzt 11 - 13 Volt betragen.

Scheinwerfer-Glühlampen auswechseln (GT, GTS): Hierzu wird die vordere Lenker-Verkleidung ausgebaut wie weiter oben beschrieben. Lampensockel ausdrehen und Glühlampe wechseln. Halogenlampen nicht am Glas anfassen. Bei den **GTV**-Modellen wird der auf dem Kotflügel sitzende Scheinwerfer geöffnet.

Rücklichteinheit und Kennzeichenbeleuchtung ausbauen: Bei den **GT-Modellen** zuerst die beiden KS ausdrehen, mit denen die Kennzeichenleuchte befestigt ist. Kabelstekker abziehen, Leuchte abnehmen und defekte Lampen ersetzen.
Bei den **GT-Modellen** wird die Heckleuchteneinheit unten von zwei KS gehalten. Nach Ausdrehen derselben die Einheit vorsichtig aus ihrerer

Halterung ziehen. Bei den **GTS-Typen** ist die gesamte Heckleuchtenheit mit einer einzigen zentralen Schraube befestigt.
Bei Bedarf **Multistecker** trennen und defekte Lampen auswechseln. Beim Zusammenbau auf perfekte **Abdichtung** achten. Schrauben nicht zu fest anziehen, da sonst das Glas springen kann.

Bremslichtschalter prüfen, auswechseln: Bei modernen Motorrollern ist der Bremslichtschalter mit der Anlaßsperre kombiniert (Starten nur bei gezogener Bremse möglich). Auch daher muß bei einem Defekt unverzüglich nach der Ursache gesucht werden. Zuerst immer Sicherung und Lampe prüfen (s. a. Tabelle). Dann bei **GT, GTS** die vordere Lenkerverkleidung ausbauen und Kabel vom Bremslichtschalter abziehen. Bei den **GTV-Typen** sind alle Armaturen und Schalter frei zugänglich.

Bildleiste oben, Foto unten rechts: Ausbau von Rücklichteinheit und Kennzeichenleuchte bei den GT-Modellen.

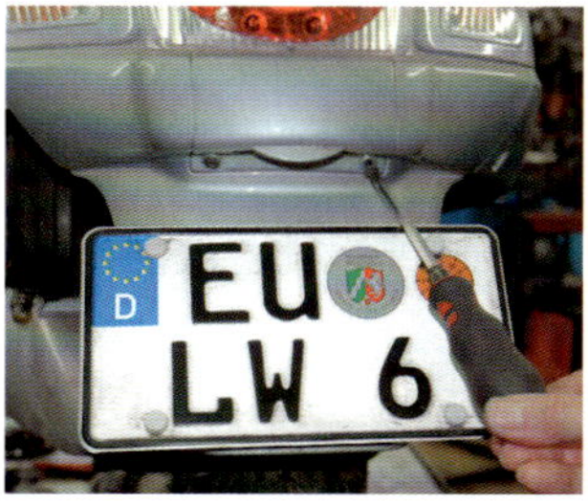

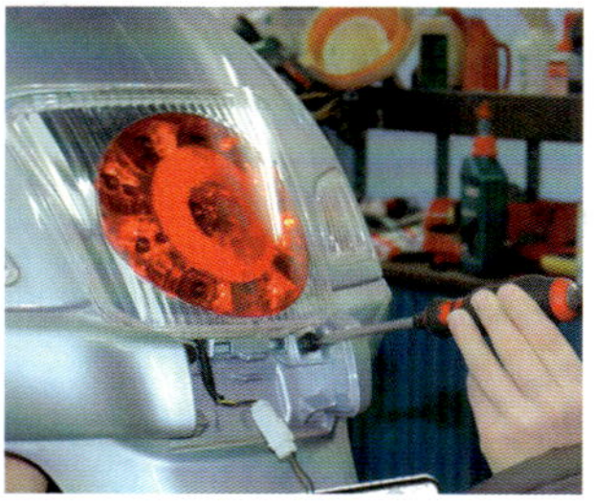

Check: Wenn Brems- oder Rücklicht nicht funktionieren, immer zunächst Sicherung, Lampen und Lampensockel kontrollieren. Korrodierte Lampensockel und defekte Kabelanschlüsse sind oft verantwortlich für Fehler. Ob an Brems- oder Rücklicht Spannung anliegt, ist leicht feststellbar: **Prüflampe** an die Versorgungsleitung zur Batterie legen, Licht einschalten oder Bremshebel betätigen. Liegt Spannung an, können ein gebrochenes Massekabel oder ein korrodierter Masseanschluß die Ursache sein.

Hinweis für Scheinwerfer und Heckleuchte: Wenn die Innenseite der Leuchteinheit beschlagen ist, hängt das mit hoher **Luftfeuchtigkeit** in Verbindung mit niedrigen Außentemperaturen zusammen. Der Beschlag verschwindet nach Einschalten des Lichts durch die Wärmeabstrahlung der Glühlampe schnell. Anders verhält es sich bei **Tropfenbildung:** Dann ist Wassser eingedrungen. Hier muß die Abdichtung kontrolliert und notfalls erneuert werden. **Tip:** die Dichtfläche dünn mit transparentem **Silikon** aus der Kartusche bestreichen.

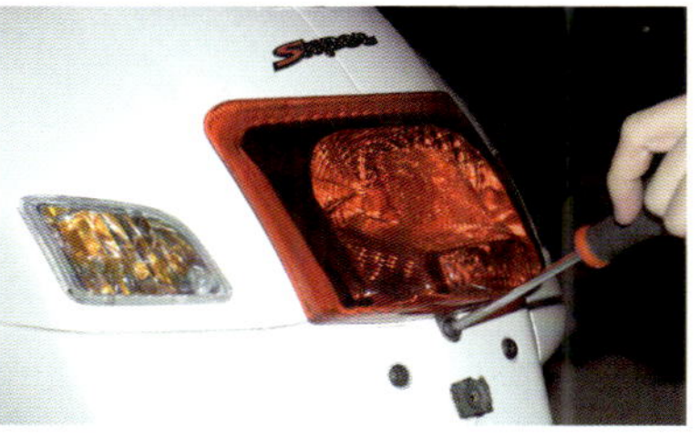

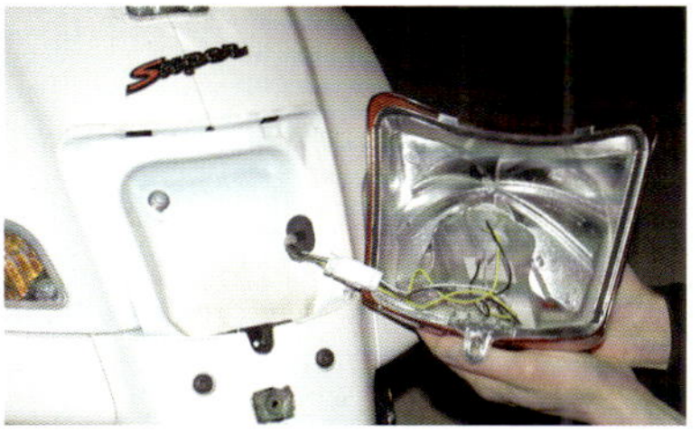

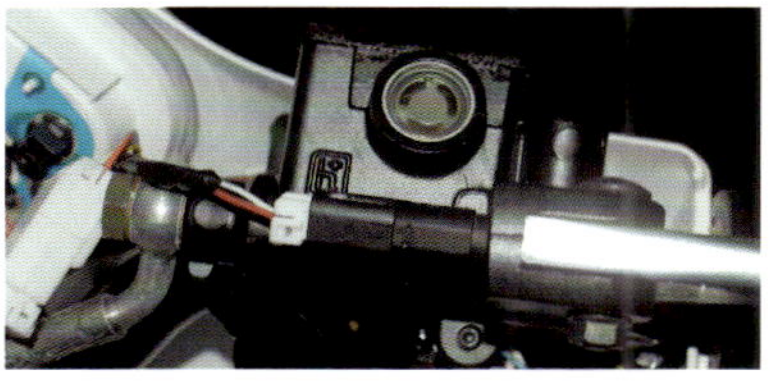

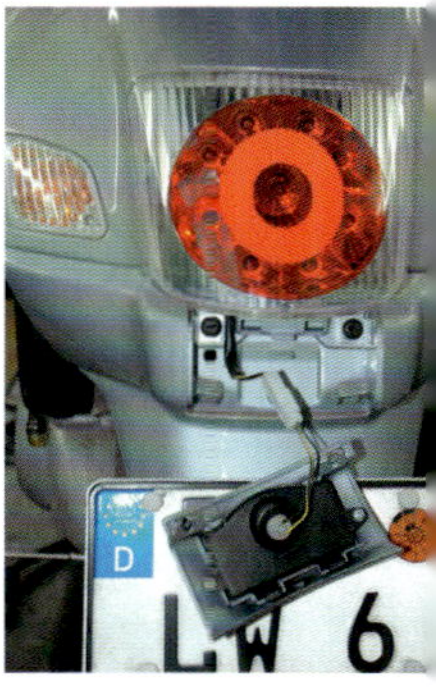

Mitte oben und darunter: Heckleuchteneinheit der GTS 300 i.e. Unten: Bremslichtschalter der GTS; über diese Schalter erfolgt auch die Freigabe des Zündstroms beim Anlassen. Zum Ausbau Stekker abziehen und Schaltersokkel ausdrehen.

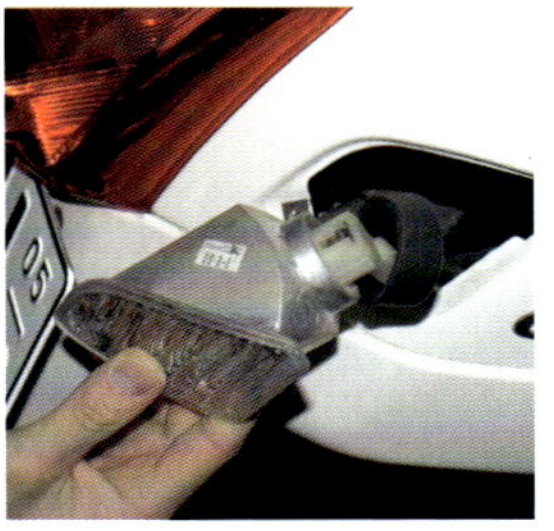

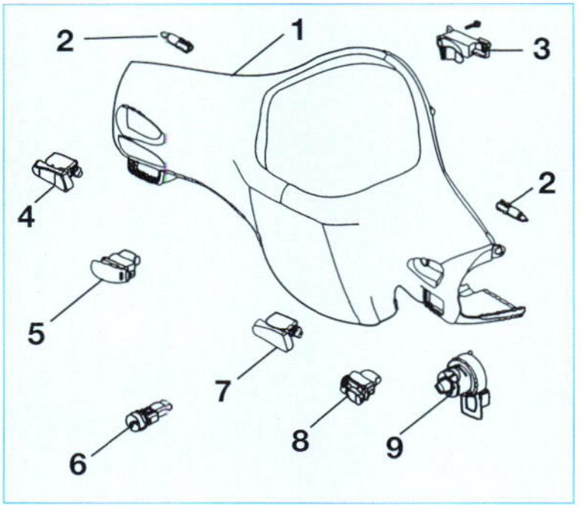

Oben: Die Blinker sind vorn wie hinten mit je einer KS befestigt. Die Graphik zeigt die Anordnung von Zündschalter und Bedienung; 1 = Lenkerverkleidung, 2 = Bremslichtschalter, 3 = Blinkerschalter, 4 = Fernlichtschalter, 5 = Huptaste, 6 = Schalter Sitzbank, 7 = Notausschalter, 8 = Starterknopf, 9 = Zündschalter.

Seite 25 oben: Nach Ausbau der Frontblende und Abziehen der Befestigungsklammer läßt sich die Zündschloßelektrik entfernen. Mitte: Zündschloß einer ET 4. Das ringförmige Element ist die Antenne der Wegfahrsperre (oben ET 4, unten GT 125). Darunter: Ausbau einer Sperrklinke. Zeichnung unten: So wird ein defektes Zündschloß ausgebohrt.

Meßgerät mit den Schalterkontakten verbinden. Besteht Durchgang, ist der Schalter in Ordnung. Brennt die Lampe trotzdem nicht, kann der Fehler im Kabelbereich liegen. **Prüflampe** an die Kabel zum Schalter anlegen und Zündung einschalten; ebenso mit den Kabeln verfahren, die zum Bremslicht führen.

Blinker ausbauen, Blinklampen ersetzen: Alle vier Blinkeinheiten sind mit je einer KS befestigt und lassen sich nach Ausdrehen derselben abnehmen. Lampe und/oder Lampenhalter aus dem Sockel drehen, Sockel auf Korrosion untersuchen, defekte Lampe austauschen.

Blinker-Stromzuführung und Blinkerrelais prüfen: Die Batterie versorgt die Blinker auf dem Umweg über das Cockpit mit Strom. Liegen in diesem Bereich Mängel vor, können die Blinker nicht korrekt funktionieren. Bei **unzureichenden Masseanschlüssen** blinkt es nur ganz schwach. Funktioniert die Blinkanlage nur einseitig, ist meist eine durchgebrannte **Lampe** oder eine defekte **Sicherung** (Nr. 8) schuld. Auch ein defektes **Blinkerrelais** kann die Ursache sein. Dies läßt sich mit einem Multimeter prüfen, das an die Klemme B des Relais angeschlossen wird. Wenn hier keine Spannung anliegt, liegt der Fehler im Bereich der **Verkabelung.**

Ob die **Sicherung Nr. 8** funktioniert, wird folgendermaßen geprüft: Zündschlüssel auf „on" drehen (alle Kabelstecker angeschlossen); mit dem Multimeter prüfen, ob intermittierende Spannung zwischen Anschluß 20 und Masse anliegt.

Ist dies der Fall, prüfen, ob auch Spannung am **Blinkerschalter** anliegt. Dann muß der Schalter ausgewechselt werden. Auf jeden Fall auch das **Verbindungskabel** zwischen Schalter und Cockpit kontrollieren.

Liegt keine Spannung am Schalter an, den Schalter trennen und prüfen, ob Spannung zwischen den **Anschlüssen** 9 und 8, zwischen 9 und **Masse** und zwischen den Anschlüssen 10 und 8 sowie 10 und Masse anliegt. Liegt keine Spannung an, sind die **Kabel** des Stromkreises zu überprüfen. Wird kein Fehler lokalisiert, liegt der defekt an der **Cockpitplatine;** dann muß das ganze Instrument ausgewechselt werden.

Zündschloß prüfen: Das Zündschloß wird nach Ausbau des Innenschildes zugänglich. **Achtung:** Zuvor Minuspol der Batterie abklemmen, da es sonst zu Kurzschlüssen kommen kann. Nach Abziehen der Wegfahrsperrenantenne und der Gummikappe kann der Multistecker des Kabelbaums vom Elektrikteil des Schlosses abgezogen werden. Läßt sich die Zündung nicht einschalten, kann dies an mangelhaftem Spannungsfluß liegen; die Spannung wird mit einem Durchgangsmeßgerät geprüft, das an die paarweise angeordneten Anschlüsse des Steckers angeklemmt wird (in Abhängigkeit von den verschiedenen Schalterpositionen).

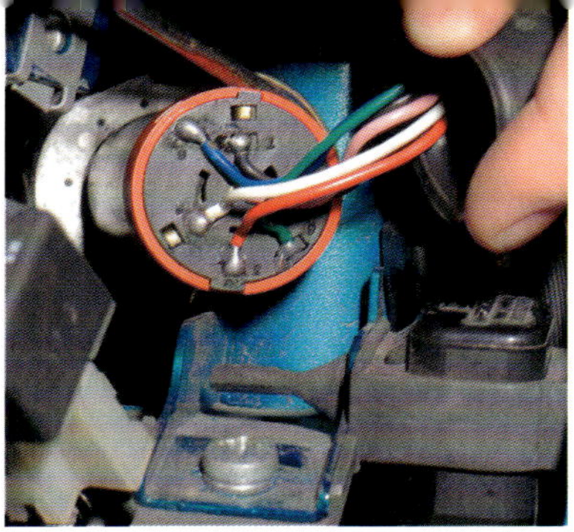

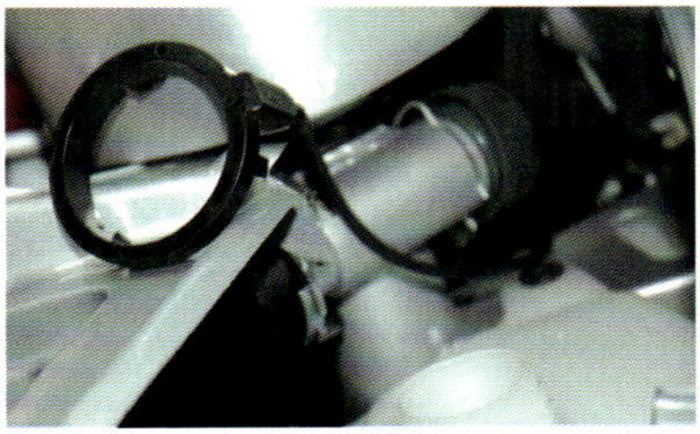

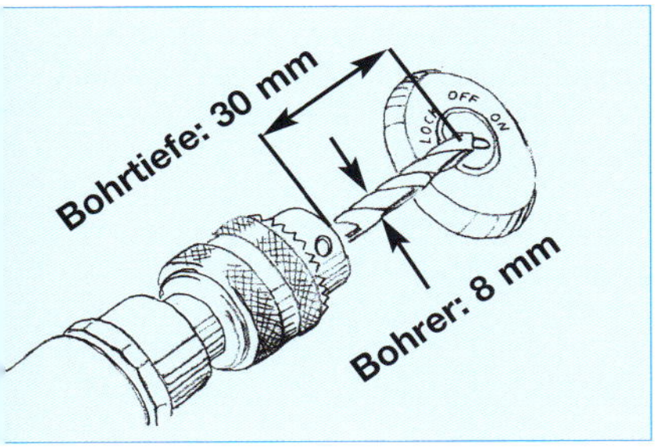

Digitale Instrumenteneinheit – Aufbau

A = Kilometerzähler
B = Kühlflüssigkeits-Temperaturanzeige
C = Benzinstandanzeiger
D = Drehzahlmesser
E = Außentemperaturanzeiger
F = Digitaluhr
2 = LED Wegfahrsperre
3 = Kontrolleuchte Motorbetrieb und Anzeige für Störungen der Einspritzanlage
4 = Tachometer
5 = linke Blinkerkontrolle
6 = rechte Blinkerkontrolle
7 = Fernlichtkontrolle
8 = Lichtkontrolle
9 = Öldruckkontrolle
10 = Benzinreservekontrolle
11 = Tasten für Uhreinstellung

Kabelstecker an der Instrumenteneinheit

1 = Kühlmittel-Temperatur
2 = Plus Außentemperaturanzeige
3 = Leitung „K“ (nicht angeschlossen)
4 = Instrumentenbeleuchtung
5 = Kontrolleuchte Fernlicht
6 = Motordrehzahl (Einspritzung)
7 = Motordrehzahl
8 = Masse Instrument
9 = Plus der Batterie
10 = Plus über Zündschloss
11 = ABS-Kontrolle
12 = Öldruckkontrolle
13 = Plus Benzinstandanzeiger
14 = Minus Benzinstandanzeiger
15 = Kontrolleuchte Wegfahrsperre
16 = Einspritz-Kontrolleuchte
17 = Minus Außentemperatur
18 = linke Blinkerkontrolle
19 = rechte Blinkerkontrolle
20 = Stromversorgung Blinker

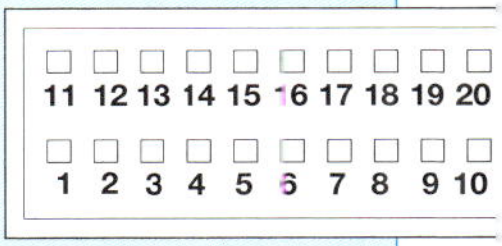

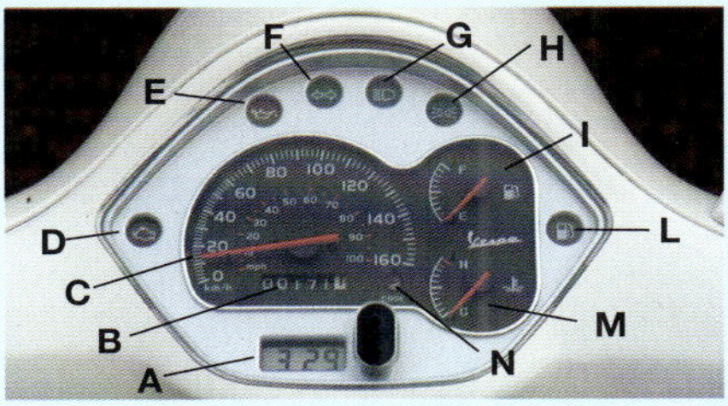

Cockpit-Bestückung GTS 300 i.e.: A = Digitaluhr, B = Kilometerzähler, C = Tachometer, D = Einspritzkontrolle, E = Motor-Öldruckkontrolle, F = Blinkerkontrolle, G = Fernlichtkontrolle, H = Lichtkontrolle, I = Benzinstandanzeiger, L = Benzinreservekontrolle, M = Kühlflüss.-Temp.anzeige, N = LED Wegfahrsperre.

Wegfahrsperre – Vorbemerkungen: *Solange die Zündung nicht programmiert ist, kann der Motor mit einem beliebigen Schlüssel gestartet werden. Doch dann ist die Drehzahl auf 2000/min begrenzt, das Fahrzeug kommt also kaum vom Fleck. Die Wegfahrsperre ist nur dann wirksam, wenn die Zündelektronik richtig programmiert wird und damit die Spezialschlüssel von der Elektronik erkannt werden können.*

Wegfahrsperre – Programmierung: *Ab Werk werden Roller, die mit Wegfahrsperre ausgerüstet sind, mit zwei Zündschlüsseln ausgerüstet: einem roten für die Programmierung und einem blauen für den normalen Betrieb. Der rote Schlüssel sollte nie mitgeführt, sondern zuhause an einem sicheren Ort verwahrt werden; dieser „Master"-Schlüssel ist der einzige, mit dem die Zündelektronik sich löschen und programmieren läßt. Wir geben einen schematischen Überblick über die auszuführenden Programmierungs-Arbeiten.*

Phase 1: *Den roten Schlüssel in das auf „OFF" stehende Zündschloß der Vespa stecken und auf „ON" drehen. Den Schlüssel 1 bis 3 Sekunden in dieser Stellung lassen, dann auf „OFF" zurückdrehen und abziehen.*

Phase 2: *Wenn der rote Schlüssel abgezogen wurde, muß innerhalb von 10 Sekunden der blaue Schlüssel eingeführt und auf „ON" gedreht werden. Auch den blauen Schlüssel wieder 1 bis 3 Sekunden in dieser Position lassen, dann auf „OFF" drehen und wieder abziehen. (Hinweis: Es lassen sich auf diese Weise, also via Phase 1 und 2, bis zu sieben blaue Ersatzschlüssel für ein einziges Fahrzeug programmieren.)*

Phase 3: *Nachdem der blaue Schlüssel abgezogen wurde, innerhalb der folgenden 10 Sekunden abermals den roten Schlüssel einführen und auf „ON" drehen. Den roten Schlüssel wieder 1 bis 3 Sekunden in dieser Stellung lassen, dann auf „OFF" stellen und abziehen. Die Programmierung ist damit beendet.*

Phase 4 – Kontrolle: *Den roten Schlüssel noch einmal ins Schloß stecken, dabei den in den Griff integrierten Transponder um 90° aufklappen und damit abschalten, dann den Schlüssel auf „ON" stellen. Jetzt versuchen, den Motor zu starten - er darf nicht anspringen. Tut er's dennoch, muß die gesamte Programmierung von Anfang an wiederholt werden.* ***Achtung:*** *Nur vorgeschriebene Marken-Zündkerzen und funkentstörte Kerzenstecker verwenden.*

Die vorgegebenen Zeiten müssen genau beachtet werden.

Wegfahrsperre - Überprüfung: *Bei Startschwierigkeiten oder wenn der Motor nicht über 2000/min dreht, muß das elektronische Sperrsystem überprüft werden. Dazu ist ein spezielles Testgerät erforderlich, das nur die Piaggio-Fachwerkstatt besitzt (PVIT = Piaggio Vehicle Immobilizer Tester).*

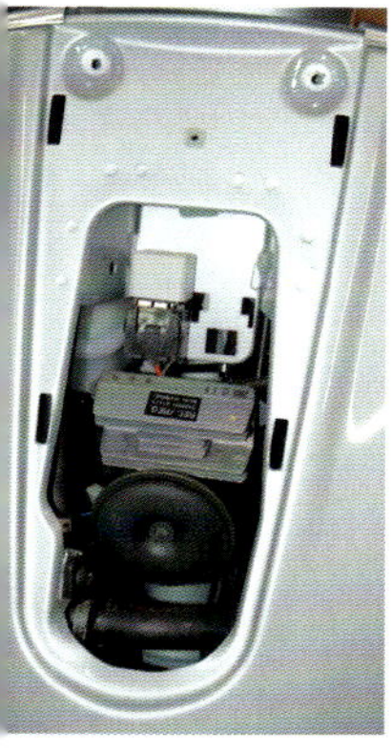

Nach Abnehmen von Emblem und Frontkaskade werden Hupe und der verrippte Regler zugänglich.

Zündschloß ausbauen: Batterie abklemmen und Innenschild ausbauen wie oben beschrieben. **Zündschlüssel auf „off":** Gummikappe, Kabelstecker und Ring der Wegfahrsperre abziehen sowie Federklammer hochdrücken. Der Schließzylinder läßt sich entnehmen, indem mit einem dünnen Stift durch das Loch im Gehäuse auf eine Sicherungszunge gedrückt wird. Steht der **Zündschlüssel auf „on",** kommt man nicht an die Sperre heran; dann muß das Schloß ausgebohrt werden (s. Zeichnung vorige Seite).

Wiedereinbau: Zündschlüssel einstecken und auf ON drehen. Schloß so ins Gehäuse führen, daß die Sicherungslasche nach unten weist, dann bis zur Hälfte einschieben. Schlüssel auf OFF drehen und Schloß niederdrücken, bis die Lasche einrastet. Elektrikteil, Gummitülle und Antenne einbauen, Kabelbaum anschließen. Batterie-Minuspol wieder anschließen.

Lenkerschalter ausbauen, prüfen: Bei **GT und GTS** die vordere Lenkerverkleidung demontieren wie beschrieben und Streckverbindungen lösen. Die Schalter sind in die hintere Lenkerverkleidung eingelassen und werden von Plastikzungen gehalten, die zur Seite gedrückt werden. Bei den **GTV-Typen** sind die Schalter frei zugänglich. Bei vermutetem Defekt läßt sich der Schalter mit einem Meßgerät auf Durchgang prüfen. Defekte Schalter können meist durch Blankschmirgeln der Kontakte und den Einsatz von Kontaktspray instandgesetzt werden, wenn Korrosion vorliegt. Gebrochene Schalter werden komplett ausgewechselt. Auch hier muß der Fehler in den Kabeln gesucht werden, wenn am Schalter kein Mangel vorliegt.

Hupe prüfen, ausbauen: Die Hupe befindet sich hinter der Fronkaskade, die ausgebaut wird wie beschrieben. Wenn sie nicht funktioniert, kann das an schlechten Kontakten im Steckerbereich liegen. Zur Prüfung Kabel abziehen und zwei Leitungen zu Plus und Minus der Batterie legen; bei Kontakt muß die Hupe funktionieren. Tut sie dies nicht, ist meist der Schalter die Ursache. Zum Ausbau Kabel abziehen und Halter abschrauben.

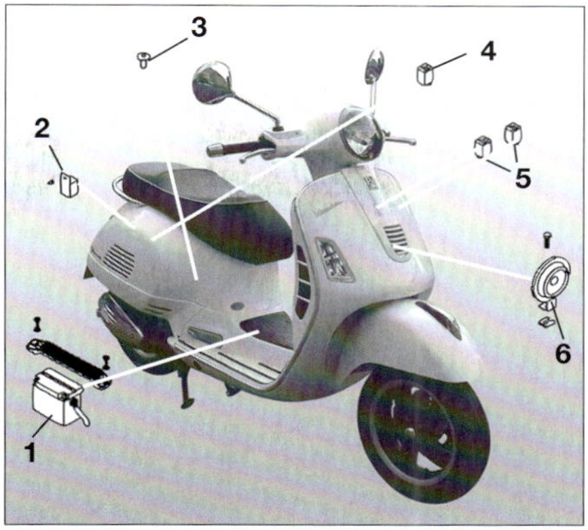

Positionen Elektrik GTS: 1 = Batterie, 2 = Anlaßrelais, 3 = Außer-Temperaturfühler, 4 = Fernlichtrelais, 5 = Blinkerelais 12V-10W, 6 = Hupe.

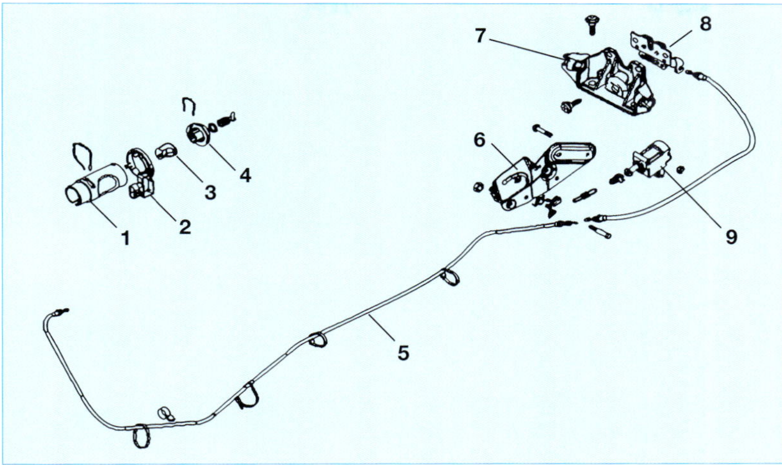

Graphik links: Zündschloß und Sitzbankverriegelung; 1 = Zündschloßaufnahme, 2 = Antenne Wegfahrsperre, 3 = Schloßriegel, 4 = Schloßzylinder mit Schlüsselrohling, 5 = Bowdenzug, 6 = Halteplatte, 7 = Halterung, 8 = Sitzbankschloß, 9 = elektrischer Sitzbanköffner.

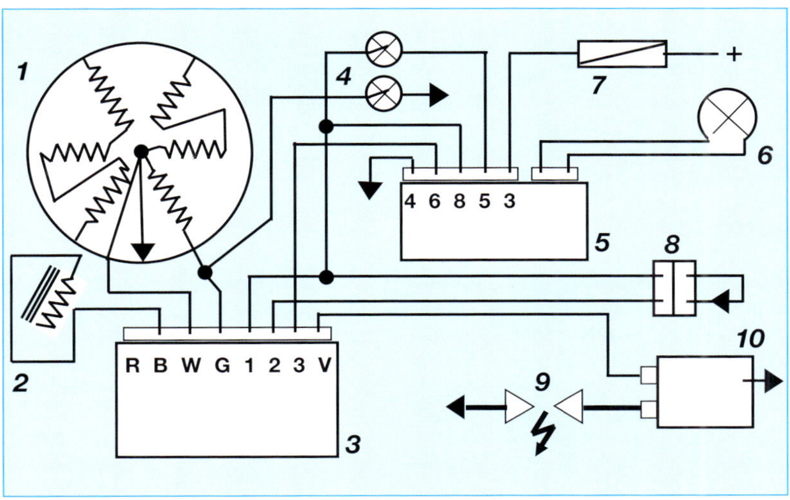

Prinzipzeichnung Zündanlage, Wegfahrsperre: *1= Lichtmaschine, 2 = Pickup, 3 = CDI-Zündbox, 4 = Kontakte Zündschloß, 5 = Decoder Wegfahrsperre, 6 = Antenne Wegfahrsperre, 7 = Sicherung 7,5 oder 10 A, 8 = Diagnoseanschluß, 9 = Zündkerze, 10 = Zündspule.*

Griffgummis, Bremshebelsockel, Gasgriff, Gaszug: allgemeine Tips zu Ausbau, Einbau, Wartung

Einige Baugruppen werden auch bei den GT-, GTS- und GTV-Modellen noch auf traditionelle Weise mechanisch mit Griffen, Bowdenzügen und Wellen gesteuert bzw. betätigt. Wir geben grundsätzliche, nicht modellspezifisch orientierte Tips zum Ein- und Ausbau von Griffgummis, Hebelsockeln, Gasgriff, Gaszug, Tachowelle.

Griffgummis – Ausbau: Zuerst müssen die **Metalldämpfer** an den Lenkerenden abgeschraubt werden (IS SW 5). Es hat keinen Sinn, die Griffgummis mit Gewalt abziehen zu wollen; auch das Aufschneiden kann man sich sparen, denn der Ersatz kostet schließlich Geld. Einfach und gut geht's nur mit einer **Druckluftpistole**: Mit der Spitze zwischen Gummi-Innenrand und Lenker zielen und den Gummi mit der Druckluft praktisch aufblasen. In Sekundenschnelle trennt er sich vom Lenker. Zum leichten Wiedereinbau die Lenkerenden mit heißem Wasser benetzen.

Bremshebel und Bremshebelsockel – Ausbau: Zuerst muß die vordere und hintere **Lenkerverkleidung** abgenommen werden wie im Kapitel „Karosserie“ beschrieben. Beide **Bremshebelsockel** sind von hinten mit 2 Inbusschrauben SW 4 befestigt. Die Hebel kommen nach Lösen der breiten Schlitzschrauben und der untenliegenden Muttern SW 10 frei. Die **Bremshebellagerungen** sollten alle 5000 km gereinigt und leicht gefettet werden.

Gaszug – Ausbau: Zum Trennen vom Gasgriff muß zuerst die vordere und hintere **Lenkerverkleidung** abgenommen werden wie im Kapitel „Karosserie“ gezeigt. Soll der Zug komplett gewechselt werden, muß auch das Innenschild abmontiert werden (s. gleiches Kapitel). **Vergasermodelle:** Den neuen Gaszug

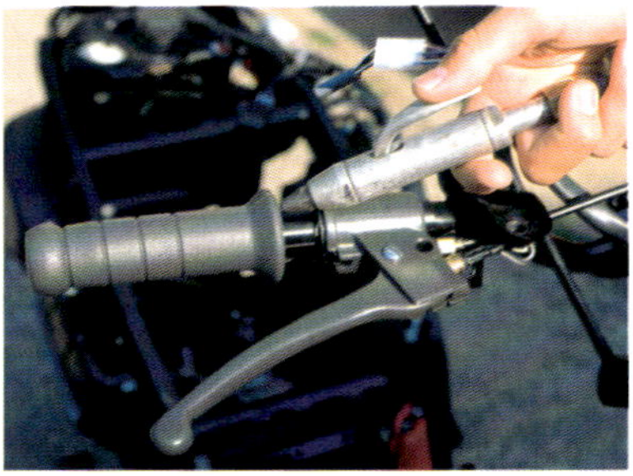

Oben. Abnehmen eines Griffgummis mit Druckluft (Beispiel: Sfera); Mitte: Die Einspritzmodelle verfügen über zwei Gaszüge für Zug und Schließen, Der Metallbügel oben ist mit einer Mutter SW 14 gesichert. Unten: Beide Gaszüge der Einspritzmodelle sind mit Muttern SW 12 an einem Halter am Drosselgehäuse befestigt.

am besten mit dem alten verknüpfen (Draht, Textilklebeband) und unter Herausziehen des alten Zugs automatisch einziehen. Der Gaszug führt direkt zum Vergaser. Hier läßt er sich durch Lösen der Fixierungen abnehmen. Dazu die Klemme lösen (Schraube SW 8), Gaszug nach unten schieben und Nippel aushängen.
Der **Innenzug** ist am Gleitstein des Gasgriffs mit einer Madenschraube fixiert; sie wird von unten mit einem feinen Schraubendreher gelockert, bis sich der Innenzug abziehen läßt;

u. U. auch den Bremslichtschalter ausbauen. Dann die Feststellmutter am Einsteller lösen und Einsteller so weit wie möglich hineindrehen; dies ist nötig für den Wiedereinbau.
Einspritzmodelle: Die Drosselklappe wird über zwei gegenläufige Züge gesteuert. Der obere ist mit einer Mutter SW 14 am Gasgriff gesichert (Foto linke Seite Mitte). Unten am Drosselgehäuse sichert je eine Mutter SW 12 die Gaszüge. Feinstellung und Wechsel der Züge sollte man der Werkstatt überlassen.

Gaszug – Montage am Gasgriff: Das Einsetzen des vorderen Seilzugendes am Gasgriff erfordert Fingerspitzengefühl und Geduld. Grundvoraussetzung ist, daß der **Innenzug** erstens lang genug aus der Hülle vorschaut, zweitens völlig glatt ist; er darf nicht geknickt sein, einzelne Drähte dürfen nicht abstehen. Notfalls den ganzen Zug um fünf bis zehn Millimeter kürzen. Dazu 1. Hülle vorziehen, Schutzkappe abnehmen, Hülle mit Seitenschneider oder scharfer Zange kürzen, Kappe wieder aufstecken; 2. Innenzug so weit möglich vorziehen und mit Seitenschneider um das gleiche Maß kürzen.
Mit Spiegel und Taschenlampe gewinnt man einen Blick von unten auf den **Gleitstein**. Läßt sich der Zug nicht in die beiden hintereinander liegenden Bohrungen des Gleitsteins fädeln, muß der Zug am Vergaser oder an der Drosselklappe geöffnet werden; Zug dort aushängen und so weit vordrücken, bis das Einfädeln klappt. Zuletzt Madenschraube anziehen und **Gaszug einstellen**; zwei Möglichkeiten: Rändelschraube am Griff, Einsteller mit Kontermutter SW 8 an Vergaser oder Einspritzanlage.

Gasgriff: Der Gasgriff ist mit einer Inbusschraube SW 5 befestigt. Nach Demontage des Griffgummis mit Preßluft (s. o.) Gaszug wie beschrieben vom Gleitstein abnehmen und Schraube lösen, die den Griff am Lenker hält. Griff zusammen mit Feder und Gleitstein abnehmen. Vor Wiedereinbau bewegliche Teile leicht einfetten; Feder korrekt einhängen.

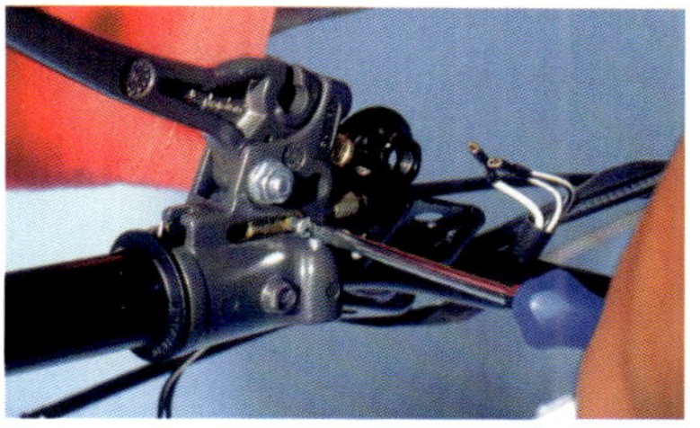

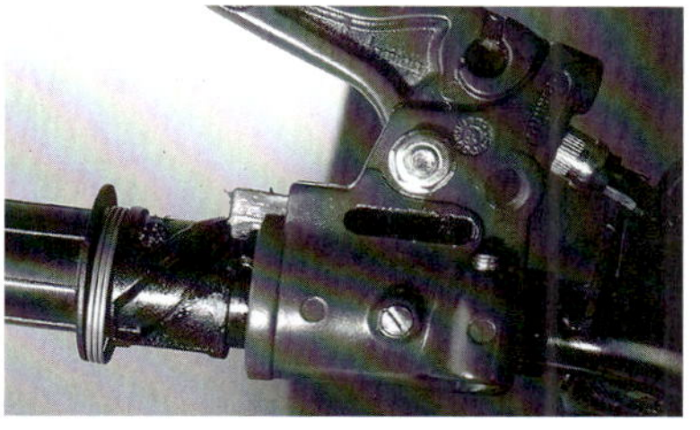

Standard-Fixierung von Gasgriff und Gaszug an einem Piaggio-Roller mit Trommelbremsen. Bild oben: Zum Ausbau des Gasgriffs wird eine Schlitzschraube gelöst. Mitte: Eine Madenschraube fixiert den Gaszug der Vespa am Gleitstein des Gasgriffs. Unten: Nach Lösen der Halteschraube kann der Gasgriff abgezogen werden. Bei den GT- und GTS- Modellen muß zuvor die vordere Lenkerverkleidung abgenommen werden – s. Kapitel „Karosserie“.

Tachometerwelle: Zuerst Wellenhalterung links unten am Vorderrad lösen; dazu mit Stecknuß und Verlängerung Schraube SW 8 ausdrehen, Halteplättchen lösen und Wellenende ganz abziehen. Dann Spiegel, Lenkerverkleidung und Innenschild ausbauen wie im Karosserie-Kapitel beschrieben. Vordere Lenkerabdekkung mit Instrumenteneinheit etwas nach oben ziehen; dann von Hand oder mit einer Zange die Rändelschraube lösen, die das obere Wellenende festhält; Wellenende aus dem Tachometer bzw. bei Bedarf ganz aus der Karosserie ziehen (Abbildungen s. Kapitel „Karosserie“ und „Vorderrad“).

Vorderradführung: Aus- und Einbau Vorderrad, Lenkung, Steuerrohr, Schwinge. Extra: Reifentips

Bei den Rollern der Vespa-Baureihen GT, GTS, GTV wird das Vorderrad wie bei allen klassischen Piaggio- und Vespa-Modellen von einem Steuerrohr geführt, das mit einer gezogenen Kurzschwinge kombiniert ist. Die Schwinge stützt sich über ein Federbein mit hydraulischer Dämpfung gegen das Steuerrohr ab. Grosse Leichtmetall-Gußräder (vorn und hinten 12 x 3.00) sorgen für eine Geradeauslaufstabilität, die deutlich besser ist als bei den kleineren Typen.

Bildleiste rechts von oben: Zuerst das Fahrzeug vorn leicht anheben und mit einer Kiste abstützen. Dann die fünf IS lösen und das Rad abnehmen.

Vorderrad – Aus- und Einbau: Das Leichtmetall-Vorderrad der leistunsgstarken Vespa GTS ist nach Automobilart und damit äußerst wartungsfreundlich mit fünf Schrauben an der Radnabe befestigt. Zum Ausbau Fahrzeug auf den Hauptständer stellen und mittels einer Getränkekiste etwa vorn so amheben, daß das Rad frei schwebt. Dann Vorderrad mit der Bremse blockieren (Helfer) und die fünf IS SW 6 lösen. Rad abnehmen. Rad auf mögliche Schäden prüfen: Rundlauf, Dellen in den Felgenschultern z. B. Beim Einbau die fünf Schrauben **kreuzweise** mit **Drehmoment 20 Nm** vor-, dann mit **25 Nm** nachziehen.

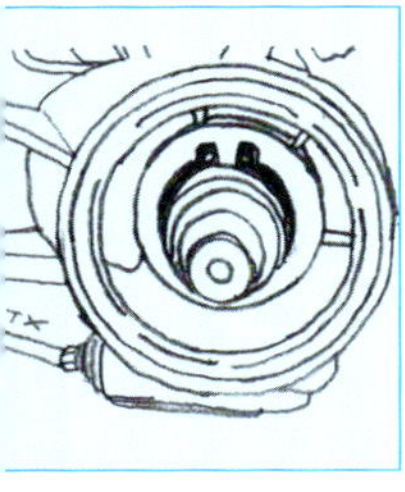

Oben: Auf diese Weise ist der Achsschenkel mit einem Sprengring gesichert.

Reifenwechsel: Alle GT- und GTS-Typen sind mit schlauchlosen Niederquerschnittsreifen ausgerüstet, die zwar für optimale Fahrsicherheit sorgen, sich aber – anders als bei der klassischen Vespa PX – in Eigenregie nicht abziehen und austauschen lassen. Grund: Sie haben kein Tiefbett. **Achtung:** Wer versucht, mit handelsüblichen Montierhebeln den Reifen abzuziehen, beschädigt unweigerlich die Felgenhörner. Es erlischt dann auch die Garantie von Fahrzeug- und Reifenhersteller. Erforderlich ist eine rund 600 Euro teure Spezialmaschine, wie sie nur gut ausgerüstete Werkstätten besitzen. Der Preis pro Wechsel beträgt ca. 16 Euro. Auch lassen sich die Rollerreifen nicht reparieren; die übliche Vulkanisierung ist nicht möglich.

Radnabe Vorderrad Aus- und Einbau: Wie im Kapitel „Scheibenbremse" weiter hinten im Buch näher beschrieben, müssen zunächst Vorderrad, Bremszange und Klemmplatte der Tachowelle demontiert werden. Dann zwei Inbusschrauben der Radbefestigung in die Radnabe drehen und das Ganze mit einem geeigneten Hebel (starker Schraubendreher, Montiereisen) blokkieren; am besten engagiert man dazu einen Helfer. Dann den Splint aufbiegen, Sicherungskappe abnehmen und **Zentralmutter** mit einer Stecknuß SW 22 **gegen den Uhrzeigersinn** lösen. Radnabe mit Bremsscheibe und den integrierten Radlagern abziehen. **Einbau:** Nabe mit Bremsscheibe aufsetzen; notfalls mit leichten Gummihammerschlägen auf den Achsstummel treiben, damit die Lager richtig aufgleiten. **Mutter** aufsetzen, **Nabe** blockieren und mit **Drehmoment 74 - 88 Nm** zweistufig anziehen. Sicherungskappe aufsetzen und mit Splint sichern; dabei die Enden um die Sicherungskappe herumlegen, damit kein Spiel zwischen Kappe und Achsstummel bleibt (s. Zeichnung rechts).

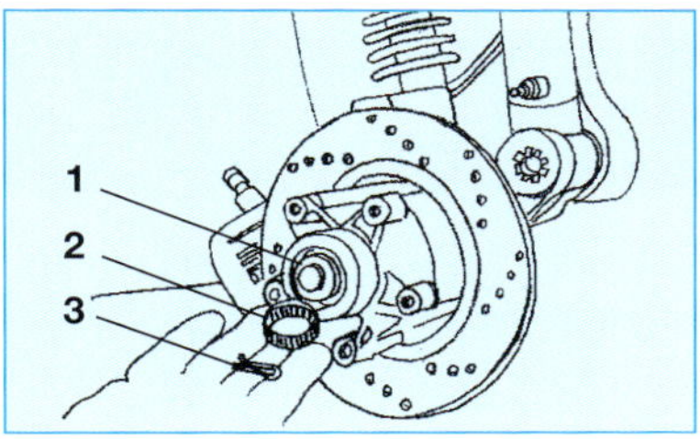

Oben links: Die Tachowelle wird unten mit einem Schlüssel SW 8 gelockert. Foto rechts: GTS auf dem Prüfstand. Zeichnung links: 1 = Zentralmutter SW 22, 2 = Sicherungskappe, 3 = Splint. Zeichnung oben: So muß ein neuer Splint umgebogen werden.

Radlager Vorderrad Aus- und Einbau: Die beiden Rollen- bzw. Kugellager sind in die Radnabe eingesetzt; zuerst die Radnabe ausbauen wie oben beschrieben. Dann den Sprengring entfernen, mit dem die Lager gesichert sind. Wellendichtring aushebeln. Die Lager lassen sich mit geeigneten Schlagdornen aus der Nabe treiben - das große Richtung Radseite, das kleine Richtung Bremsscheibe.

Einbau: Rollenlagersitz mit einer Heißluftpistole erhitzen. Lager einpressen bzw. mit einem Dorn aus Weichmetalll (Bronze z. B.) in die Sitze treiben. Die abgeschirmte Lagerseite muß nach außen zeigen. **Wellendichtring** und **Sprengring** einsetzen. Immer neue Dichtringe verwenden, vor allem, wenn die alten beim Ausbau verbogen wurden, was der Normalfall ist. Im Zweifelsfall Fachwerkstatt einschalten. Den Raum zwischen den Lagern mit **Fett** füllen.

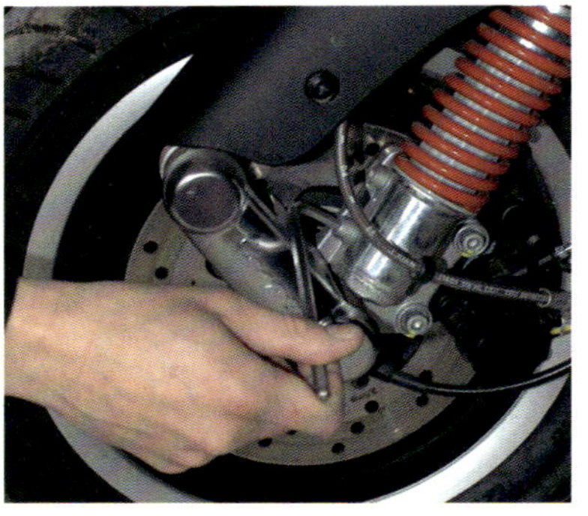

Oben: Zum Prüfen des Radlagerspiels das frei hängende Rad oben und unten ergreifen und versuchen, es quer zur Vertikalen hin- und herzubewegen. Foto oben rechts: So ist das vordere Federbein oben befestigt. Unten: Federbeinbefestigung unten an der Radnabe.

Radlager – Spiel prüfen: Roller aufbocken, das Vorderrad frei drehen lassen. Von der rechten Fahrzeugseite aus Rad ergreifen, eine Hand oben, eine unten; dann versuchen, das Rad quer zur Vertikalen hin- und herzukippen. Dabei darf sich kein Spiel zeigen.

Federbein Vorderrad – Ausbau und Einbau: Federbeine mit undichten oder ausgeschlagenen Stoßdämpfern sollten komplett ausgetauscht werden, denn die Reparatur ist für den Laien nicht möglich und lohnt sich auch ansonsten nicht. Alle Vespa-Typen verfügen über eine gezogene Kurzschwinge, die sich über ein links angeschlagenes Federbein am Steuerrohr abstützt. **Vorarbeit:** Vorderrad abnehmen wie beschrieben. **Oben** ist das Federbein mit zwei Muttern SW 13 befestigt, die sich mit Stecknuß, Verlängerung und Kreuzgelenk erreichen lassen. **Unten** an der Radnabe ist das Federbein mit zwei Inbusbolzen SW 6 samt Unterlegscheiben angeschraubt, die sich in festgepunkteten Muttern SW 13 drehen; nicht versuchen, diese Muttern mit Gewalt zu lösen. Am besten geht's, wenn der Bremssattel ausgebaut wurde (s. Kap. „Scheibenbremse"). Federbein nach unten wegziehen. Einbau in umgekehrter Folge. Möglichst die vorgeschriebenen **Drehmomente** beachten: **oben 20-30 Nm, unten 20-27 Nm.**

Lenkung, Lenkkopflager, Steuerrohr - allgemeine Hinweise: *Von unwesentlichen Details abgesehen sind Lenkung, Lenkkopflager und Steuerrohr mit gezogener Kurzschwinge bei allen Vespa-Modellen gleich konstruiert. Wichtig ist die regelmäßige* ***Prüfung*** *von Lenkung, Lenkkopflager und Schwingenlagerung auf Spiel und Verschleiß. Zum Ausbau von Lenker, Lenkkopflager und Steuerrohr sind folgende* ***Vorarbeiten*** *erforderlich: Demontage Lenkerverkleidung, Instrumente, Griffe, Hebel, Bremsschläuche wie in den Kapiteln „Karosserie" und „Bremsen" beschrieben. Griffe, Hebel und die oberen Enden der Bremsschläuche müssen nur bei einem Komplettaustausch des Lenkers abgenommen werden. Bei Arbeiten am oberen Lenkkopflager genügt es, den Lenker mit den Schläuchen nach vorn zu klappen. Für bestimmte Arbeiten müssen auch die Frontkaskade und das Innenschild demontiert werden (s. Kapitel „Karosserie"): Gegebenenfalls Kabelbinder durchtrennen, mit denen Kabelbaum-Elemente am Rahmen befestigt sind, später durch neue Kabelbinder ersetzen. Kabel und Schläuche auf keinen Fall knicken; am besten mit Schnur locker an den Rahmen binden.*

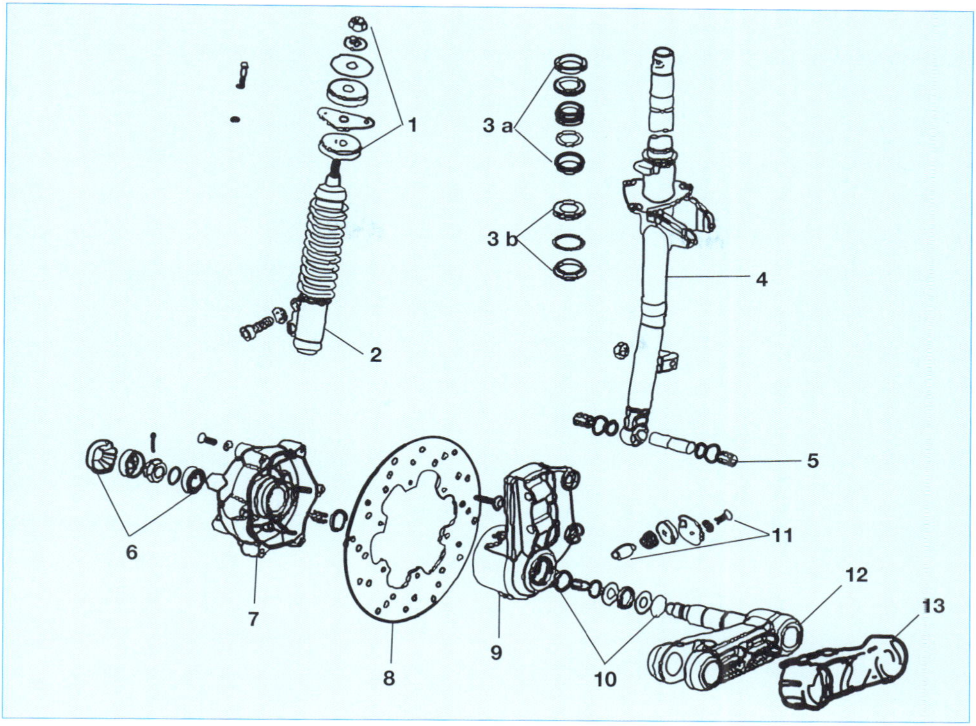

Lenker – Aus- und Einbau: Zuerst die hintere Lenkerverkleidung abmontieren wie im Kap. „Karosserie“ beschrieben. Vor dem Lockern der Lenkerbefestigung die **Position** des Lenkers auf dem Steuerrohr mit einem scharfen Metallgegenstand oder einem wischfesten Stift **markieren.** Dann Plastikkappe abhebeln und Lenkerverschraubung lösen: Mutter SW 17 sitzt auf Bolzen SW 13 oder IS 8. **Achtung** beim **Einbau**: Lenker genau mittig ausrichten (erfordert Augenmaß, weil keine Verzahnung existiert; Markierung als Orientierungs-hilfe). Der Bolzen muß – in Fahrtrichtung gesehen – von links eingeführt werden; von rechts werden aufgesetzt: Messing-Druckscheibe, Zahnscheibe, Mutter SW 17; Anzugs-**Drehmomente** s. Anhang.

Lenkkopflager – Prüfung: Wie bei allen Zweirädern hat auch bei der Vespa das Lenkkopflager entscheidenden Einfluß auf Sicherheit und Fahrverhalten. Unzulässiges Spiel, Verschleiß oder Korrosion im oberen und/oder unteren Lager können zu gefährlichen Pendelerscheinungen führen, Geradeauslauf und Spurtreue werden negativ beeinflußt. Deshalb müssen die **Lenkkopflager** in regelmäßigen Abständen, mindestens aber einmal im Jahr überprüft und nötigenfalls neu eingestellt werden. Zur Überprüfung Fahrzeug aufbocken, das Vorderrad

Oben: Vorderradführung der GTS; 1= Verschraubung Federbein, 2 = Federbein, 3a = Lagersatz Steuerrohr oben, 3b = Lagersatz Steuerrohr unten, 4 = Steuerrohr, 5 = Nadellager und Bolzen Steuerrohr, 6 = Lagersatz und Verschraubung Radnabe, 7 = Radnabe, 8 = Bremsscheibe, 9 = Halter Federbein, 10 = Abdichtung Radachse, 11 = Tachoantrieb, 12 = Kurzschwinge, 13 = Blende. Foto links: So wird der Lenker vom Steuerrohr abgeschraubt.

Oben rechts: Prüfen des Lenkkopflagers: versuchen, das Steuerrohr durch ruckartiges Ziehen und Drücken in Fahrtrichtung hin- und herzubewegen. Bilder darunter von oben (am Beispiel eines Sfera-Rollers): Lösen des oberen Lenkkopflager-Nutrings; Lösen der oberen Lagerschale bei abgenommenem Nutring; Abheben des Lagerrings; Einzelteile des oberen Lagers. Foto unten: Verschraubung des oberen Lenkkopflagers am Beispiel der Sfera. Bei GT/GTS/GTV ist der Steuerkopf in die Stahlkarosserie integriert.

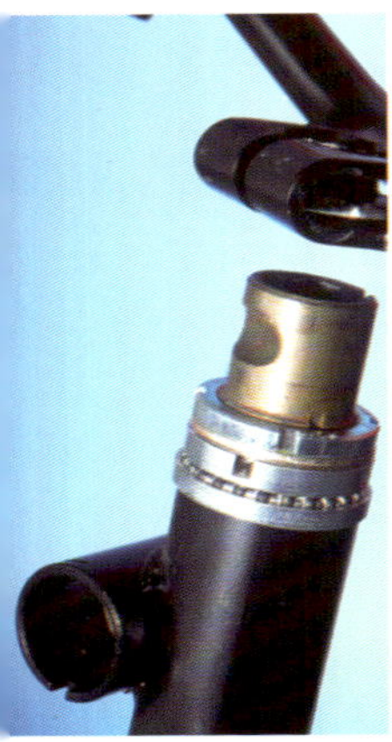

darf keinen Bodenkontakt haben. Nun mit der linken Hand das Rad, mit der rechten Hand die Kurzschwinge ergreifen und versuchen, das Steuerrohr durch ruckartiges Ziehen und Drücken längs zur Fahrtrichtung hin- und herzubewegen; dabei darf sich keinerlei Spiel zeigen. Dann die **Lenkung** prüfen: Der Lenker muß widerstandsfrei vom rechten zum linken Anschlag fallen; zeigt sich dabei ein Festhaken oder gar Klemmen, sind die Lager zu stramm angezogen oder beschädigt. Zunächst versuchen, den Schaden durch korrektes Einstellen zu beheben (s. unten), notfalls beide Lenkkopflager austauschen.

Lenkkopflager – Aus- und Einbau, Einstellung: Beides ist erst nach Abnahme der Verkleidungen und des Lenkers möglich. Zuerst den oberen **Nutenring** abschrauben; ein entsprechender Hakenschlüssel findet sich leicht im Internet bei spezialisierten Werkzeuganbietern und Rollerspezialisten wie SIP oder Krüger. Eine Wasserpumpenzange sollte nur notfalls verwendet werden. Der darunterliegende **Druckring** läßt sich problemlos abnehmen. Es folgt die **obere Lagerschale**; sie läßt sich meist von Hand drehen, ansonsten so verfahren wie beim Nutenring. Den **Kugelkäfig** mit einem feinen Schraubendreher aushebeln. Die **untere Lagerschale** des oberen Lagers sitzt fest auf dem Rahmenrohr und läßt sich nur bei komplett ausgebautem Rohr abnehmen: Sie wird von unten mit einem ausreichend langen Dorn ausgetrieben.

Der **Einbau** erfolgt in umgekehrter Reihenfolge: Kugelkäfig und Lagerschalen mit Spezialfett (Esso Beacon 3 oder Shell Retinax A) einfetten. Kugelkäfig in untere Lagerschale setzen, obere Lagerschale aufsetzen. Austretendes Fett sorgfältig abwischen. Dann den Druckring mit dem vorgeschriebenen **Drehmoment** anziehen (Werte s. Anhang, sie sind

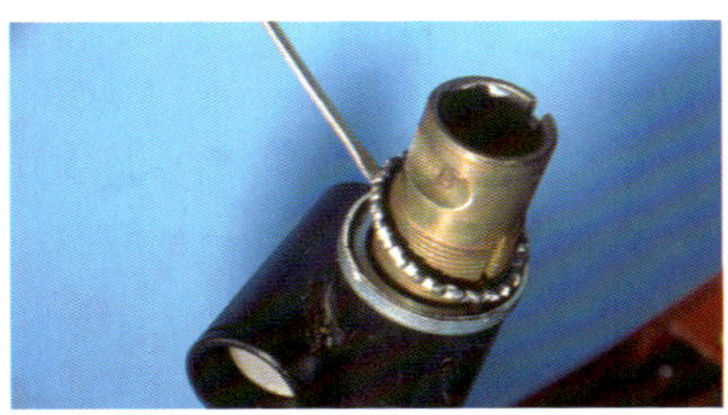

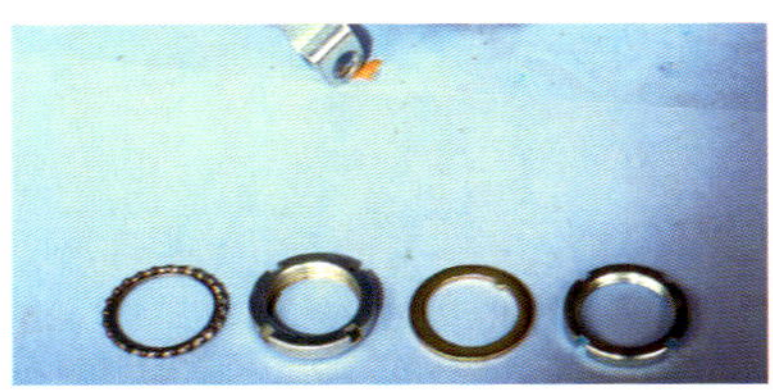

Lenkung – typische Lagerdefekte:
Riefen und Risse in den Lagerschalen, defekte Kugelkäfige, herausgefallene Kugeln, Korrosion bzw. Rost durch eingetretenes Wasser, allgemeiner Verschleiß durch Staub, eingedrungenen Sand oder verbrauchtes Fett.

unterschiedlich für GT und GTS/GTV), Nutmutter aufsetzen und ebenfals mit **Drehmoment** (s. Anhang) anziehen. Das untere Steuerrohrlager wird dabei automatisch mitangezogen. Lenkung auf Freigängigkeit und Spiel prüfen; bei Schwergängigkeit oder zu viel Spiel noch einmal eine Korrektur durchführen.

Steuerrohr und unteres Lager – Ausbau: Der Steuerrohrausbau ist zwingend erforderlich, falls der **vordere Kotflügel**, der **Sperriegel** des **Lenkschlosses** oder das **untere Lager** ausgebaut werden müssen. Zunächst Vorderrad, Lenkerverkleidung und Innenschild ausbauen, wie weiter vorn beschrieben. Lenker und Lenkkopflager ausbauen wie gezeigt. Bremsanlage entleeren und beide **Bremsschläuche** am Lenker abschließen (Hinweise dazu s. Kapitel „Scheibenbremsen").
Falls keine **Montagebühne** vorhanden ist, Fahrzeug vorsichtig auf die rechte Seite legen, Decke o. ä. unterlegen, um Lackbeschädigungen zu vermeiden. Tachowelle unten am Rad lösen (Schraube SW 8) und nach oben herausziehen; Jetzt Steuerrohr komplett mit Radaufhängung, Kotflügel und unterem Lager aus dem Rahmenkopf ziehen. **Achtung:** Jetzt kann der Sperriegel des Lenkschlosses samt der Scheibe aus dem Rahmenkopf genommen werden.
Der untere Laufring des **unteren Lagers** wird samt Kugelkäfig mit einem Schraubendreher abgehoben. Die oben und unten im Rahmenkopf verbliebenen Laufringe der beiden Lager werden von der jeweils passenden Seite mit einem Dorn ausgetrieben; Dorn dabei am Laufring ansetzen und mit leichten Hammer-

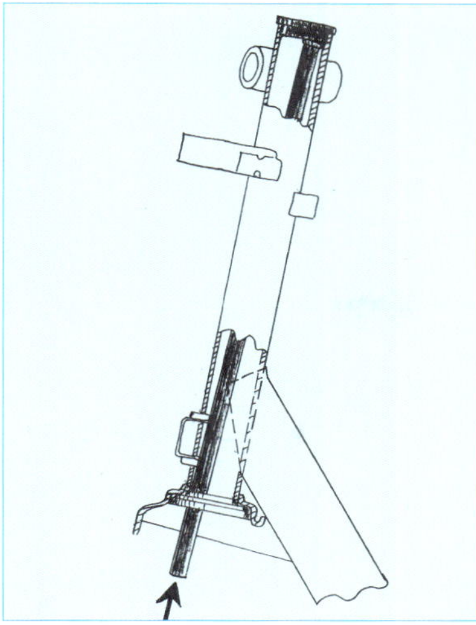

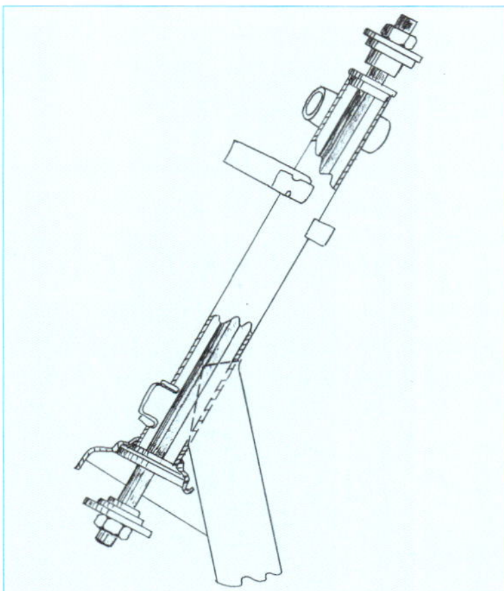

Zeichnung oben: Austreiben der im Führungsrohr verbliebenen Lagerringe; Zeichnung Mitte: Einpressen neuer Lagerringe mit einem Piaggio-Spezial-Werkzeug. Zeichnung unten: Der Lenker einer GTS 250 in seinen Einzelteilen: 1 = Dämpfergewichte, 2 = Griffgummis, 3 = Gasgriff, 4 = Gaszug, 5 = Lenker, 6 = Bremshebel, 7 = Hauptbremszylinder , 8 = Lenkerverschraubung, 9 = Stahlschelle.

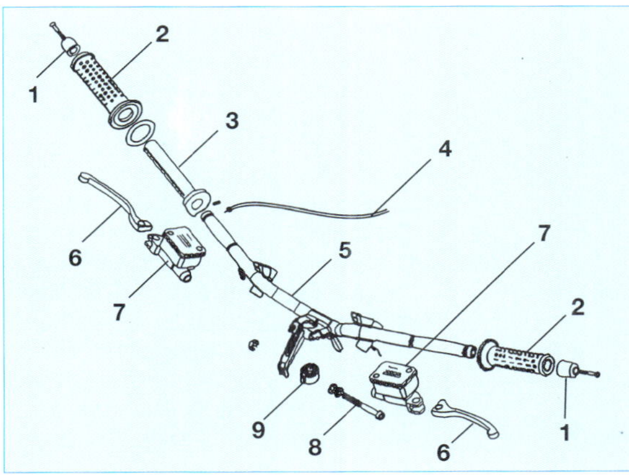

Kurzschwingenlagerung – allgemein: *Die gezogene Kurzschwinge der klassischen wie der modernen Vespa-Modelle ist vorn am Lenkrohr und hinten am Träger für Federbein und Bremssattel gelagert. Die Lager gleichen die Auf- und Abbewegungen aus, die vom Vorderrad induziert werden. Es handelt sich um jeweils zwei Nadellager, die tunlichst nur mit Spezialwerkzeug ausgebaut werden sollten. Da der Austausch einer kompletten Vorderradführung (Lenkrohr plus Kurzschwinge) billiger ist, besitzen in der Regel nicht mal Vespa-Fachwerkstätten die Spezialwerkzeuge. Die folgenden Hinweise haben daher nur informellen Charakter.*

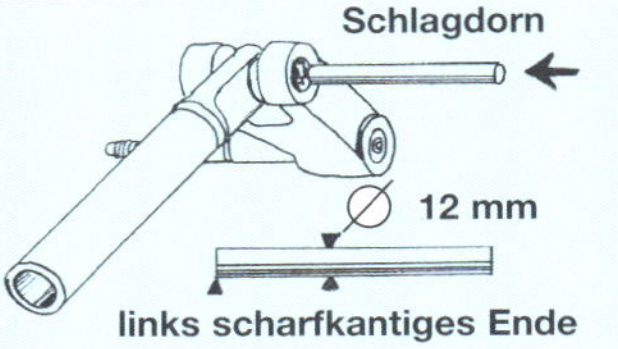

Foto: Blick auf die gezogene Kurzschwinge einer Vespa GTS 300 super i.e. Die Zeichnung zeigt, wie im Prinzip eine vordere Schwingenlagerung zerlegt wird. Falls eine solche Arbeit einmal ansteht, sollte man sie der Fachwerkstatt überlassen. Vor allem der Zusammenbau überfordert Leute, die so etwas noch nie gemacht haben.

schlägen arbeiten. Lagerkontrolle wie oben beschrieben (s. a. „typische Defekte"); beschädigtes Lager komplett austauschen, dabei korrekt einfetten. Wie neue Lagerschalen in den Steuerkopf am Rahmen eingebaut werden, zeigt die Zeichnung. Die Lagerschalen lassen sich auch von Hand einsetzen und mit einem Kunststoffhammer eintreiben.

Kurzschwingen-Federbeinlager – Aus- und Einbau: In einem normalen Rollerleben muß diese Arbeit so gut wie nie ausgeführt werden. Doch sie kann im Rahmen von Unfallreparaturen bei neuwertigen Fahrzeugen erforderlich sein. In der Regel ist das **Werkstattsache.** Wir geben trotzdem einen Überblick.

Da, wo die Kurzschwinge am Federbein angelenkt ist, sitzen zwei **Nadellager.** Soll kein neues Lenkrohr eingebaut werden, müssen die Lager ausgewechselt werden, wenn Spiel vorhanden ist oder **Poltergeräusche** auftreten. Lager stets paarweise austauschen (lassen).

Und so wird's gemacht: Vorderrad abnehmen. Dann Radnabe, Lenkung und Lenkrohr ausbauen wie an anderer Stelle beschrieben. Lenkrohr mit Kurzschwinge in einen mit Alublech gefütterten Schraubstock spannen. **Sprengring** und **Wellendichtring** ausbauen. Die beiden gleich großen **Nadellager** mit einem Spezial-Abzieher demontieren, den vielleicht eine Fachwerkstatt ausleiht. Zur Not geht's auch mit einem Schlagdorn aus Weichmetall. Vor der Montage die Räume zwischen den Lagern mit **Spezialfett** fetten.

Eingebaut werden die beiden **Nadellager** mit dem Spezialwerkzeug oder exakt passenden Schlagdornen (Fachwerkstatt). Neuen **Wellendichtring** einsetzen, das Ganze mit dem **Sprengring** sichern. Steuerrohr mit Schwinge, Radnabe mit Bremsscheibe und Rad einbauen wie beschrieben.

Kurzschwingen-Lenkrohrlager – Ausbau: Auch vorn am Lenkrohr bewegt sich die Kurzschwinge in zwei Nadellagern. Die Überholungsarbeiten sind auch hier aufwendig und nur mit passendem Spezialwerkzeug durchführbar. Nicht jede Piaggio-Werkstatt ist entsprechend ausgerüstet. Wirtschaftlich betrachtet ist es sinnvoller, Steuerrohr und Schwinge komplett gegen Neuteile auszutauschen (s. a. Kasten).

Steuerrohr mit Schwinge ausbauen wie oben beschrieben. Zum Ausbau der vorderen Schwingenlagerung zunächst das **Sicherungsblech** mit einem Schlagdorn zerdrücken und einem spitzen Stift entfernen. Dann das **zweite Sicherungsblech** auf der anderen Seite ausbauen. Der **Bolzen** und die beiden **Nadellager** werden mit einer speziellen Preßvor-

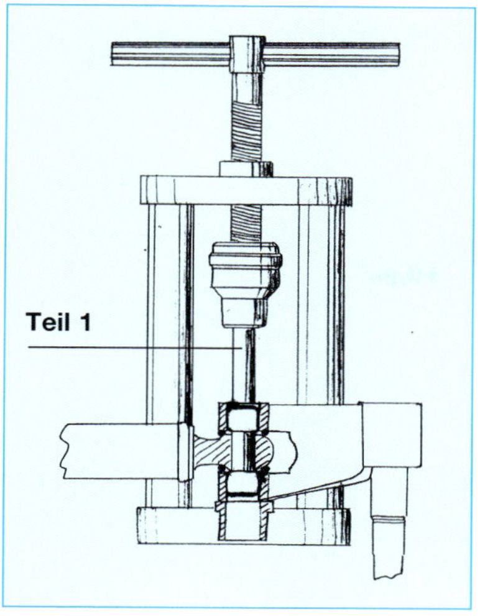

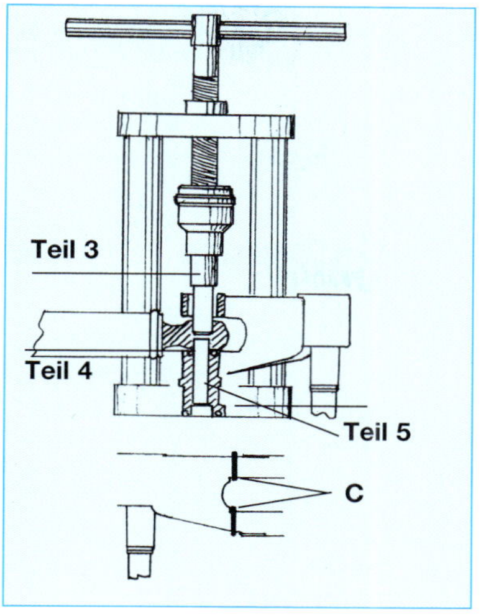

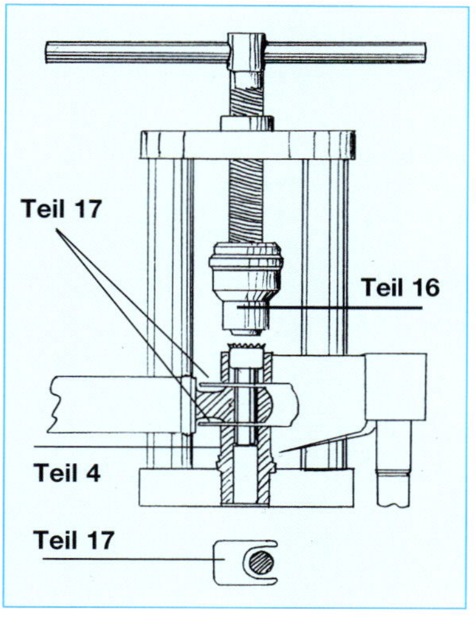

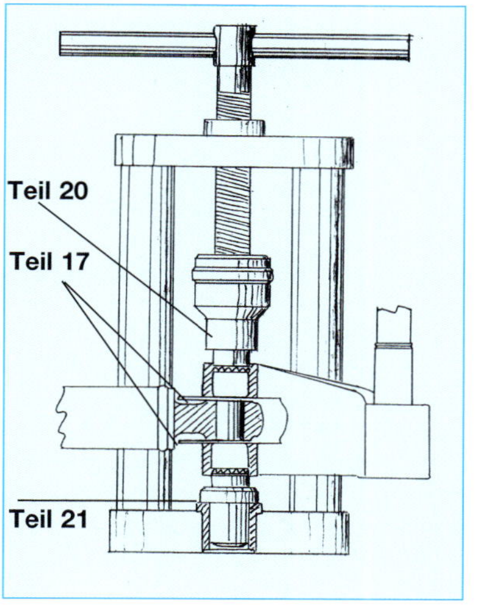

Zeichung oben links: Auspressen von Bolzen und Nadelkäfigen mit Spezialwerkzeug; daneben: Einbau eines neuen Bolzens in die Schwinge. Unten links: Einbau neuer Nadellager, Dichtringe und Sicherungsbleche; daneben: Ausrichtung der Nadellager auf dem Bolzen. Da die Arbeiten schwierig auszuführen sind und zudem teures Spezialwerkzeug erfordern, ist von Reparaturversuchen in Eigenregie abzuraten. Die Zeichnungen und die Erklärungen im Text sollen nur einen Eindruck von der Komplexität der diversen Aktionen vermitteln.

richtung ausgedrückt. Es muß so lange am Griff gedreht werden, bis Bolzen und Lager vollständig ausgestoßen sind. Ausdrückvorrichtung auf der gegenüberliegenden Seite ansetzen und zweites Nadellager auspressen. Beachten Sie dazu die Zeichnungen oben.

Kurzschwinge Steuerrohrlager – Einbau: Der Zusammenbau hat's besonders in sich. Dabei beachten: nur **neue Nadellager, Bolzen, Dichtringe und Staubschutzringe** verwenden. Zuerst die beiden Staubschutzringe „C" einsetzen. Dann Schwinge mit einem Führungsstift (Teil 5 in der Abb. oben rechts) am Steuerrohr fixieren. Spezialwerkzeug mit Teil 3 am Druckstift und Teil 4 am Boden der Vorrichtung anbringen. Den Bolzen mit Molykote-Pulver bestreichen, in die Schwingnabe einsetzen und durch Drehen des Spezialwerkzeug-Griffes so tief einpressen, bis Teil 3 auf dem Lenkrohr aufsitzt. Danach die beiden **Distanzstücke** 17 mit leichten Hammer-

schlägen eintreiben. Jetzt die **Dichtringe** mit Mineralöl benetzen und die Nadellager halb mit Fett (ESSO Beacon 3) füllen. Dichtring zusammen mit Nadellager und Sicherungsblech auf Bolzen aufschieben. Führungsteil (Teil 5) des Spezialwerkzeugs abnehmen, Teil 4 an Ort und Stelle lassen. Am Druckstift Teil 3 durch Teil 16 ersetzen. Durch Drehen des Griffs die Einheit Sicherungsblech/Nadellager/Dichtring so weit einpressen, bis Teil 16 auf der Schwingnabe aufsitzt. Zum Eintreiben der zweiten Einheit aus Nadellager, Sicherungsblech und Dichtring das Ganze auf der anderen Seite wiederholen, dabei das Spezialwerkzeug mit Teil 16 verwenden und Teil 4 durch Teil 22 ersetzen.
Nun müssen die **Nadellager** noch exakt auf dem Bolzen positioniert werden. Dazu das Spezialwerkzeug mit Teil 20 am Druckstift und Teil 21 von unten verwenden. So lange am Griff drehen, bis die Enden der Nadellager auf den Bolzenenden aufliegen.
Abschließend die **Sicherungskränze** verkeilen (Neuteile); dazu das Werkzeug mit den Teilen 3 und 4 wie bei der Bolzenmontage verwenden und durch Drehen des Griffs die Sicherungskränze auf der Schwingnabe verkeilen. Distanzstücke 17 entfernen, den Raum zwischen Lenkrohr und Schwingnabe mit Fett (z. B. ESSO Beacon 3) füllen und die Staubschutzringe einsetzen.

Foto: So wird das Lenkrohr samt Kotflügel und unterem Lager aus der Karosserie eines Vespa-Rollers gezogen.

Vorderkotflügel – Ausbau: Er kann leider erst nach dem Ausbau des Steuerrohrs abgenommen werden. Dazu die untere Befestigung mit einem Steckschlüssel SW 10 lösen. Oben wird der Kotflügel von Schrauben mit Muttern SW 10 gehalten. Kotflügel nach oben vom Steuerrohr abziehen.

Hinweis Räder: Vorder- und Hinterrad lassen sich untereinander austauschen; Unterschiede gibt es nur bei der Lackierung.

Reifenschonend fahren: *Von den Reifen hängt in entscheidendem Maße die Sicherheit ab. Vernünftige Behandlung und regelmäßige Kontrolle sind daher unerläßlich. Besonders schädlich für den empfindlichen Unterbau („Karkasse"): Fahren mit zu geringem Luftdruck und rücksichtsloses Queren von Bordsteinen. Oft entstehen dabei unsichtbare Schäden, die im Extremfall zu einem Reifenplatzer führen können.*
Gummimischung und Lebensdauer: *Sehr großen Einfluß auf Lebensdauer und Bodenhaftung eines Reifens hat die Gummimischung. Sie ist von Fabrikat zu Fabrikat, von Typ zu Typ unterschiedlich. Harte Gummimischungen lassen den Reifen länger leben, haben aber keine besonders gute Rutschfestigkeit bei Nässe. Mit der Zeit wird jeder Reifen von selbst härter, weil sich die Additive abbauen. Rollerreifen sollten daher alle fünf bis sechs Jahre erneuert werden, unabhängig von der Laufleistung.*
Tip für Anfänger: *Wenn es länger nicht geregnet hat, bildet sich bei einsetzendem Niederschlag ein schmieriger Film aus Gummiabrieb, Öl und Staub auf der Straße, der erst allmählich abgewaschen wird. Also zu Beginn des Regens besonders vorsichtig fahren, gefühlvoll Gas geben und bremsen, großen Sicherheitsabstand zu anderen Fahrzeugen halten und hohe Schräglagen vermeiden. Besonders tückisch bei Nässe: Fahrbahnmarkierungen, Zebrastreifen, Bitumenausbesserungen (schwarz glänzenden Oberfläche), Kanaldeckel und Brückenfugen.*
Neukauf: keine Mischbereifung. *Die Profilierung hat es in sich: Eine Mittelnut oder Rille am Vorderrad schützt besser vor Aquaplaning als ein Mittelsteg. Hinten kein anderes Reifenfabrikat aufziehen als vorne. Mischbereifungen wirken sich meist negativ auf die Fahrsicherheit aus.*
Reifenmontage: *Von einer Reifenmontage in Eigenregie ist bei den modernen Vespa-Typen abzuraten. Die schlauchlosen Reifen in Niederquerschnitts-Ausführung lassen sich nur in der Werkstatt mit einer Spezialmaschine ab- und aufziehen.*

Hinterradführung: Aus- und Einbau Hinterrad, Federbeine, Kontrollarbeiten; Extra: Reifenpflege

Der Zustand der Federbeine beeinflußt Fahrverhalten und Fahrkomfort entscheidend. Typische Defekte sind mangelhafte Dämpfung und durchschlagende Federung. Auch dann, wenn ein Dämpfer undicht geworden ist, muß das Federbein ausgetauscht werden; es läßt sich in Eigenregie nicht reparieren. Verbogene Federn sind ebenfalls Schrott.

Hinterrad - allgemein: *Der Ausbau ist in zahlreichen Fällen nötig - zum Reifenwechsel oder für Arbeiten an der Bremsanlage. Die Vorarbeiten sind leider erheblich: Das Hinterrad läßt sich nur abnehmen, wenn der Auspuff und die Halterung für das rechte Federbein demontiert wurden. Wer keine Montagebühne hat, braucht einen Helfer, der das Fahrzeug hält und die Hinterradbremse blockiert. Nur so läßt sich die Achsmutter lösen.* ***Hinweis Räder:*** *Vorder- und Hinterrad lassen sich untereinander austauschen; Unterschiede gibt es nur bei der Lackierung.*

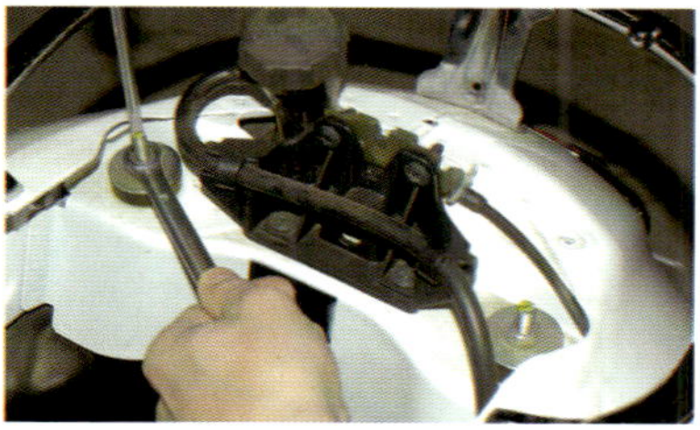

Federbeine – Aus- und Einbau: Sollen **Hinterrad,** Bremsbeläge oder Bremszange **ausgebaut** werden, muß zuerst die untere Befestigung des rechten Federbeins gelöst werden (Voraussetzung dazu: Auspuff abgebaut, s. Seite 62ff). Das **linke Federbein** ist unten mit einem Bolzen SW 13 und einer selbstsichernden Mutter SW 17 an der Triebsatzschwinge befestigt (Foto S. 40), das **rechte Federbein** mit einer selbstsichernden Mutter SW 17 am LM-Halteprofil. Die „Stopp"-Muttern müssen beim Einbau erneuert werden.
Sollen die **Federbeine komplett ausgebaut** werden, muß zunächst der Gepäckträger bzw. der **Haltebügel** inkl. der darunterliegenden **Abdeckplatte** abgebaut werden (vier Schrauben IS 5). Den **Antriebsblock** mit einem Rangierwagenheber so weit **anheben,** bis die Federn nicht mehr belastet sind.
Oben stützen sich **beide Federbeine** über **Gummilager** am Rahmenheck ab. Mit einem Ringschlüssel die jeweilige Mutter SW 13 von der Dämpferstange abschrauben,

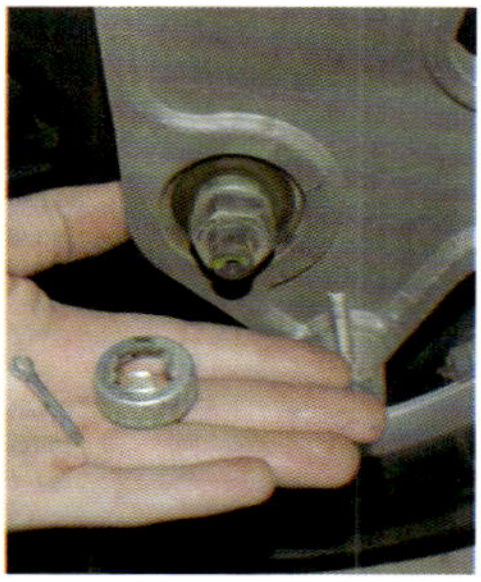

Oben links, daneben: Abdeckplatte und obere Federbeinverschraubungen: Oben rechts: untere Verschraubung des linken Federbeins. Mitte: beim rechten Federbein unten die Mutter SW 17 und die Scheibe abnehmen. Unten Splint austreiben, Sicherungskappe abnehmen.

Bei Arbeiten am Heck müssen die Seitenverkleidungen abgenommen werden (s. Kap. Karosserie). Oben: Lösen der Achsmutter SW 24 mit extra langem Schlüssel. Unten links: Achsmutter und Zwischenring. Unten Mitte: Abbau der Trägerplatte durch Ausdrehen von zwei IS 6. Unten rechts: Trägerplatte, Achsverschraubung und Inbusschrauben für die Befestigung des Trägers.

gleichzeitig mit einem kräftigen Schraubendreher verhindern, daß sich die Stange mitdreht.
Einbau in umgekehrter Reihenfolge; dabei Federbein zuerst oben einführen, Gummipuffer und große Scheibe, sowie Mutter aufsetzen. Muttern oben mit **Nm 20 - 25** und unten mit **Nm 33 - 41** anziehen. Abdeckplatte und Haltebügel wieder anbringen.
Federbeinhalterung – Ausbau: Die GT-, GTS- und GTV-Modelle haben eine wesentlich aufwendigere Hinterradführung als andere Vespa-Typen und sind daher fahrstabiler und belastbarer. Zusätzlich zum klassischen linken Federbein verfügen sie über ein **zweites Federbein** auf der rechten Seite, das sich an einem Halter aus Leichtmetallguß abstützt. Die **untere Federbeinbefestigung** wird gelöst wie auf Seite 39 gezeigt. Am Halter ist auch der **Auspuff** befestigt (Auspuff-Ausbau s. Motor-Kapitel). An der Trägerplatte müssen vorn zwei Schrauben IS 6 ausgedreht werden.
Für das Lösen der **Achsmutter,** die vor dem Halter sitzt, müssen beide Räder fest auf dem Boden stehen außerdem muß die Hinterradbremse blockiert werden. Ein Helfer belastet das Fahrzeugheck bestmöglich.
Nun am Hinterrad zuerst den **Splint** aufbiegen und herausziehen; **Sicherungskrone** abnehmen; die **Achsmutter** mit einer Stecknuß SW 24 und einer ausreichenden Verlängerung abschrauben (normales Gewinde, also zum Lösen nach links drehen); Mutter und **Abstandsring** abnehmen.

Hinterrad – Ausbau: Erst nach diesen aufwendigen Vorarbeiten kann das Leichtmetall-Hinterrad abgenommen werden; es ist mit fünf IS SW 6 befestigt. Schrauben lösen, Bremse loslassen und Hinterrad abnehmen; notfalls mit Faustschlägen nachhelfen. (Ausbau Bremssattel und Bremsscheibe s. Kap. Bremsen).

Hinterrad und Federbeinhalterung – Einbau: Hinterrad mit den fünf Inbusschrauben SW 6 befestigen, dabei Schrauben kreuzweise und in zwei Stufen mit **Drehmoment 20 - 25 Nm** anziehen. Nun die **Federbeinhalterung** wieder anbringen; dazu die beiden Schrauben IS 6 ins Antriebsgehäuse einsetzen und mit **20 - 25 Nm** anziehen. Die untere **Stoßdämpferbefestigung** wird mit **33 - 41 Nm** angezogen. **Abstandshalter** auf die Achse setzen, **Mutter** SW 24 aufdrehen und mit **Drehmoment 104 - 126 Nm**

anziehen. Dabei blockiert der Helfer wieder die Bremse. **Sicherungskrone** anbringen und mit **neuem Splint** blockieren. Splintenden so umbiegen, daß die Krone fest umschlossen wird. Zuletzt den **Auspuff** montieren (s. Kapitel Motor).

Hinterrad – Spiel des Achsantriebs prüfen: Das Vespa-Hinterrad hat keine eigenen Lager, sondern sitzt auf der im Getriebe gelagerten Antriebsachse. Zur Prüfung des radialen Spiels Fahrzeug aufbocken und Heck so abstützen, daß sich das Hinterrad frei drehen kann. Dann von der linken Fahrzeugseite her Rad rechts und links mit beiden Händen ergreifen und versuchen, es quer zur Achse hin und her sowie rauf und runter zu bewegen. Es darf kein Spiel vorhanden sein. Das Laufspiel vor und zurück ist konstruktionsbedingt.

Schwingenlagerung prüfen: Die Triebsatzschwinge der Vespa-Typen GT, GTS und GTV ist drehbar an einem schwingenartigen Ausleger gelagert, der mit einem starken Bolzen starr am Rahmen befestigt ist (Ausbau s. Motor-Kapitel; Bolzen SW 17 von links, Mutter SW 17 rechts). Die beim Ein- und Ausfedern entstehende Drehbewegung wird von dem hinteern Bolzen (SW 15 von links, Mutter SW 15 rechts) aufgefangen, an dem die Triebsatzschwinge direkt gelagert ist. Für die nötige Elastizität sorgen zylindrische **Silentblöcke** in der Schwingenlagerung, die einem natürlichen Alterungsprozeß ausgesetzt sind. Ein seitliches oder radiales Spiel führt zu einer fortschreitenden Verschlechterung der Fahreigenschaften. Das Fahrzeug fängt an zu pendeln, kann vor allem in Kurven aus der Spur geraten.
Beste Vorbeugemaßnahme ist die regelmäßige **Kontrolle**: Roller aufbocken und Heck so abstützen, daß sich das Hinterrad frei drehen kann. Nun mit der rechten Hand das Fahrzeug festhalten und mit der linken Hand das Ende der Triebsatzschwinge ergreifen. Dann versuchen, die Schwinge quer zur Fahrtrichtung hin- und herzubewegen. Dabei dürfen die Gummilager in jeder Richtung um einige Millimeter nachgeben; es darf jedoch kein freies Spiel vorhanden sein, feststellbar am ruckartigen Anschlagen. Defekte Gummilager in der Werkstatt austauschen.

Nach Abbau von Seitenverkleidung, Schalldämpfer, Federbein unten, Achsmutter und Trägerplatte können die fünf IS 6 gelöst werden, die das Rad an der Nabe befestigen. Nützlich ist, wenn ein Helfer beim Lösen der Schrauben die Bremse betätigt.

Kotflügel hinten – Ausbau: Befestigt ist er vorne rechts hinter dem Schalldämpfer und mit einer langen Schraube, die gleichzeitig auch den Luftfilterkasten hält. Besser kommt man heran, wenn die schmalen Seitenverkleidungen abgenommen werden. Beim Zusammenbau sind Luftfilterkasten und Kotflügel gemeinsam zu befestigen.

Kippständer – Ausbau: Zum Ausbau zunächst die Rückholfeder aushängen, dann die Schraube SW 17 lösen. **Einbau** in umgekehrter Reihenfolge; die Schraube mit **Drehmoment 35 - 40 Nm** anziehen, Feder einhängen.

Hauptständer – Ausbau: Zunächst den Roller z. B. mit Getränkekiste und Brettstücken so unterstützen, daß der Hauptständer in der Luft hängt, der Roller aber fest steht. Die beiden Rückholfedern aushängen. Die Mutter SW 17 abschrauben und den Bolzen SW 17 von der rechten Seite her herausziehen. Jetzt den Ständer abnehmen. **Einbau** in umgekehrter Reihenfolge; die Mutter mit **Drehmoment 32 - 40 Nm** anziehen.

Links: Prüfung der Schwingenlagerung; rechts: Prüfung des Hinterradantriebs; es darf „quer" kein Spiel vorhanden sein; Bei Spiel in der Hinterradführung verschlechtert sich das Fahrverhalten stark, der Roller neigt in Kurven und vor allem beim Queren von Unebenheiten zum Pendeln.

Luftdruck: häufig prüfen. *Gefährlich (und teuer) lebt, wer den Luftdruck vernachlässigt. Wir empfehlen eine Kontrolle alle vier Wochen, vor größeren Fahrten und beim Wechsel auf das Fahren mit/ohne Sozius. Wichtig ist, daß der Reifendruck nur bei kalten Reifen kontrolliert wird; bei erwärmtem Pneu – und das ist schon nach wenigen Kilometern der Fall – zeigt das Meßgerät zu hohe Werte an (vor allem im Sommer).* ***Achtung:*** *Chronischer Unterdruck führt zu instabilem Fahrverhalten vor allem in Kurven, zu hohem Verschleiß und in extremen Fällen sogar zu Laufflächenablösungen infolge Überhitzung. Die von Piaggio empfohlenen Werte stehen im Anhang. Bei längeren Fahrten mit voller Zuladung empfiehlt es sich, den Luftdruck vorn um 0,2 und hinten um 0,4 bar zu erhöhen. Die Reifen werden dann weniger stark gewalkt, erhitzen sich nicht so sehr und bieten mehr Stabilität.*

Profiltiefe, Beschädigungen: Sichtkontrolle. *Niemals sollte eine* ***Mindestprofiltiefe von 2 mm*** *unterschritten werden. Die meisten modernen Pneus sind mit Abnutzungsanzeigern versehen, die eine schnelle Kontrolle gestatten. Es handelt sich dabei um 2 mm dicke Erhöhungen im Negativprofil (also in der Rille); liegen die Anzeiger in gleicher Höhe mit dem Positiv-Profil, müssen die Reifen gewechselt werden. Regelmäßig kontrolliert werden muß auch, ob die Reifen an den Flanken oder im Bereich der Lauffläche Beschädigungen aufweisen (Schnitte, Risse, Blasen, Profilablösungen etc.) Beschädigte Reifen sofort austauschen. Das gilt auch dann, wenn sich nach Vollbremsungen sogenannte „Bremsplatten" gebildet haben. Nutzen sich die Reifen ungleichmäßig ab (Sägezahnbildung z. B.), sind Federung und Dämpfung nicht in Ordnung - also prüfen und reparieren.*

Räder, Felgen: Zustand prüfen. *Nicht nur die Reifen, auch die aus einer Leichtmetallegierung gefertigten Räder bedürfen regelmäßiger Kontolle. Empfindlich ist vor allem der Felgenbereich, auf dem die Reifen sitzen. Sind die Felgenhörner deformiert oder eingedellt – z.B. durch hartes Bordsteinfahren – ist das ganze Rad reif für den Schrott. Beschädigte oder verzogene Räder müssen schnellstmöglich ausgetauscht werden – Unfallgefahr!*

Den ***Rundlauf des Rades*** *kann man leicht selbst überprüfen. Zunächst die* ***Vorderradkontrolle:*** *Maschine aufbocken und Vorderrad von Hand in Drehung versetzen. Mit der anderen Hand einen Stift oder ein Stück Kreide so an die Vorderradführung legen, daß die Felge den Stift beim Drehen in mindestens einem Punkt berührt. Anschließend Rad so lange weiterdrehen, bis sich der größtmögliche Abstand zwischen Stift und Felge einstellt. Jetzt diesen Abstand messen, dies ist das Maß des Seitenschlags. Die Toleranzgrenze liegt bei nur 0,5 mm. Ist der Schlag größer, ist das Rad auszutauschen.*

Hinterradkontrolle: *Maschine aufbocken und Heck so abstützen, daß sich das Hinterrad frei drehen kann. Motor starten und mit leicht erhöhter Drehzahl laufen lassen, damit das Rad langsam rotieren kann.* ***Achtung:*** *Motor nicht in geschlossenen Räumen oder Garagen laufen lassen - Vergiftungsgefahr! Stift oder Kreide wie beschrieben an Federbein anlegen und Seitenschlag bestimmen.*

Ob die Räder ***richtig ausgewuchtet*** *sind, läßt sich mit Hausmitteln nur unzureichend prüfen; die innere Reibung in Lagern und Antrieb ist zu groß für eine Unwuchtbestimmung von Hand. Am besten Räder immer bei der Montage neuer Reifen auswuchten lassen. Auch dann, wenn sich beim Fahren eine Unwucht zeigt (Höhenschlag), Reifen-Fachwerkstatt zu Rate ziehen. Zentrale Radbefestigungen regelmäßig prüfen, Drehmomente und saubere Versplintung beachten!*

Scheibenbremsanlage: Bremsbeläge, Bremsflüssigkeit wechseln, Demontage und Kontrolle aller Bauteile

1992 stellte Piaggio zum ersten Mal einen Motorroller mit hydraulisch betätigter Scheibenbremse am Vorderrad vor - den Quartz. Seit 1995 sind alle Piaggio-Roller zumindest vorn mit Scheibenbremsen ausgerüstet. Die ***GT- und GTS-Modelle*** *verfügen auch am Hinterrad über effiziente Scheibenbremsanlagen.*
Aufbau und Funktionsweise sind bei der Piaggio-Scheibenbremse im Prinzip überall gleich, Unterschiede gibt es zum Teil bei der Sicherung der Bremsbeläge (Bolzen mit Seegering oder Splint). Für Wartungsarbeiten müssen in jedem Fall Vorder- oder Hinterrad ausgebaut werden; die entsprechenden Hinweise finden sich in den Radführungs-Kapiteln.
Die an der ***Scheibenbremsanlage*** *durchführbaren Arbeiten beschreiben wir am Beispiel der Modelle GT 125 und GTS 300: Bremsbeläge prüfen und wechseln, Ausbau von Radnabe, Bremsscheibe und Bremszangenträger, Revision der beiden Hauptbremszylinder und der Bremszangen, Entlüften der Anlage und Befüllen mit neuer Bremsflüssigkeit.*

Bremsbeläge prüfen, Vorbereitung Ausbau: Die Bremsbeläge müssen regelmäßig auf Abnutzung kontrolliert werden. Die Verschleißgrenze ist erreicht, wenn die Beläge nur noch 1,5 mm dick sind.
Achtung: Nicht die Trägerplatte mitmessen, nur die Stärke der aufgeklebten Reibbeläge ermitteln! Zum Ausbau der Plaketten müssen zunächst das betreffende Rad und die Bremszange ausgebaut werden (s. Fahrwerks-Kapitel „Hinterrad").

Bremszange vom Träger nehmen – Vorderrad: Vorderrad ausbauen. Dann auf der linken Fahrzeugseite die jeweils zwei IS SW 6 lösen, mit denen die Bremszange am Träger befestigt ist. Die **Bremsleitung** kann am Sattel bleiben, wenn nur die Bremsbeläge gewechselt werden sollen. Leitung nicht knikken, Sattel mit Draht hochbinden.
Achtung: Bremshebel bei ausgebauter Zange nicht betätigen. Beim **Einbau** des Sattels die beiden IS SW 6 zusammen mit den Unterlagscheiben einsetzen (zwei oben, unten zusammen mit Halter für die flexible Drahtführung für die Tachowelle); hinten ebenfalls die Scheiben nicht vergessen. **Drehmomente** beachten (s. Anhang).
Tip: Schraubengewinde leicht mit **Kupferpaste** bestreichen; dies verhindert ein Festkorrodieren vor allem bei Winterbetrieb.

Oben: Die vordere Bremszange ist als Schwimmsattel ausgelegt und mit zwei Inbusschrauben SW 6 am Federbeinträger befestigt. Zum Komplettausbau und zum Wechseln der Bremsbeläge muß das Vorderrad abgenommen werden. Unten: Blick auf den rückwärtigen Festsattel. Auch hier muß das Rad abgenommen werden, wenn an der Bremszange gearbeitet werden soll oder die Beläge gewechselt werden müssen. Die Vorarbeiten dazu sind am Hinterrad erheblich. Unten ist die Verschraubung des metallenen Bremsleitungsendes sichtbar.

Grashik:Bremsbetätigung GT, GTS, GTV; 1 = vordere Bremsbeläge, 2 = orderer Bremssattel, 3 = Sattelbefestigung; 4 = vordere Bremsleitung, 5 = untere Bremsleitungs-Hohlschraube, 6 = obere Bremsleitungs-Hohlschrauben, 7= hintere Bremsleitung, 8 = Leitungsbefestigungen, 9 = hintere Bremsbeläge, 10 = hinterer Bremssattel, 11 = Sattelbefestigung, 12= Leitungs-Hohlschraube.

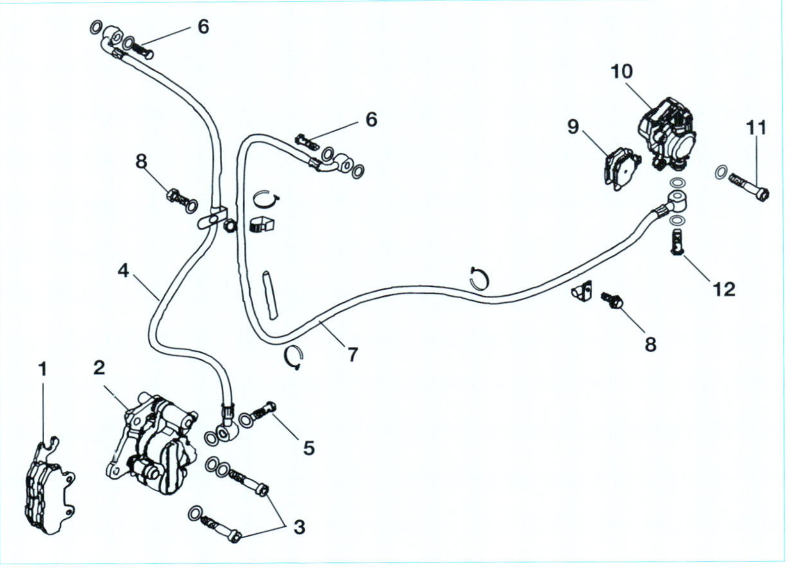

Aufbau, Funktion der Vespa-Scheibenbremsanlage: *Das System ist praktisch zweimal unabhängig voneinander vorhanden. Bei der* ***Vorderradbremse*** *wirkt der rechte Handhebel direkt auf den Kolben des am Lenker festgeschraubten Hauptbremszylinders; der Bremsflüssigkeitsbehälter ist oben aufgesetzt. Der Druck wird über einen Gummi-Bremsschlauch mit Metallende zur Schwimmsattel-Bremszange weitergeleitet und preßt dort über zwei Kolben die Bremsplaketten gegen die Scheibe.*
Bei der ***Hinterradbremse*** *wirkt der linke Handbremshebel ebenfalls über Hauptbremszylinder und Bremsschlauch mit Metallende auf eine Festsattel-Bremse, die über zwei gegenläufige Kolben verfügt. Der integrierte Bremsflüssigkeitsbehälter sitzt hier links am Lenker.*
Wichtiger Hinweis: *Vom Funktionieren der Bremsanlage hängt die Verkehrssicherheit des Fahrzeugs ab. Wer nicht über die nötigen handwerklichen Fähigkeiten verfügt, sollte Arbeiten am Bremssystem der Fachwerkstatt überlassen. Unsere Hinweise haben nur Informationscharakter, eine Haftung lehnen wir grundsätzlich ab.*

Bremszange ausbauen – Hinterrad: Zuerst muß umständlich das Hinterrad ausgebaut werden, wie im vorangegangenen Kapitel beschrieben. **Bremsleitung** abnehmen, aus-

Links unten: Trennen der Vorderrad-Sattelhälften. Oben rechts: Sattelhälften und ausgebaute Bremsbeläge vorn. Unten rechts: Bremsscheibe vorn mit nach hinten gezogenem Schwimmsattel.

tretende Bremsflüssigkeit auffangen, später ergänzen und System entlüften (Details s. unten).
Dann auf der linken Fahrzeugseite die zwei IS SW 6 lösen, mit denen die Bremszange am Antriebsgehäuse befestigt ist; **Achtung:** Auch hier Bremshebel bei ausgebauter

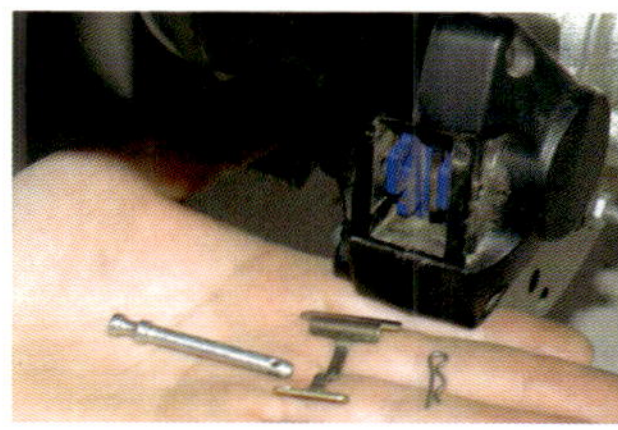

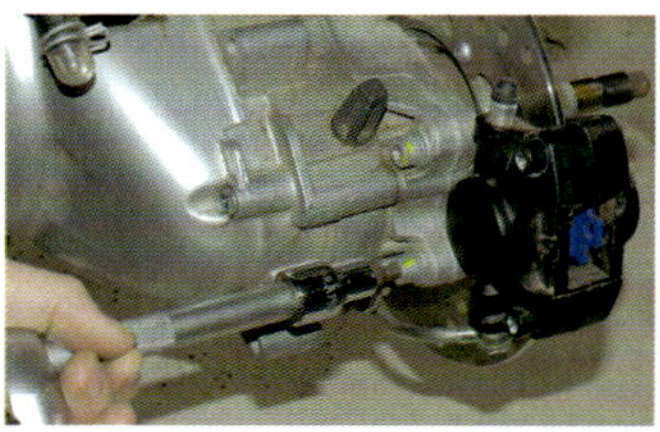

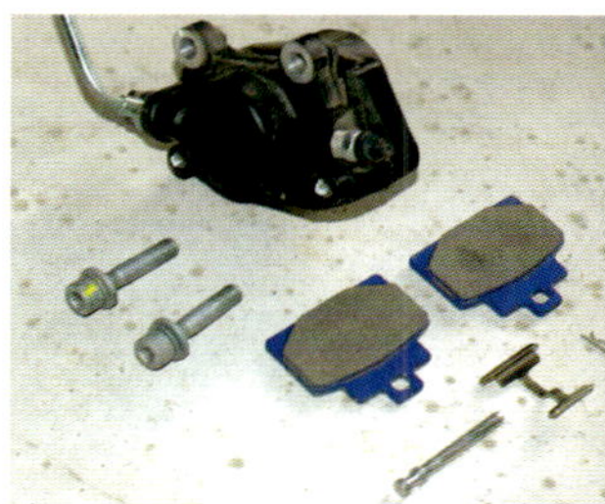

Oben: Hinterrad-Bremse der GTS 300 i.e. mit Nabe und Festsattel. Mitte von links: Abziehen des Sicherungssplints, Austreiben des Sicherungsbolzens, Elemente mit Klammer. Unten von links: Ausdrehen der IS SW 6 mit Stecknuß oder Winkelschlüssel, die Einzelteile der Bremse mit den nach vorn herausgezogenen Bremsbelägen.

Zange nicht betätigen. Beim **Einbau** die beiden IS SW 6 leicht mit Kupferpaste bestreichen und mit **Drehmoment** anziehen (s. Anhang).

Bremsbeläge Aus- und Einbau – Vorderrad: Zuerst Deckel des Bremsflüssigkeitsbehälters abschrauben (2 KS). Dann bei abgenommenem Vorderrad den Sattel abschrauben wie oben beschrieben. Ansonsten wurde der Ausbau der Bremsbeläge bei den GT- und GTS-Modellen stark vereinfacht: Die **Bremszangenhälften** werden von zwei Inbusschrauben SW 5 zusammengehalten; sie werden von der rechten Fahrzeugseite her gelöst. Dabei nur Qualitätswerkzeug verwenden, sonst besteht die Gefahr, daß der Schlüssel abrutscht oder den Ansatz runddreht. Nun können die **Bremsbeläge** herausgezogen werden.
Vor dem **Einbau** neuer Beläge die beiden Kolben zurückdrücken. **Achtung:** Dabei kann Bremsflüs-sigkeit aus dem Behälter treten. Beläge einsetzen, Sattelhälften zusammenfügen und mit den beiden Inbus SW 6 verschrauben **(Drehmoment 19,6 - 24,5 Nm).** Anschließend den **Bremshebel** mehrfach ziehen, damit die Beläge sich an die Bremsscheibe anlegen können. Niveau der Bremsflüssigkeit prüfen, notfalls regulieren (s. unten). Behälterdeckel aufsetzen und verschrauben.

Bremsbeläge Aus- und Einbau – Hinterrad: Nach dem Ausbau des Hinterrads Deckel des linken Bremsflüssigkeitsbehälters abschrauben. (Die **Bremszangenhälften** werden auch hier von zwei Inbusschrauben

SW 5 zusammengehalten, die aber beim Zweikolben-Festsattel nicht gelöst werden müssen.)
Nun den **Sicherungssplint** entfernen, **Sicherungsbolzen** von rechts austreiben oder von links mit Spitzzange und Hammer ausziehen, **Klammer** abnehmen (dabei auf die ursprüngliche Lage achten). Da die Beläge sich nicht nach hinten abnehmen lassen, muß der **Sattel abgeschraubt** werden (s. oben, zwei IS SW 6). Die Bremsleitung kann dran bleiben. Sattel abnehmen und Beläge nach vorn herausziehen. **Einbau:** Vor dem Einbau der Plaketten die Bremskolben von Hand oder mit einem Holz zurückdrücken. Dabei die **Bremsflüssigkeit** im Behälter beobachten. Neue Plaketten einsetzen. Dann die Klammer so einsetzen, daß der Bogen nach innen zeigt. Klammer festhalten, Bolzen durchstecken (nicht fetten!) und Sicherungssplint (möglichst einen neuen) anbringen. Sattel komplett mit Belägen über die Bremsscheibe schieben und mit den beiden IS 6 befestigen **(Drehmoment 20 - 25 Nm).** Mehrmals den Bremshebel ziehen, damit die Beläge sich an die Bremsscheibe anlegen können. Auch hier das **Flüssigkeitsniveau** einregulieren, Behälter verschließen.
Achtung: Wenn die **Bremsscheibe klemmt,** Sattelschrauben noch einmal lösen und am Sattel ruckeln, bis Bremsscheibe und Nabe frei drehen; dann wieder festziehen.

Bremsbelagwechsel allgemein: *Darauf achten, daß beim Zurückdrücken der Kolben keine Bremsflüssigkeit aus dem Behälter tritt; notfalls absaugen. Belagschächte - falls nötig - mit Spiritus oder Bremsenreiniger säubern; auf keinen Fall ölhaltige Reinigungsmittel oder Benzin verwenden! Prüfen, ob die Gummimanschetten an den Kolben trocken und damit dicht sind. Bei Dichtungsdefekten muß die Bremszange überholt werden (s. u.).* ***Achtung:*** *Vor dem Losfahren Bremsflüssigkeitsstand kontrollieren bzw. regulieren; festen Sitz des Behälterdeckels prüfen.*

Oben: Bremsscheibe mit Nabe und Distanzstück in der richtigen Einbaulage. Mitte: Radachse mit Verzahnung und lose aufgesetztem Distanzstück zum Rad, Bremsscheibe mit Nabe. Unten: die dem Antrieb zugewandte Nabenseite mit den sechs IS SW 4, die auf der anderen Seite mit Muttern gesichert sind.

Radnabe Vorderrad – Aus- und Einbau: Zum Ausbau der vorderen Bremsscheibe muß das Vorderrad demontiert sein wie weiter vorn gezeigt. Auf der linken Seite Klemmplatte der Tachowelle abnehmen (Schraube SW 8) und Welle abziehen. Dann die Radnabe ausbauen; die Bremsscheibe ist in Fahrtrichtung links an der Nabe befestigt und kommt mit frei. **Achtung:** Bremssattel noch nicht ausbauen. Zuerst muß die Nabe von einem Helfer blockiert werden, indem der Bremshebel gezogen wird. Splint aufbiegen, Sicherungskappe abnehmen und Zentralmutter lösen. Jetzt erst Bremssattel ausbauen wie beschrieben und frei hängen lassen; Bremse nicht mehr betätigen. Radnabe mit Bremsscheibe abziehen. **Einbau:** Nabe mit Scheibe aufsetzen, Bremssattel montieren, Rad blockieren. Dann Mutter aufsetzen und mit **74 - 88 Nm** anziehen (alle Werte s. Anhang). Sicherungskappe aufsetzen und mit Splint sichern. Splintenden fachgerecht umbiegen, (s. a. Kapitel „Fahrwerk").

Bremsscheiben – Aus-, Einbau, Kontrolle: Nach dem Ausbau des Bremssattels und der Vorderradnabe kann die **vordere Bremsscheibe** abgenommen werden; sie ist mit sechs Inbusschrauben SW 6 befestigt. Für den Ausbau den **hinteren Bremsscheibe** müssen zunächst Bremssattel, Auspuff, Federbeinhalter, Hinterrad und Distanzstück ausgebaut werden (s. Kapitel „Hinterradführung"). Dann die Scheibe komplett mit der Nabe von der Radachse ziehen. Das Ganze in einen Schraubstock spannen und die sechs IS SW 4 (und die Muttern SW 10 auf der Rückseite) lösen, mit denen die Scheibe an der Nabe befestigt ist.
Jeweilige Scheibe abnehmen und **prüfen.** Sie darf an den Rändern nicht übermäßig eingelaufen sein und keine starken Riefen haben. Schlägt oder vibriert die Bremse spürbar, Scheibe mit einer Meßuhr auf Seitenschlag und Verzug prüfen lassen (Bremsen-Fachwerkstatt). Max.-Seitenschlag; 0,1 mm.
Einbau: Bremsscheibe sorgfältig von Öl- und Bremsflüssigkeits-Rückständen (Bremsenreiniger, Alkohol, Spiritus) reinigen und dann so einbauen, daß der eingeprägte Lauf-

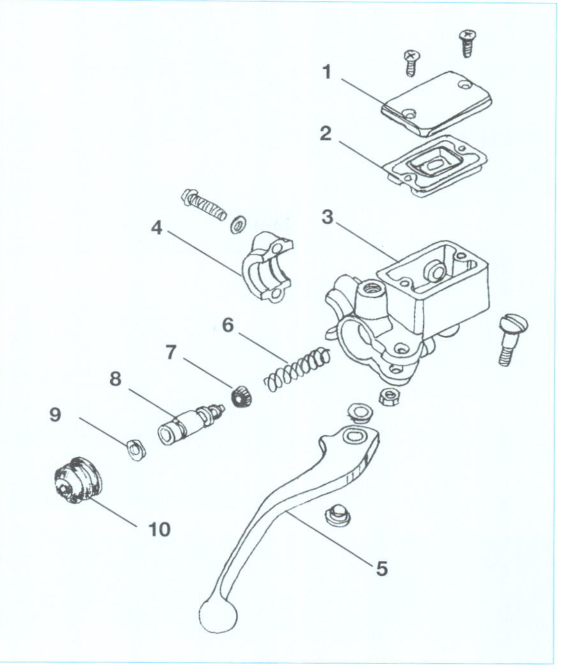

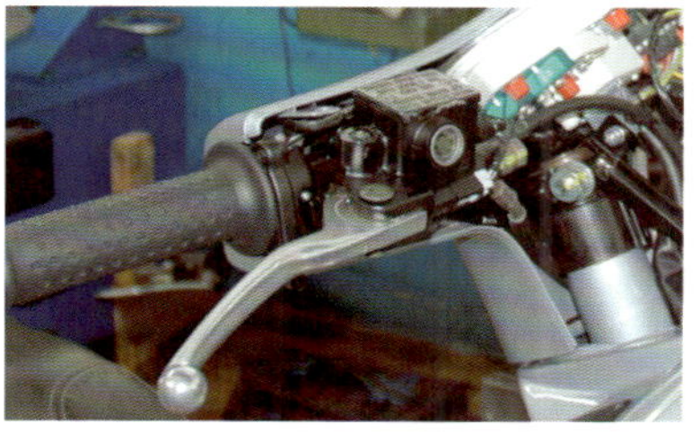

Oben: Prinzip einer hydraulischen Bremsbetätigung; 1 = Deckel des Behälters, 2 = Membrane, 3 = Flüssigkeitsbehälter, 4 = Klemmschale, 5 = Bremshebel, 6 = Feder, 7 = Dichtung, 8 = Kolben, 9 = Staubschutzring, 10 = Gummibalg. Fotos links oben: Hauptbremszylinder GT 125 rechte Seite mit Hebel und Bremslichtschalter. Unten: HBZ GTS 300 linke Seite mit Bremslichtschalter und Verschraubung der Bremsleitung.

richtungspfeil auf der Federbeinseite liegt. Schraubengewinde mit Schraubensicherung (z. B. Loctite 242) bestreichen, Schrauben einsetzen und **vorn** zweistufig mit **6,0 - 6,5 Nm** anziehen. **Hinten** die Scheibe auf die Nabe setzen und die IS mit **11 - 13 Nm**

Beide Fotos rechts: Die ummantelten und an den Enden verstärkten Bremsschläuche der großen Vespa-Modelle sind mit Hohlschrauben SW 14 an den Hauptbremszylindern und Bremssätteln befestigt. Nach Demontage müssen stets die Kupferdichtringe erneuert werden.

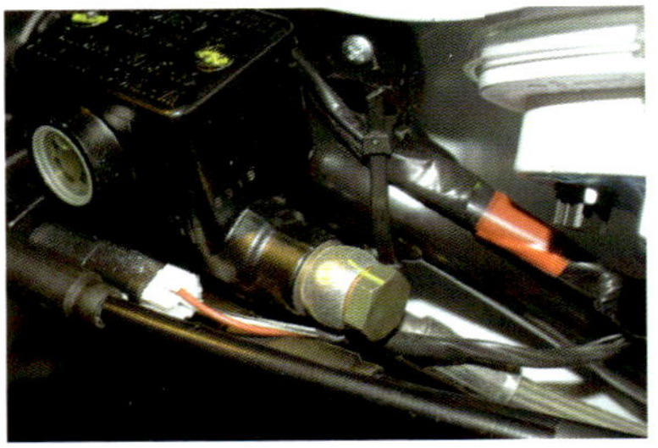

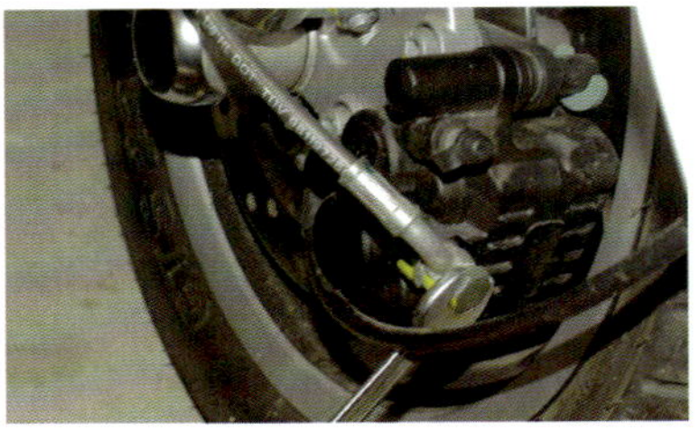

So wird neue Bremsflüssigkeit eingefüllt: Deckel des HBZ abschrauben, Trichter ansetzen und fabrikfrische Flüssigkeit einfüllen. Dabei nur DOT 4 verwenden! Fluid nicht auf lackierte Teile gelangen lassen; notfalls mit Alkohol oder Spiritus sauberwischen.

anziehen. **Achtung:** Scheibe auf der Nabenseite ansetzen, die der Radbefestigung gegenüberliegt.

Bremszangenträger vorn – Aus- und Einbau: Diese Arbeit ist nur in Ausnahmefälen erforderlich. Zuerst Tachowelle, Bremszange und Radnabe mit Bremsscheibe abnehmen wie oben beschrieben. Den Bremszangenträger vom Federbein abschrauben; er ist mit zwei IS SW 6 befestigt. Dann auf der rechten Seite den Seegering ausbauen, der den Träger auf dem Achsstummel hält. (Graphik zur Vorderradführung s. Kapitel „Vorderradführung").
Einbau: Träger auf den Achsstummel schieben und mit Seegering sichern. Träger wieder am Federbein befestigen, Bolzen einführen und mit **Drehmoment 20-27 Nm** anziehen.

Hauptbremszylinder und Bremsflüssigkeitsbehälter Vorder- und hinterradbremse – Aus- und Einbau, Revision: Lenkerverkleidung und Schutzkappen abnehmen wie im Karosserie-Kapitel beschrieben. Der Hauptbremszylinder (HBZ) für das Vorderrad sitzt zusammen mit dem integrierten Bremsflüssigkeitsbehälter am rechten Lenkerende, der Hauptbremszylinder für das Hinterrad am linken Lenkerende. **Deckel** jeweils nach Lösen von 2 KS zusammen mit Dichtung und Gummimenbran abheben.
Zunächst **Bremsflüssigkeit** ablassen. Schutzkappe des Entlüftungsventils an der Bremszange entfernen und transparenten Schlauch aufstecken. Anderes Schlauchende in ein Gefäß halten. Entlüftungsventil mit einem Gabelschlüssel SW 8 öffnen und Bremshebel solange betätigen, bis keine Flüssigkeit mehr ausströmt. **Bremsschlauch** vom Hauptbremszylinder abschließen. Klemmschale und/oder Bremshebel lösen und Hauptbremszylinder komplett vom Lenker nehmen.
Zum **Zerlegen** (nur in Ausnahmefällen, da normalerweise Werkstattsache) Sprengring am Druckbolzen lösen, Staubschutzmanschette und Kolben mit Dichtmanschette entnehmen. Kolben und Zylinderlaufbahn dürfen keinerlei Korrosion oder Riefen zeigen. Eintrittsloch, Entlüftungsbohrung und Abflußöffnung dürfen nicht verstopft sein, mit Preßluft durchblasen. In jedem Fall Dichtringe und Gummiteile durch Neuteile ersetzen (Reparatursatz verwenden, falls erhältlich). Alle Teile vor dem Zusammenbau penibel reinigen. **Achtung:** Dazu nur Bremsenreiniger, Spiritus oder denaturierten Alkohol, niemals Benzin oder Petroleum verwenden. Alle Fett- oder Ölspuren sorgfältig beseitigen. Die

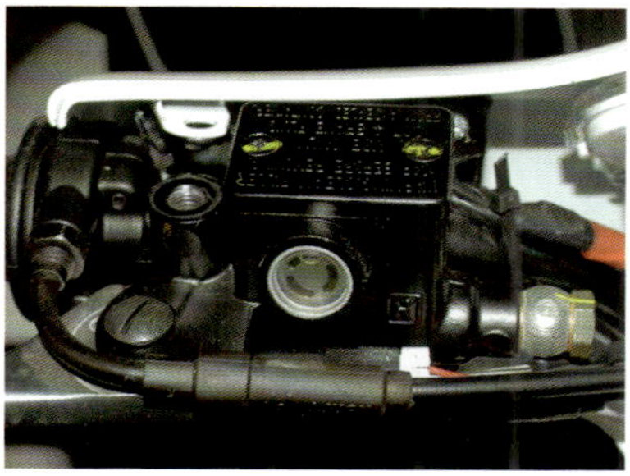

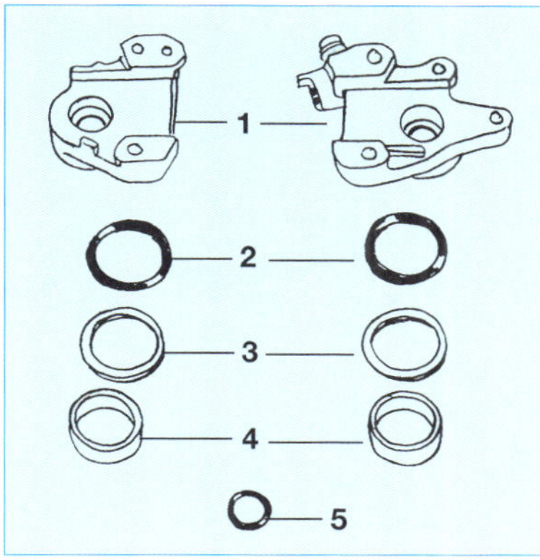

Links: Blick auf den HBZ der GTS 300; das Schauglas zeigt den korrekten Stand des Fluids an, wenn oben nur eine kleine Luftblase zu sehen ist. Graphik: Elemente einer Hinterrad-Festsattel-Bremszange: 1 = Zangenhälften, 2 = Staubschutzmanschetten, 3= Dichtringe, 4 = Kolben, 5 = Dichtung zwischen den Zangenhälften.

Gummiteile dürfen nicht länger als 20 Sekunden in Alkohol liegen und müssen nach der Reinigung perfekt getrocknet werden.
Einbau in umgekehrter Reihenfolge. Dichtungsringe in frische Bremsflüssigkeit tauchen. Metallteile können dünn mit Bremszylinder-Spezialpaste bestrichen werden (Fachhandel, FIAT PFR1, ATE, FAG, FTE). Nach Komplettierung **Funktion prüfen:** Kolben in den Zylinder drücken und loslassen; er muß schnell zurückgleiten. Bei der Montage die **Drehmomente** für die Verbindungen beachten: Bremsleitung an Hauptbremszylinder **20-25 Nm.**
Fabrikneue Bremsflüssigkeit DOT 4 in den Behälter füllen. **Achtung:** niemals DOT 5 einfüllen oder mit DOT 4 mischen! System unter Druck setzen und entlüften wie weiter unten beschrieben. Prüfen, ob alle Verbindungen hundertprozentig dicht sind.
Achtung: Bei allen Arbeiten darauf achten, daß keine Bremsflüssigkeit auf lackierte Teile tropft; es können Schäden entstehen. Spuren von Bremsflüssigkeit auf der Bremsscheibe mit Spiritus oder Bremsenreiniger entfernen. Mit Bremsflüssigkeit benetzte Beläge müssen ausgetauscht werden, da die Bremswirkung sonst empfindlich herabgesetzt würde.

Bremszange vorn – Zerlegung, Revision: Die Vorderrad-Bremsscheibe der GT- und GTS-Modelle wird von einem Schwimmsattel verzögert, bei dem beide Kolben auf einer Seite liegen. Zunächst Bremszange und Bremsbeläge ausbauen wie vorn beschrieben. Dann Bremsflüssigkeit ablassen wie im Abschnitt „Hauptbremszylinder“ gezeigt. Dann die Bremsleitung abschrauben (Hohlschraube SW 14); Bremsflüssigkeit auffangen und entsorgen.
Zum Zerlegen den Bremssattel in einen Schraubstock mit Alufutter spannen und die zwei IS SW 6 lösen, die **Druckplatte** ausbauen und die **feste Platte** aus den Führungen des Sattels ziehen. Nun die **Innenteile** herausnehmen; dazu Preßluft in die äusseren Bohrungen für die Bremsflüssigkeit schicken; nur stoßweise und nicht mit hohem Druck arbeiten, sonst fliegen die Einzelteile durch die Gegend. Hand oder Lappen schützend davorhalten.
Jede der beiden Druckeinheiten umfaßt einen **Staubschutzring,** eine **Dichtmanschette** und einen **Leichtmetallkolben.** Kolbenlaufbahnen prüfen; falls Kratzer oder Korrosion festgestellt werden, muß der Sattel komplett ausgetauscht werden. **Achtung:** Die inneren Einzelteile müssen laut Piaggio nach jedem Zerlegen der Zange erneuert werden, auch wenn keine Beschädigungen festzustellen sind. In der Praxis aber können unbeschädigte Kolben durchaus wiederverwendet werden. Die Gummiteile sollten immer ersetzt werden.
Zusammen- und Einbau: Alle Teile mit Bremsenreiniger oder Spiritus reinigen wie im Abschnitt „Haupt-

Anordnung des Materials beim Entlüften der Vorderradbremse; nach dem Abnehmen der Gummikappe wird ein passender Schlauch auf das Entlüftungsventil gesteckt, das mit einem Gabelschlüssel SW 8 geöffnet wird. Dann wird so lange gepumpt, bis keine Luftblasen mehr austreten. Das Glas ist halb mit Fluid gefüllt und steht auf einer Erhöhung; so können keine Luftblasen mehr zurücksteigen. Genaue Arbeitsweise s. Text.

bremszylinder" beschrieben; Spuren von Fett und Öl sorgfältig entfernen. Gummiteile kurz in Bremsflüssigkeit tauchen, u. U. dünn mit Bremszylinder-Paste bestreichen. Genauen Sitz aller Einzelteile kontrollieren. Anschließend Funktion prüfen: Kolben in die Zange drücken und loslassen; er muß schnell zurückgleiten. Hälften der Zange zusammenfügen und im Schraubstock fest verschrauben **(Drehmoment 30-33 Nm).** Bremszange am Träger befestigen (GTS: **Drehmoment 20-25 Nm,** andere Modelle s. Anhang), Bremsschlauch anschließen **(Drehmoment 20-25 Nm),** Bremsbeläge montieren, Anlage befüllen und entlüften wie weiter unten beschrieben.

Bremszange hinten – Zerlegung, Revision: Die Hinterrad-Bremsscheibe der GT- und GTS-Modelle wird von einer Festsattelbremse mit zwei gegenläufigen Kolben verzögert, wie sie auch an den Vorderrädern kleinerer Vespa- und Piaggio-Modelle verbaut wird. Zunächst Bremszange und Bremsbeläge ausbauen wie vorn beschrieben. Dann Bremsflüssigkeit ablassen wie im Abschnitt „Hauptbremszylinder" gezeigt. Dann den Bremsschlauch abnehmen.

Zum Zerlegen den Bremssattel in einen Schraubstock mit Alufutter spannen, die zwei IS SW 6 lösen und die **Bremssattelhälften** trennen. Dann Preßluft in die äusseren Bohrungen für die Bremsflüssigkeit schicken und so die **Kolben** austreiben; nur stoßweise und mit geringem Druck arbeiten. Jede der beiden Druckeinheiten umfaßt wieder neben dem Kolben einen **Staubschutzring** und eine **Dichtmanschette.** Jetzt verfahren wie im Abschnitt „vorderer Bremssattel" gezeigt. **Achtung:** Beim Ausbau der Dichtringe die Kolbenlaufbahnen und Sattelpaßflächen nicht verkratzen. Kolbenlaufbahnen prüfen; falls Kratzer oder Korrosion festgestellt werden, muß der Sattel komplett ausgetauscht werden.
Neue Dichtringe und Manschetten einbauen, die Bremskolben mit Bremsflüssigkeit oder Bremszylinderpaste bestreichen und einsetzen. Die Schrauben der beiden Sattelhälften mit **Drehmoment 30-33 Nm** anziehen, Bremszange am Träger befestigen **(Drehmoment 20 - 25 Nm),** Bremsschlauch anschließen **(Drehmoment 20 - 25 Nm),** Bremsbeläge montieren, Anlage befüllen und entlüften wie unten beschrieben.

Bremsanlage entlüften – vorn und hinten: Nach allen Arbeiten an der Bremsanlage muß das System entlüftet werden (und gefüllt, falls vorher entleert). Entlüftet werden muß auch, wenn die Bremse sich **schwammig** anfühlt und erst nach mehrmaligem Betätigen des Hebels richtig Wirkung zeigt.
Zunächst stets prüfen, ob die Anlage dicht ist. Entweicht beim Entlüften ständig weiter Luft durch den Entlüftungsschlauch, müssen alle Verbindungen geprüft und gegebenenfalls nachgezogen werden.
Zum Entlüften benötigt man eine Dose mit 500 cm^3 Bremsflüssigkeit **DOT 4**, einen durchsichtigen Plastikschlauch mit 3,0 mm Innendurchmesser, einen Gabelschlüssel SW 8 (vorn) bzw. SW 10 (hinten), ein

Haushaltsglas und einen Helfer. **Auf keinen Fall DOT 5 verwenden!** Fahrzeug auf einer ebenen Fläche aufbocken. Zunächst **Deckel** des Bremsflüssigkeitsbehälters abnehmen. Dann ungefähr 100 cm^3 Bremsflüssigkeit in das Glas füllen. Gummikappe von der **Entlüftungsschraube** der Bremszange abnehmen und den Plastikschlauch aufschieben; er muß luftdicht abschliessen. Das andere Ende des Schlauchs in das mit Bremsflüssigkeit gefüllte Glas halten. Entlüftungsschraube mit dem Gabelschlüssel eine halbe Umdrehung öffnen. Dann betätigt der Helfer den Bremshebel bis zum Anschlag. Die mit Luft durchsetzte Bremsflüssigkeit entweicht über die Leitung ins Glas; Entlüftungsschraube schließen, Helfer läßt Hebel wieder los. Vorgang so lange wiederholen, bis keine Luftbläschen mehr austreten und sich Gegendruck zeigt.
Achtung: Der Schlauch darf nicht aus der Bremsflüssigkeit herausrutschen. Während des Entlüftens immer so viel Bremsflüssigkeit nachfüllen, daß der Pegel im Vorratsbehälter **nicht unter „Min“** sinkt.
Achtung: Während des Vorgangs kann Flüssigkeit aus der Bohrung der Entlüftungsschraube treten und Bremszange sowie Bremsscheibe verunreinigen; Elemente in diesem Fall sorgfältig mit Spiritus oder Breakcleaner reinigen und trocknen.
Tritt keine Luft mehr aus, Hebel am Anschlag halten und gleichzeitig Entlüftungsschraube schließen. Erst dann Hebel loslassen. Zum Abschluß Bremse mehrmals kräftig betätigen; es muß ein gleichmäßig deutlicher, **unnachgiebiger Druckpunkt** zu spüren sein. **Tip:** Gebrauchte Bremsflüssigkeit umweltgerecht entsorgen (Sondermüll); sie darf nicht mit Altöl vermischt werden.

Bremsflüssigkeit kontrollieren: Piaggio schreibt vor, die Bremsflüssigkeit **alle zwei Jahre zu erneuern.** Der Bremsflüssigkeitspegel im Behälter am Lenker darf nie unter die Minimum-Marke absinken. Sinkt die Flüssigkeit unter die Minimal-Marke, kann beim Bremsen Luft angesaugt werden - die Bremswirkung läßt dramatisch nach. Die Kontrolle sollte einmal pro Monat durchgeführt werden; dazu die **Kontrollkappen** am Lenker abnehmen (GT- und GTS-Modelle).
Achtung: Bei Leckagen und Flüssigkeitsverlust nicht einfach nachfüllen, sondern die Ursache suchen. In Frage kommen undichte Schraubverbindungen, poröse oder beschädigte Bremsschläuche, undichte Manschetten an Haupt- und Radbremszylinder. Bei Bedarf nur frische Bremsflüssigkeit der Qualitätsklasse **DOT 4** nachfüllen. **Achtung:** Werden andere Flüssigkeiten (Motoröl zum Beispiel) eingefüllt, lösen sich die Gummidichtungen der Bremsanlage auf, die Bremse fällt aus.

Bremsflüssigkeit nachfüllen: Zum Nachfüllen von Bremsflüssigkeit Fahrzeug so aufbocken, daß es absolut

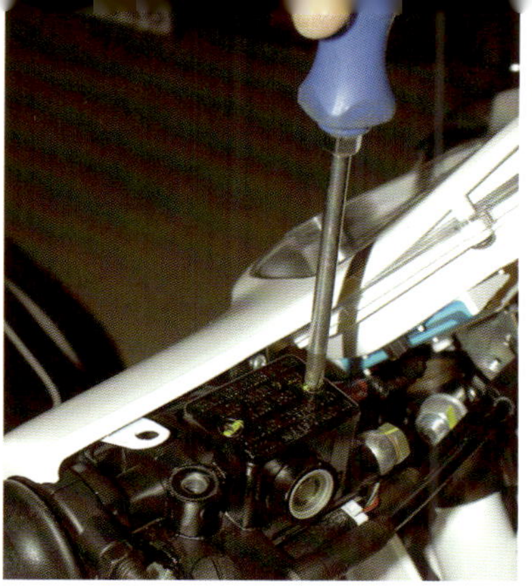

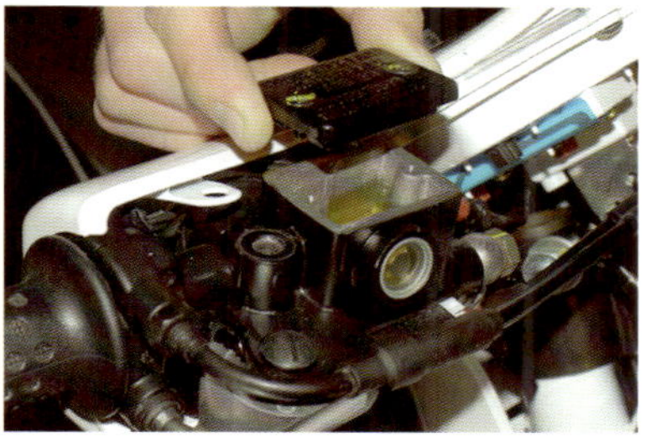

Zum Nachfüllen von Bremsflüssigkeit werden die beiden KS ausgedreht, die den Deckel festhaltenb. Unten am Deckel klebt eine Gummimembran. Bei Arbeiten am offenen Bremszylinder peinlichst darauf achten, daß kein Schmutz eindringt und keine Flüssigkeit danebengeht. Regulär soll das Fluid alle zwei Jahre gewechselt werden.

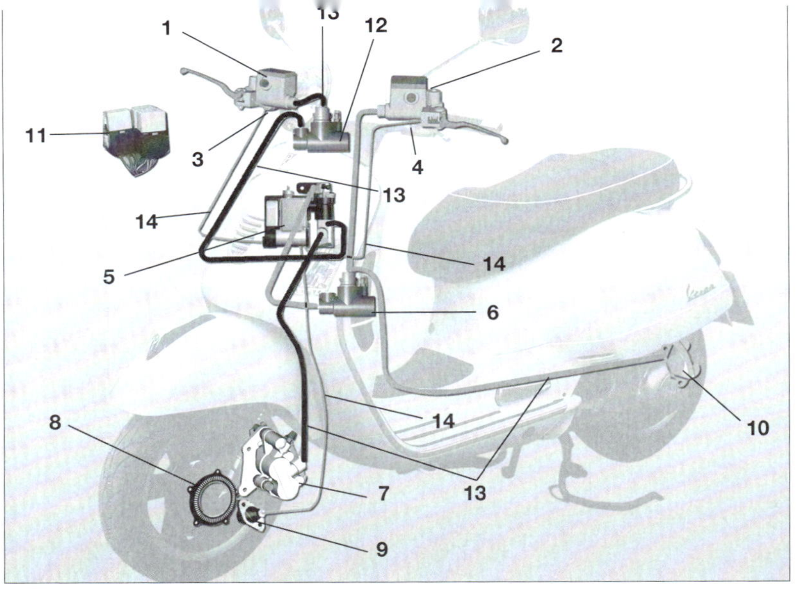

Aufbau einer Bremsanlage mit ABS: 1 = Hauptbremszylinder Vorderradbremse, 2 = Hauptbremszylinder Hinterradbremse, 3 = Kombi-Bremslichtschalter Vorderradbremse, 4 = Bremslichtschalter Hinterradbremse, 5 = Integral/Kombi-Modulator, 6 = Druckmodulator Hinterrad-Bremskreis, 7 = Bremssattel Vorderradbremse, 8 = Zahnring, 9 = Raddrehsensor, 10 = Bremssattel Hinterradbremse, 11 = Geschwindigkeitssensor und Fernschalter, 12 = Druckmodulator Vorderrad-Bremskreis, 13 = Hydraulikleitungen, 14 = Elektrikkabel.

gerade steht. Dann die Kontrollkappen abnehmen, die beiden Deckelschrauben am Behälter lösen und Deckel mit Membrane und Dichtung abnehmen. Stets frische Bremsflüssigkeit **DOT 4** aus zuvor versiegeltem Behälter verwenden. Beim Einfüllen darauf achten, daß keine Flüssigkeit auf lackierte Teile oder Teile aus Kunststoff tropft. Geht trotzdem etwas daneben, den betroffenen Bereich mit viel klarem Wasser abspülen.

Achtung: Bremsflüssigkeit nimmt Wasser aus der Luft auf und verliert damit an Wirkung (sie ist hygroskopisch). Unter starker Belastung (Paßfahrten) kann dann die Bremse ausfallen **(Fading).** Unter normalen Fahrbedingungen sollte die Flüssigkeit alle zwei Jahre ausgetauscht werden, bei härterem Einsatz öfter.

Bremsanlage prüfen: Wenn trotz sorgfältigen Entlüftens immer wieder Luft ins System eindringt, müssen alle Anschlüsse und Komponenten der Bremsanlage überprüft werden. Bremsschläuche mit Rissen, Scheuerstellen oder Aufquellungen sofort austauschen. Dazu zunächst Bremsanlage ganz entleeren und Bremsflüssigkeit auffangen. **Umwelttip:** Gebrauchte Flüssigkeit nicht wegschütten, sondern zur Müllsammelstelle bringen; Bremsflüssigkeit ist giftig und darf nicht ins Grundwasser gelangen. Auf keinen Fall darf, wie bereits erwähnt, Bremsflüssigkeit mit Altöl zusammengekippt werden. Derart verunreinigtes Öl kann nicht mehr oder nur mit größtem Aufwand recycelt werden. Besonders darauf achten, daß die Bremsschläuche- und Leitungen richtig verlegt sind und nirgends scheuern.

Achtung: Bremsschläuche möglichst alle vier Jahre erneuern, auch wenn keine Schäden erkennbar sind. Piaggio empfiehlt für alle Modelle einen Wechsel alle 30.000 km.

Bremsschläuche und -leitungen – Kontrolle, Austausch: Die Bremsflüssigkeit wird über flexible Bremsschläuche vom jeweiligen Hauptbremszylinder zur Bremszange transportiert. Bei den Vierventilmodellen sind die Schläuche an den Enden durch Metalleitungen verstärkt. Der Schlauch ist so etwas wie die Arterie des Fahrwerks: Wird er verletzt, läuft die Flüssigkeit aus; Druckverlust und Bremsausfall sind die Folge.

Daher muß der Zustand des Bremsschlauchs regelmäßig, spätestens aber alle 5000 km oder einmal im Jahr überprüft werden. Angerissene oder spröde gewordene Schläuche müssen unverzüglich gewechselt werden.
Zum **Austausch** Bremsflüssigkeit über das Entlüftungsventil am Bremssattel ablaufen lassen bzw. auspumpen wie im Abschnitt „Bremsen entlüften" gezeigt. Flüssigkeit umweltgerecht entsorgen.
An den Hauptzylindern und an den Bremssätteln sind die metallischen Ringmündungen der Schläuche mit **Hohlschrauben** befestigt. Sie werden mit einem Gabel- oder Ringschlüssel SW 14 ausgedreht. Stets **neue Dichtringe** verwenden. Bei der Montage neuer Schläuche die Hohlschrauben mit Gefühl bzw. **Drehmoment 20-25 Nm** anziehen. Anschließend Bremse mit neuer Flüssigkeit **DOT 4** befüllen und entlüften wie gezeigt. **Tip: Bremshebellager** alle 5000 km leicht fetten.

Bremsanlage mit ABS: Zahlreiche Käufer von Fahrzeugen der Baureihen GT, GTS und GTV ordern den Roller mit Brems-Antiblockiersystem (ABS). Die Graphik zeigt die einzelnen Baugruppen, zu denen je zwei **Druckmodulatoren,** zwei **Hallgeber** und zwei **Raddrehzahlsensoren** gehören. Beide Geberscheiben sowie die Sensoren sind empfindlich und dürfen beim Radausbau z. B. nicht verkratzt oder beschädigt werden. **Achtung:** Nach jeder Arbeit an Rädern, Bremsen und Fahrwerk im Rahmen einer Probefahrt die ABS-Funktion an Vorder- und Hinterradbremse überprüfen. Sind Schäden vorhanden, pulsiert die betreffende Modulations-Pumpe permanent, auch wenn der Bremshebel nicht betätigt wird. **Beachten:** Nach jedem Ausbau von Vorder- oder Hinterrad mit einer Prüflehre den **Abstand** zwischen Hallgeber und Sensor prüfen; er muß zwischen 0,5 und 1,5 mm betragen. Ist dies nicht der Fall, muß der Abstand durch Unterlegen von 0,5-mm-Scheiben an der Sensorbefestigung justiert werden.
Die Bordelektronik überpüft das ABS jedesmal, wenn der Zündschlüssel auf „ON" gestellt wird. Bei sehr kaltem Wetter kann sich diese Überprüfung infolge des normalen Spannungsabfalls der Batterie bei der Betätigung des Anlassers wiederholen, was kein Grund zur Besorgnis ist.
Hinweis: Arbeiten am Druckmodulator sind nicht zulässig, das Element muß komplett ausgetauscht werden. Beschädigte Hallgeber und Sensoren dagegen können in Eigenregie gewechselt werden, wenn augenscheinliche Schäden vorliegen.

Prototyp der GTS 250 i.e. auf der werkseigenen Versuchsbnahn bei Pontedera; hier wurden auch die Tests mit dem ABS für die großen Vespa-Modelle gefahren.

Flüssigkühlung: Kühlsystem warten, entleeren, befüllen; Wasserpumpe, Thermostat, Kühler, Ventilator

Wichtige Elemente der Kühlanlage (Kühler, Ventilator, Ausgleichsbehälter, Schläuche) werden zugänglich, wenn das Innenschild abgenommen ist. Ausbau-Hinweise siehe Kap. „Karosserie“.

Vierventil-Viertaktmotor mit Flüssigkühlung GT/GTS/GTV – Vorbemerkungen: *Die Vierventil-Einzylinder-Motoren der GT-/GTS-/GTV-Baureihe sind flüssigkeitsgekühlt. Die **Vorzüge** der Flüssigkühlung gegenüber der Luftkühlung: geringere Geräuschemission sowie niedrigerer Verbrauch und bessere Abgaswerte in Verbindung mit besserer Thermik und höherem Wirkungsgrad.*
*Zylinder und Zylinderkopf sind mit mit **Kanälen** ausgerüstet, in denen das Kühlmittel fließt. Gebläse und Kühlrippen wie bei den luftgekühlten Modellen ET/LX gibt es nicht. Im Zylinderkopf sitzt ein **Thermostat,** der bewirkt, daß während der Warmlaufphase kein Kühlmittel zum Kühler strömt. Eine rechts am Motor montierte **Wasserpumpe** läßt über Schläuche und Kanäle das Kühlmittel zirkulieren. Hinter dem Frontschild (und erreichbar nach Demontage der Innenverkleidung) befinden sich zwei großzügig dimensionierte **Aluminium-Kühler,** die über Schläuche für Vor- und Rücklauf mit dem Motor in Verbindung stehen.*
*Der linke Kühler ist zusätzlich mit einem **elektrischen Kühlventilator** ausgerüstet, der sich automatisch einschaltet, wenn eine Kühlmitteltemperatur von ca. 90° C überschritten wird, wie dies im Stadtverkehr und im Stau leicht passieren kann. Die Werte ermittelt der **Sensor** für die Kühlmitteltemperatur, der oben auf dem Zylinderkopf hinter dem Thermostat sitzt.*
*Besonderheiten der Motoren mit Flüssigkühlung sind zudem **größere Luftfilter** mit weit nach hinten gezogenem Gehäuse, **andere Auspuffanlagen** und eine modifizierte Elektrik. Bei den 125er und 200er Modellen kümmern sich speziell an die Motorthermik angepaßte **Vergaser** um die Gemischaufbereitung. Die 250er und 300er Typen sowie die seit Frühjahr 2009 lieferbare GTS 125 i.e. sind mit elektronisch gesteuerten Einspritzanlagen ausgerüstet, die das Gemisch präzise in Abhängigkeit von der Motortemperatur aufbereiten.*

Kühlmittel – allgemeine Tips: Ab Werk sind die Kühlsysteme der GT-/GTS-/GTV-Motoren mit einem hochwertigem **Frost- und Korrosionsschutzmittel** besteht; eine Verdünnung mit Wasser ist nicht mehr üblich. Wir sprechen daher auch nicht von „Wasserkühlung“, sondern von „Flüssigkeitskühlung“. In der

richtigen Zusammensetzung garantiert das Kühlmittel Frost-schutz bis ca. minus 25° C.
Der **Kühlmittelstand** muß regelmäßig, im Sommer wegen der höheren Verdunstung alle vier Wochen kontrolliert werden. Beim Nach- oder Neubefüllen nur Marken-Frostschutzmittel verwenden, notfalls unterwegs **Leitungswasser.** Nur hochwertige Produkte verfügen über die wichtigen Korrosionsschutz-Additive. Billige Mittel lassen Kühlkanäle und Kühlanlage von innen korrodieren und verschlammen. Normalerweise (und zumindest von Piaggio im Rahmen der Gewährleistung so vorgeschrieben) sollte das Kühlmittel alle zwei Jahre gewechselt werden. **Achtung:** **k**ein destilliertes Wasser einfüllen!

Blick auf den linken Kühler der GT 125; er besteht aus Leichtmetall und läßt sich nach Abnahme der Schläuche leicht abschrauben. Der linke Kühler trägt den elektrisch gesteuerten Ventilator, der sich beim Überschreiten einer Kühlmitteltemperatur von ca. 90° C automatisch einschaltet, nach Abkühlung wieder abschaltet. Alle GT-, GTS- und GTV-Modelle sind so ausgerüstet.

Kühlmittel ablassen: Zunächst die schwarze Wartungsklappe rechts oben abnehmen, die von einer KS gehalten wird. Dann den Deckel des Ausgleichsbehälters öffnen.
Vorsicht bei heißem Motor: Deckel zuerst lockern und abwarten, bis das Zischen aufhört, ansonsten besteht Verbrühungsgefahr durch Kühlmittel, das unter Druck steht und überkochen kann. Dann Deckel ganz abnehmen. Um das Kühlmittel abfließen zu lassen, die Schelle am unteren Schlauch der rechts unten am Motor sitzenden Wasserpumpe lockern, ein sauberes Auffanggefäß unterstellen und den Schlauch durch Hin- und Herdrehen abziehen. Neuwertige Frotschutzmischung kann wiederverwendet werden. Verbrauchtes (über zwei Jahre altes) Kühlmittel fachgerecht entsorgen, d. h. zur Sondermülldeponie bringen. **Achtung:** Kühlmittel ist hochgiftig und darf daher nicht ins Grundwasser oder ins Abwassernetz gelangen. Mittel also nicht sorglos in den Ausguß oder Gully kippen. Generell **Vorsicht** bei heißem Motor – Verbrühungsgefahr!

Kühlanlage spülen: Bei Fahrzeugen mit hoher Laufleistung empfiehlt es sich, im Zuge von Wartungsarbeiten an der Kühlanlage das System durchzuspülen. Voraussetzung: Deckel des Ausgleichsbehälters geöffnet, unterer Schlauch von der Wasserpumpe abgezogen. Eine ausreichend große Wanne unter die Wasserpumpe stellen und über einen Gartenschlauch Wasser in den Ausgleichsbehälter fließen lassen und zwar so lange, bis unten an der Pumpe nur noch klares Wasser austritt. Die verschmutzte Flüssigkeit **umweltgerecht** entsorgen.
Treten viele Schmutz- oder Korrosionspartikel aus, empfiehlt es sich, das System mit speziellem **Spülmittel** für Alukühler zu reinigen. Dazu – bei völlig geleertem System – unteren Schlauch wieder montieren und das Mittel in den Ausgleichsbehälter füllen. Wirken lassen, Schlauch abziehen und Mittel in Wanne auffangen. Ausgebaute Kühler lassen sich mit Spezialmitteln ebenfalls bestens reinigen. Dies lohnt jedoch nur, wenn keine Lecks feststellbar sind.

Ausgleichsbehälter aus- und einbauen: Zum Ausbau des Ausgleichsbehälters, der nach Ausbau des Kunststoff-Innenschildes zugänglich ist (s. Kapitel „Karosserie"), Kühlmittel komplett ablassen wie beschrieben. Nachdem das Mittel abgelaufen ist, kann der Ausgleichsbehälter ausgebaut werden; zuerst die beiden Schlauchzuleitungen lösen. Beim Wiedereinbau Schläuche mit Spezialklemmen sicher fixieren. Korrekt sind handelsübliche Schraubschellen, die indes den richtigen Durchmesser haben müssen.

Kühlventilator prüfen: Wenn Kühlventilator oder Ventilatorschalter defekt sind, überhitzt der Motor im Stadtverkehr, im Stau, am Berg. Folge: Die Zylinderkopfdichtung brennt durch. Springt der Ventilator nicht an (deutliches Laufgeräusch), kann dies auch an einer **defekten Sicherung** liegen.
Zur Prüfung des Ventilators in eingebautem Zustand folgendermaßen vorgehen Innenverkleidung ausbauen und geladene 12-Volt-Batterie mit zwei Überbrückungskabeln bereitstellen. Den Pluspol der Batterie mit dem rot-schwarzen Kabel des Ventilators, den Minuspol mit mit dem grünen Kabel verbinden. Läuft der Ventilatior dabei nicht, muß er demontiert und zerlegt werden. Abgenutzte Schleifkohlen im Elektromotor können eine leicht zu behebende Ursache sein (Ersatz im Elektrofachhandel besorgen). Piaggio liefert nur komplette Ventilatormotoren.

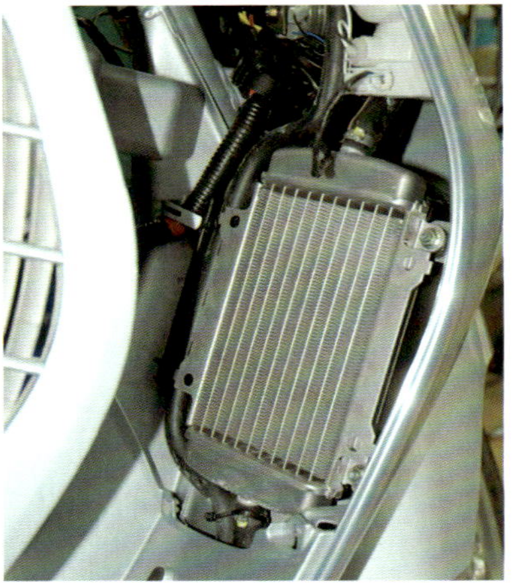

Bilder rechts: Nach Demontage der Innenverkleidung liegen die beiden Leichtmetall-Kühler frei. Am linken Kühler wurde hier bereits der Elektrolüfter abgenommen. Zum Ausbau der Kühler zuerst das Kühlmittel ablassen und auffangen. Dann die Schläuche abziehen (Schellen lösen) und die Kühler abschrauben. Unten links: Der Sensor für die Kühlmitteltemperatur steuert den Kühlventilator. Wenn er defekt ist, kann der Motor überhitzen. Der Sensor sitzt oben auf dem Zylinderkopf hinter dem Thermostat (Gabelschlüssel SW 21).

Sensor Kühlmitteltemperatur ausbauen: Viele Motoren haben schon durch Überhitzung den Geist aufgegeben, bloß weil der Kühlmittelsensor defekt oder korrodiert war. Der Sensor sitzt neben dem Thermostat oben auf dem Zylinderkopf. Er wird mit einem Gabelschlüssel SW 21 herausgedreht. Nach einem Ausbau den **Dichtring** stets ersetzen.
Der Fühler fungiert als Geber, der die Kühlmitteltmperatur an das Motorsteuergerät meldet. Ist er defekt, liefert er falsche Daten, was zu einer Veränderung des **Benzin-Luftgemischs** führt; es wird zu fett oder zu mager eingestellt. **Umkehrschluß:** Bei zu hohem Verbrauch und überfettet laufendem Motor oder bei starkem Ruckeln infolge zu magerer Einstellung kann der Temperaturfühler die Ursache sein.

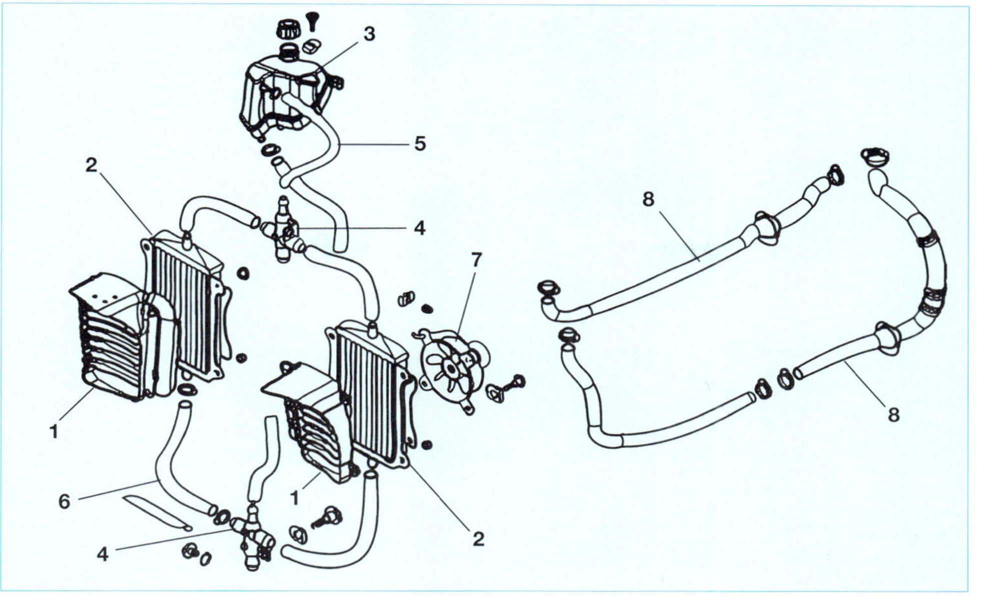

Hinweis: Die Motoren der GTS- und GTV-Modelle mit elektronischem Motormanegement verfügen über ein Notlaufprogramm, das den Ventilator einschaltet oder weiterlaufen läßt, wenn der Sensor oder seine Kabelführungen defekt sind.

Kühler aus-/einbauen: Innenverkleidung ausbauen wie beschrieben. **Achtung:** Motor muß abgekühlt sein. Massekabel von der Batterie trennen. Beim links sitzenden Kühler den Ventilator abnehmen, dazu Stecker abziehen und die vier Muttern an den Ecken ausdrehen. Nun Kühlmittel ablassen wie beschrieben. Schläuche vom jeweiligen Kühler und gegebenenfalls vom Ausgleichsbehälter abnehmen; dazu Enden kräftig hin- und herdrehen.
Dann die Muttern bzw. Schrauben lösen, mit denen der Kühler an der Karosserie befestigt ist. Keine Gewalt anwenden, Kühler sind sehr empfindlich. Kühler auf Dichtigkeit und Korrosionsspuren prüfen, bei Bedarf spülen wie beschrieben. Außenbereich sorgfältig reinigen, am besten mit Druckluft ausblasen.

Beim **Wiedereinbau** Kühler sorgsam in die Gummilager setzen, festschrauben, Ventilator, Stecker und Schläuche montieren. Darauf achten, daß die Schläuche fest sitzen; neue Schlauchschellen verwenden, wenn die alten verrostet sind. Defekte oder porös gewordene Gummilager ersetzen.

Kühlmittel einfüllen, kontrollieren: Nach Montagearbeiten an Motor und Kühlanlage zuerst prüfen, ob alle Schlauchverbindungen montiert sind und hundertprozentig abdichten. Frisches **Marken-Kühlmittel** mit maximalem Frostschutz unverdünnt verwenden; man mischt heute kein Wasser mehr dazu.
Dann Mittel zur Vermeidung von Luftblasen langsam und am besten über einen Trichter in den Ausgleichsbehälter füllen, und zwar genau bis zur MAX-Markierung. Es passen ca. 2,0 Liter in die Anlage.
Behälterdeckel aufsetzen und zudrehen. Fahrzeug aufbocken – falls nicht schon geschehen – , Motor anlassen, unter leichtem Gasgeben auf Betriebstemperatur, zuletzt durch

Aufbau der Flüssigkühlanlage der großen Vespa-Modelle: 1 = Luftansaugschächte, 2 = Leichtmetallkühler, 3 = Ausgleichsbehälter, 4 = T-Stücke für die Verbindung der Schläuche, 5 = obere Kühlmittelschläuche, 6 = Kühlmittelschläuche zwischen den Kühlern, 7 = elektrischer Ventilator, 8 = Kühlmittelschläuche vom und zum Motor; nicht abgebildet: Thermostat und Thermofühler am Zylinderkopf.

Rechts: So wird geprüft, ob der Frostschutz im Kühlmittel noch ausreicht. Er sollte nicht unter - 25° C sinken. Am besten das Kühlmittel alle zwei Jahre wechseln.

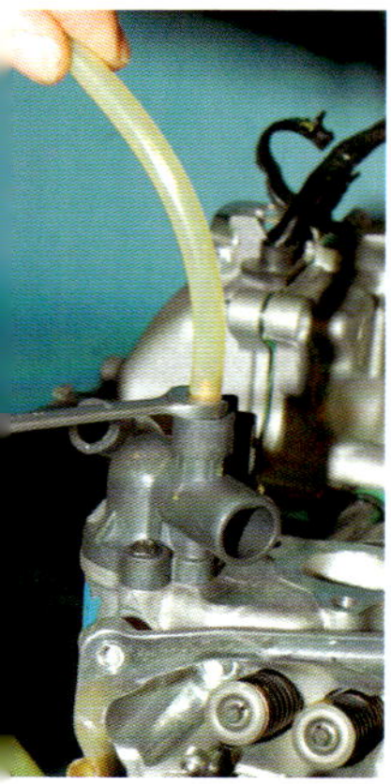

Oben: Nach Neubefüllung muß das System entlüftet werden. Das Ventil sitzt oben auf dem Thermostatgehäuse und wird mit einem Gabelschlüssel SW 8 geöffnet; transparenten Schlauch aufstecken und mit dem Ausgleichsbehälter verbinden.

einige Gasstöße auf Drehzahl bringen (zwei bis drei Minuten Laufzeit insgesamt). In jedem Fall warten, bis sich der Thermostat öffnet; dabei strömt durch den Rücklaufschlauch heißes Wasser (Probe durch Anfassen). **Achtung:** Das Hinterrad muß frei drehen können – Unfallgefahr!
Motor wieder abstellen und Anlage etwas abkühlen lassen. Deckel am Behälter öffnen und Stand kontrollieren; falls erforderlich, Kühlmittel bis zur MAX-Marke nachfüllen. Deckel aufsetzen und Sichtprüfung durchführen: Es dürfen keine Lecks feststellbar sein. Es ist dringend davon **abzuraten,** Lecks mit Kühler-Dichtmittel zu schließen, denn das ist nur reine Kosmetik. Beim Einfüllen von nicht Piaggio-autorisierten Zusatzprodukten kann die Garantie erlöschen.
Achtung: Beim Fahren darf kein Kühlmittel aus dem Behälter austreten. Bei mehrmaligem Absinken und/oder fortwährendem Aufsteigen von Dampfblasen ist die Anlage undicht, erkennbar auch an Pfützen, die sich unter dem Fahrzeug bilden. Motor abstellen und unverzüglich alle Schlauchverbindungen prüfen.

Kühlanlage entlüften: Nach allen Arbeiten an der Kühlanlage, bei denen Kühlmittel neu aufgefüllt wurde, muß die Anlage bei betriebswarmem und laufendem Motor entlüftet werden, und zwar über das Ventil oben auf dem Thermostatgehäuse (bei einigen älteren GT 125 nicht vorhanden, die Entlüftung erfolgt hier über den Schlauch).
Einen **Gummischlauch** nehmen, der lang genug ist, um die Entfernung zwischen dem Ventil und dem Ausgleichsbehälter zu überbrücken. Die Gummikappe vom **Ventil** nehmen, ein Schlauchende auf das Entlüftungsventil stecken, das andere Ende in den **Ausgleichsbehälter** hängen und zwar so, daß der Schlauch ins Kühlmittel ragt.
Nun die **Schraube** am Ventil um zwei Umdrehungen lösen und damit die Verbindung zum Zylinderkopf herstellen (s. Foto unten links). Ventil so lange offen halten, bis **keine Luftbläschen mehr** austreten, sondern nur noch Kühlflüssigkeit. Dann das Entlüftungsventil wieder festziehen (mit Gefühl!) und den Kühlmittelstand im Behälter auffüllen.

Pannen-Hinweis: Treten beim Fahren Dampfblasen auf und sinkt der Kühlmittelpegel, ohne daß Undichtigkeiten im System zu erkennen sind, kann die **Zylinderkopfdichtung** defekt sein. Sie muß dann ausgewechselt werden. In schweren Fällen kann auch der Zylinderkopf verzogen sein (Schaden durch Überhitzung und/oder Kühlmittelmangel). Er muß dann ausgebaut, geprüft und – falls noch rentabel – geplant werden (Fachwerkstatt). Ansonsten neuen Zylinderkopf einbauen.

Frostschutzprüfung: Wird im Winter kein Frostschutzmittel eingefüllt, treten unweigerlich schwere **Schäden** an Kühlanlage und/oder Motor aus. Meist reißt der Zylinder außen im Bereich des Wassermantels, denn Eis dehnt sich aus und entfacht dabei eine gewaltige

Oben links: Entlüftungsventil am Beispiel GT 125; unten die Torx-Schrauben der Flanschbefestigung. Oben rechts: das geöffnete Gehäuse; links Thermostat, hinten der Thermosensor.

Unten links: Nach Abbau des Verteilers kann der Thermostat zu Prüf- und Austauschzwecken aus dem Zylinderkopf genommen werden. Unten rechts: Blick auf das Wasserpumpengehäuse der GT 125 mit den Schläuchen, die zu Zylinderkopf und Kühler führen. Oben im Bild ist der automatische Benzinhahn zu sehen, mit dem die Vergasermodelle ausgerüstet sind.

Sprengwirkung. Mit handelsüblichen, preiswerten Prüfgeräten läßt sich jederzeit testen, bis zu welcher Temperatur Frostschutz garantiert ist. Dazu Deckel des Ausgleichsbehälters öffnen, Schlauch des Prüfgeräts einführen, Flüssigkeit blasenfrei ansaugen und Skala ablesen.

Thermostat ausbauen, prüfen: Der Thermostat sitzt oben auf dem Zylinderkopf. Das Kühlmittel strömt vom Zylinder her ein und fließt aus dem Stutzen auf der Lichtmaschinenseite über einen Schlauch zum Kühler. Das Mittel durchströmt den Kühler und fließt über einen zweiten Schlauch zurück zum Motor und zur Wasserpumpe; die Pumpe sitzt im Gehäuse und ist von außen nicht sichtbar.
Zum **Ausbau des Thermostats** Kühlmittel ablassen wie beschrieben und Schlauchbefestigung lösen. Das **Thermostatgehäuse,** das auch als **Abzweig für die Schläuche** dient und oben mit dem Entlüftungsventil versehen ist, ist mit zwei TX 20 am Zylinderkopf befestigt. Deckel mit **Gummi-Dichtring (O-Ring)** abnehmen, einen u. U. defekten oder spröden Dichtring unbedingt ersetzen.
Der **Thermostat** besteht aus einer vernieteten und verlöteten Einheit, die nach dem Bimetallprinzip arbeitet. Zur Prüfung das Teil in einen Topf mit Wasser legen. (Einweck-)Thermometer einsetzen und Wasser auf einer Kochplatte erhitzen. Der Thermostat muß bei ca. 85° C öffnen. Tut er dies nicht, ist er zu ersetzen. Nach Einbau Kühlsystem befüllen und prüfen wie beschrieben.

Kühlschläuche prüfen, ersetzen: Die Kühlschläuche dürfen nicht spröde, rissig oder geknickt sein. Auch dürfen sie nicht am Motor anliegen, da sie dann aufgrund der Vibrationen durchscheuern können. Defekte Schläuche austauschen, neue Schlauchschellen verwenden, auf korrekten und völlig dicht abschließenden Sitz achten. Bei älteren Fahrzeugen sind die Kühlschläuche oft hart und spröde und

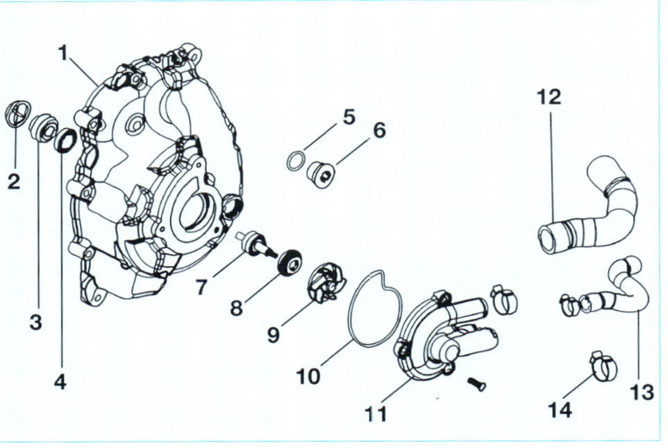

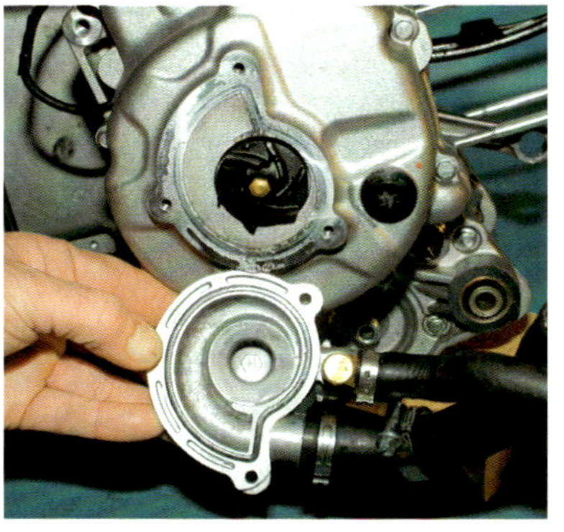

Graphik: Kühlmittelpumpe GT, GTS, GTV; 1= Lichtmaschinendeckel, 2 = Mitnehmer, 3 = Antrieb Pumpe, 5 = Dichtring, 6 = Verschluß, 7 = Pumpenwelle, 8 = Dichtelement, 9 = Flügelrad, 10 = O-Dichtring, 11 = Deckel Pumpe, 12+13 = Kühlmittelzu- u. ablauf, 14 = Schelle. Mitte links: Abbau des Wasserpumpendeckels; daneben: die Schläuche können dranbleiben. Unten: das geöffnete WaPu-Gehäuse mit Flügelrad.

lassen sich daher nicht von den Stutzen abziehen. Keine Gewalt anwenden, sondern den Schlauch im Stutzenbereich aufschneiden und durch ein Neuteil ersetzen.

Wasserpumpe ausbauen, zerlegen: Die Wasserpumpe befindet sich unten rechts am Motorgehäuse auf der Lichtmaschinenabdeckung und wird vom in die Abdeckung integrierten **Lichtmaschinen-Rotor** über zwischengeschaltete Dämpferelemente angetrieben. Über den oberen Schlauch pumpt die Pumpe das Kühlmittel zum Zylinderkopf. Der Rücklauf erfolgt über die Kühler und den unteren Schlauch.
Abgedichtet wird die Pumpe durch einen **Gummi-O-Ring.** Ist dieser defekt, dringt Kühlmittel aus einer Überlaufbohrung ins Freie (erkennbar an Tropf- oder Laufspuren).
Zum Ersetzen der Dichtung und bei anderen Defekten muß die Pumpe ausgebaut werden. Dazu Kühlmittel ablassen wie beschrieben. Das **Pumpengehäuse** ist mit drei KS am LiMa-Deckel befestigt.
Zum Ausbau des im diesem Deckel laufenden **Pumpenrads** müssen der LiMa-Deckel abgeschraubt und die zugehörigen Kabelverbindungen getrennt werden. Beim Abnehmen auf den Sitz der **Dämpferelemente** achten.
Das schwarze **Flügelrad** ist mit einer Messingschraube SW 8 befe-

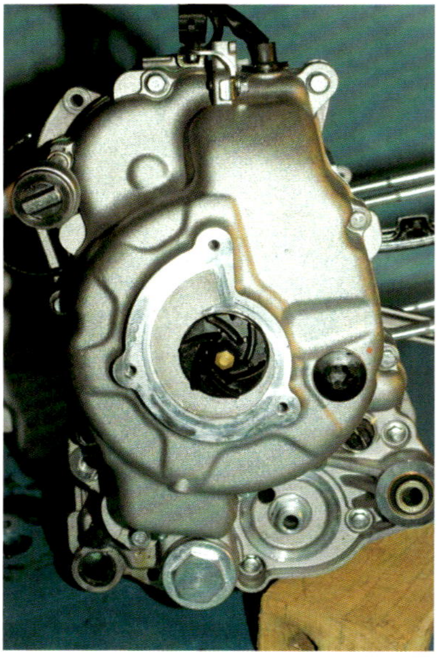

stig; **Achtung: Linksgewinde,** also Schraube durch Drehen im Uhrzeigersinn lösen!

Der **Ausbau der inneren Wasserpumpenelemente** aus dem Deckel ist diffizil und erfordert den Einsatz von Piaggio-**Spezialwerkzeug.** Ist die Pumpe undicht, muß die Welle mit einem Dorn aus Bronze oder Leichtmetall aus dem Deckel getrieben werden. Dabei wird der Deckel mit dem Außenbereich nach unten abgestützt, indem er auf ein ebenes Stück Rohr gesetzt wird. Ist das Pumpenrad frei, Deckel umdrehen und **Dichtring** aushebeln, später durch ein Neuteil ersetzen. Die Welle muß korrosionsfrei sein. Ansonsten ist sie samt Rad gegen ein Neuteil auszutauschen, wobei die **Keramikscheiben** nur mit Spezialwerkzeug eingezogen werden können. Die **Lager** der Pumpe müssen glatt und geräuschfrei laufen, anderenfalls sind sie durch Austreiben zu ersetzen; notfalls Deckel mit Heißluftgebläse erwärmen.

Wasserpumpe – Zusammenbau: Inneren Dichtring und Keramikscheiben mit Frostschutzmittel benetzen und in Position bringen. Neue Lager (Piaggio oder Industrie-DIN-Ware) und Pumpenrad mit Welle vorsichtig einpressen, dabei Gehäuse erwärmen. Die Entwässerungsbohrung darf nicht verdeckt werden.

Auch in die Nut des Pumpengehäuses und den Deckel **neue Dichtringe** einsetzen; dabei O-Ringe **auf keinen Fall mit Fett einsetzen,** weil sie dann aufquellen. Ein Motorschaden durch Wasseraustritt wäre dann die Folge. Dies zeigt sich, wenn aus der Entlastungsbohrung unten am Gehäuse Kühlmittel austritt.

Alle Schrauben handfest und gleichmäßig anziehen (Vorschrift: zweistufig 3 bis 4 Nm.) Nach Montage der Schläuche Kühlanlage neu befüllen wie beschrieben. Schwer aufzuschiebende Schläuche innen mit etwas Spülmittel bestreichen.

Foto oben: Die Entwässerungsbohrung (Pfeil) darf nicht verstopft sein. Wenn hier Kühlmittel austritt, liegt ein ernster Defekt vor. Foto unten: Das aus Kunststoff bestehende Flügelrad ist mit einer Messingschraube SW 8 befestigt, die durch Drehen im Uhrzeigersinn gelöst wird, da es sich um Linksgewinde handelt.

Triebwerksblock, Auspuff, Luftfiltergehäuse, Schwingvorrichtung – Aus- und Einbau; Lösen der Kabel

***Motor und Antrieb** sind bei allen Automatikrollern von Piaggio **miteinander verblockt** und werden dementsprechend als Einheit aus- und eingebaut. Seit Einführung der ersten Zweitakt-Sfera 1990 hat sich an diesem Prinzip nichts geändert. Technisch gravierende Unterschiede finden sich vor allem oberhalb des Kurbel- und Antriebsgehäuses: Zylinder, Zylinderkopf mit Ventilsteuerung (Vierventiltechnik bei GT, GTS, GTV), Kühlung (Flüssigkühlung bei den Vierventil-Viertaktern), Gemischaufbereitung (elektronisch gesteuert GTS und GTV).*
***Achtung:** Vor Motorausbau **Batterie abklemmen!** Auf Kabelanschlüsse achten. Zuvor abgebaut werden müssen alle störenden Karosserieteile, außerdem Auspuff sowie Hinterrad mit Kotflügel wie an anderer Stelle beschrieben. Die Abnahme des Benzintanks ist nicht erforderlich. Die Arbeit sollte zu zweit erledigt werden.*

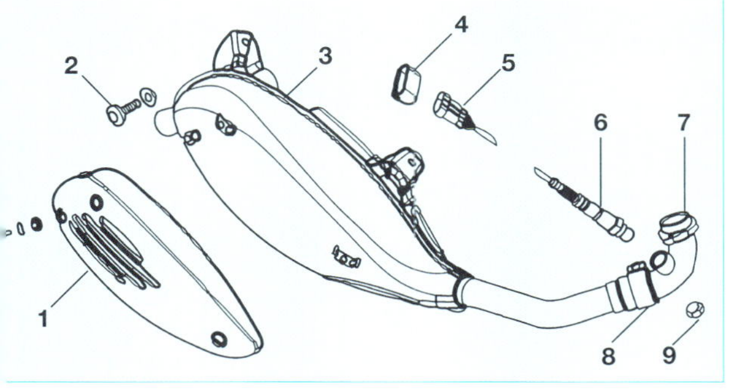

Elemente der Auspuffanlage der Einspritzmodelle: 1 = Blende, 2 = Auspuffverschraubung, 3 = Schalldämpfer mit integriertem Dreiwege-Katalysator, 4 = Klemme, 5 = Stecker, 6 = Lambdasonde, 7 = Auspuffkrümmer mit Flansch und Sondensockel, 8 = Schelle, 9 = Mutter.

Vorarbeiten: Fahrzeug auf Hauptständer setzen, wenn möglich auf Hebebühne stellen, dabei Vorderrad seitlich blockieren. Batterie abklemmen, Helmfach abheben, Seitenteile abmontieren. Kühlmittel ablassen wie im Kapitel „Kühlung“ beschrieben.

Auspuff – Ausbau: Die meisten GT-, GTS- und GTV-Auspuffanlagen sind zweiteilig und bestehen aus zwei miteinander verschraubten Hauptelementen – kurzer **Krümmer** vom Zylinder weg und **Schalldämpfer.** In den Schalldämpfer integriert ist der **Katalysator,** bei den Vergaser-Modellen als Zweiweg-, bei den Einspritzmodellen als geregelter Dreiweg-Katalysator ausgelegt. Zwischen Krümmer und Dämpfer sitzt ein **Graphitring,** der bei jeder Montage erneuert werden muß. (Der GT 125 besitzt einen einteiligen Auspuff ohne Graphitring.) Der Schalldämpfer muß bei zahlreichen Arbeiten demontiert werden: Ausbau von Hinterrad, Federbein, Bremsscheibe, Bremssattel, beim Wechsel der Bremsbeläge – und natürlich beim Ausbau der gesamten Antriebseinheit.
Die Modelle mit elektronischem Motormanagement und geregeltem Katalysator verfügen im Krümmer zusätzlich über eine **Lambdasonde,** die zuallererst abgeklemmt werden muß, wenn der Auspuff ab Zylinderkopf komplett demontiert werden soll. Dazu den Kabelstecker aus der Halterung nehmen,trennen und die Kabelschelle von der Kühlleitung abnehmen. Nur bei **Komplettausbau:** die beiden Muttern SW 10 ausdrehen, mit denen der **Krümmer** am Zylinderkopf befestigt ist. Diese Muttern sind nur schwer von unten zugänglich. Es muß daher ein schmaler Gelenkschlüssel mit Stecknuß verwendet werden. Auf die Sprengringe achten.
Zum **Ausbau des Schalldämpfers allein** genügt es, die Befestigungsschelle am Krümmer (Schraube SW 17) und die rückwärtigen Befestigungen abzuschrauben. Hinten ist der **Auspuff** bei allen Modellen mit drei langen TX 40 oder IS SW 6 an der **Leichtmetall-Halterung** befestigt. Gelösten Auspuff durch Hin- und Herdrehen abnehmen und – bei Komplettausbau – Lamdasonde abschrauben. **Achtung:** Die **Graphithülse** auf dem Krümmerende wird beim Ausbau meist beschädigt und sollte daher in jedem Fall beim Zusammenbau erneuert werden.

Auspuff – Einbau: Der Einbau erfolgt in umgekehrter Reihenfolge: **Lambdasonde** einschrauben **(Drehmoment 40 - 50 Nm),** Auspuff hinten befestigen, Krümmer an den Zylinderkopf schrauben (Sprengringe nicht vergessen), Lambdasonde anschließen. Schrauben und Muttern handfest und gleichmäßig anziehen, dabei **Drehmomente 11 - 13 Nm** für die Muttern SW 10 am Zylinderkopf und **Nm 20 - 25** für die TX 40 oder IS SW 6 an der LM-Halterung nicht überschreiten (weitere Werte s. Anhang). Es sollten stets **neue Flanschdichtungen** zwischen Zylinderkopf und Auspuffkrümmer verwendet werden.

Einbau nur Schalldämpfer: Dämpfer hinten befestigen wie oben beschrieben. Neue Graphithülse über das Krümmerende schieben, Schalldämpfer aufschieben und Schelle festziehen **(16 - 18 Nm). Achtung:** Wenn die **Graphithülse** beschädigt ist und nicht erneuert wurde, zieht der Auspuff Luft, das Motormanagement spielt verrückt und die Einspritzelektronik wird beschädigt!

Achtung: Die Original-Auspuffanlagen für die großen Vespa-Typen sind rostanfällig und im Austausch wegen des integrierten Katalysators sehr teuer. Spezialisten bieten u. U. Alternativen an. Dort aber nur Anlagen kaufen, die **ABE** oder EBE besitzen. Beim Einbau von Auspuffanlagen ohne TÜV-Siegel und ABE erlöschen Betriebserlaubnis und Versicherungsschutz.

Luftfiltergehäuse – Ausbau: Zuerst das **Öl** ablassen, das sich im Schauglas abgesetzt hat; dazu die Klemme entfernen, Schauglas abziehen und Öl auffangen. Das Gehäuse ist mit drei Schrauben befestigt. **Achtung:** Laut Piaggio diese Arbeit nur bei kaltem Motor ausführen.

Von oben: Abnahme der Seitenverkleidung (1 Mutter hinten, eine KS vorn, drei Zapfen); Ausdrehen der Schraube SW 17 an der Krümmerschelle; Ausdrehen der drei Inbusschrauben SW 6 am Schalldämpfer der GTS 300 i.e. Wegen des integrierten Katalysators ist ein Austausch-Topf sehr teuer.

Schmales Foto: Blick auf die Graphithülse am Krümmerende des Einspritzmotors, die stets erneuert werden sollte, da sonst die Lambdasonde falsche Luft zieht.

Triebwerksblock – Ausbau: Nach Ausbau von Auspuff und Luftfiltergehäuse die Schelle der **Blow-by-Leitung** abnehmen und die Leitung abziehen. Die Schelle an der **Balgverbindung** zum Drosselgehäuse lösen und Balg abziehen. Wenn das Kühlmittel völlig abgeflossen ist, den **Kühlschlauch,** der zur Pumpe führt, abnehmen; dazu die Schelle öffnen. Zum Abnehmen der **Benzinzufuhr** und der **Rücklaufleitung** Schutzhandschuhe anziehen; Schraube am **Halter** lösen und Leitungen abziehen. Dann die Kabel von **Zündelektronik** und **Einspritzdüse** trennen. **Zündkerzenstecker** abziehen. Danach am Zylinderkopf die **Kühlmit-**

tel-Rücklaufleitung abziehen – nach Entfernen der Schelle abziehen. Den Kabelstecker zum **Sensor** für die **Kühlmittel-Temperatur** abziehen.
Durch Lösen der Muttern den **Doppel-Gaszug** (i.e.-Modelle) vom Drosselkörper trennen. Anschließend die Schelle zwischen Motor und **Drosselkörper** lösen, diesen abnehmen.
Auch der **Anlasser** muß abgeklemmt werden. Dazu die Muttern lösen, mit denen **Plus- und Minuskabel** befestigt sind. Nun die **Kabelstecker** vom Kabel am Schwungrad abziehen und das Kabel aus der Schelle am Lichtmaschinendeckel ziehen.
Die beiden **hinteren Federbeine** komplett ausbauen oder zumindest die unteren Befestigungen lösen (s. Kap. „Hinterradführung"). Die **Bremsleitung** vom rückwärtigen Bremssattel abschließen, mit Dose austretende Bremsflüssigkeit auffangen. Dann die **Halterungen** entfernen, mit denen der Bremsschlauch am Motorgehäuse entlanggeführt wird.
Karosserie so **abstützen,** daß der Triebwerksblock samt Hinterrad nach unten und hinten herausgezogen werden kann. Dann wird die **Mutter SW 17 ge**löst, die den Haltebolzen zwischen Motorgehäuse und Schwingvorrichtung fixiert. **Bolzen** ausziehen; dabei muß ein Helfer den Antrieb auffangen, der dann mit vereinten Kräften von der Karosserie getrennt wird.

Bild oben: Blick auf den Federbein- und Auspuffträger mit eingepreßtem Stützlager für die Hinterradachse bei abgebautem Schalldämpfer. Für den Hinterradausbau muß die Leichtmetallplatte ganz ausgebaut werden.

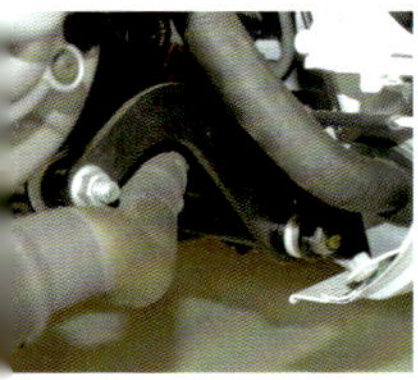

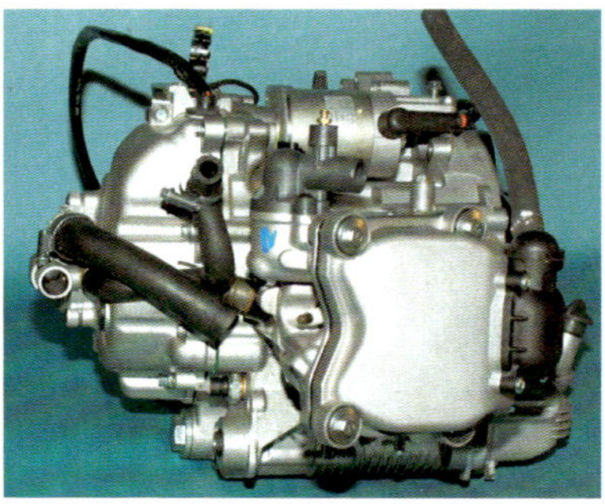

Kleines Foto oben: Blick auf die Schwinge zwischen Karosserie und Antriebsblock. Rechts: ausgebaute Antriebseinheit einer Vespa GTS 250 i.e.

Triebwerksblock – Einbau: Der Einbau erfolgt in umgekehrter Reihenfolge: Triebwerksblock einsetzen und über **Bolzen und Mutter** mit der Schwingvorrichtung verbinden **(Anzugsmoment** Mutter **64 - 72 NM);** hintere **Federbeine** einbauen **(Drehmomente** s. Kap. „Hinterradführung"); **Bremsleitung** verlegen und anschließen, **Bremsflüssigkeit** auffüllen und **Bremse entlüften** (Details und **Drehmomente** s. Kap. „Scheibenbremsen"); **Minus- und Pluskabel des Anlassers** anschließen; **Drosselkörper, Gaszug, Kühlmittelsensor und Kühlmittel-Rücklaufleitung** anbauen; dabei darauf achten, daß der **Gaszug** richtig verlegt ist, nicht eingeklemmt wird und etwas **Spiel** hat.
Zündkerzenstecker und Zündelektronik anschließen; **Benzinvorlauf- und Rücklaufleitung** anschließen und sichern; **Kühlschlauch zur Pumpe** anschließen; **Balg an Drosselgehäuse und Blow-by-Leitung** anschließen.
Auspuff und Luftfiltergehäuse einbauen, dabei auf perfekten Sitz des Balgs zum Drosselgehäuse achten, Schelle korrekt positionieren und anziehen.
Kühlmittel auffüllen, Kühlsystem gegebenenfalls entlüften (s. Kap. „Kühlanlage"). **Batterie** anklemmen und **Karosseriebauteile** anbringen. **Funktion** von Gaszug und elektrischen Bauteilen kontrollieren.

Antriebseinheit der GTS 250 i.e. (Einspritzanlage und Variator bereits ausgebaut). Links Zylinder, Zylinderkopf, Kurbelgehäuseentlüftung, in der Mitte treibende Riemenscheibenhälfte (lose aufgesetzt) und Keilriemen mit Stützrolle, hinten Endantrieb mit Kupplungskorb.

Schwingvorrichtung – Ausbau: Bei ausgebautem Triebwerksblock kann auch die Schwingvorrichtung demontiert werden, die das Triebwerk mit der Karosserie verbindet. Zuerst die **Feder** aushängen. Dann die beiden Schrauben ausdrehen, mit denen die **Puffer** am Rahmen befestigt sind. Die **Verkleidungen** unter dem Trittbrett abnehmen, damit der Haltebolzen zugänglich wird. Die **Mutter SW 17** und den **Bolzen** entfernen, die Schwinge abziehen.

Schwingvorrichtung – Prüfung: Alle Elemente der Einheit prüfen – **Gummipuffer, Silentblöcke, Zentrierbuchsen.** Es darf kein übergroßes Spiel vorhanden sein. Zuerst kontrollieren, daß die **Gelenkverbindungen** zwischen der Schwinge auf der Motorseite und der Schwinge auf der Rahmenseite nicht klemmen. Das **Axialspiel** zwischen den beiden Schwingen wird mit einer Blattlehre gemessen und sollte zwischen 0,40 und 0,60 mm betragen. Der maximal zulässige Wert beträgt 1,5 mm. Verschlissene Elemente müssen ersetzt werden, da das Fahrzeug sonst instabil wird. Der **Austausch** und das Fetten der Buchsen ist Werkstattsache, da verschiedene Spezialwerkzeuge benötigt werden.

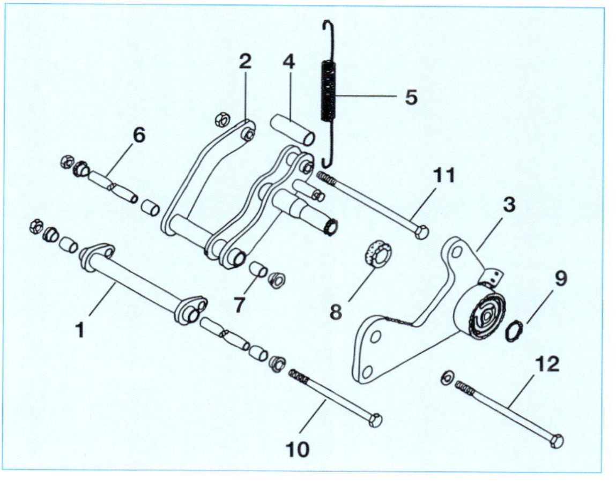

Graphik: Schwingarm zwischen Chassis und Antrieb; 1 = vorderes Schwingenelement, 2 = Schwinge, 3 = Schwingenabdeckung, 4 = Distanzstück, 5 = Rückholfeder, 6 = Distanzstück mit Nadellager und Mutter, 7 = Nadellager, 8 = Puffer, 9 = Seegering, 10, 11 und 12 = Bolzen.

Schwingvorrichtung – Einbau: Der Wiedereinbau läuft in umgekehrter Reihenfolge ab. Alle Lager und die sich drehenden Teile sind mit **Fett** abzuschmieren. Die Muttern an den Bolzen müssen mit folgenden Drehmomenten angezogen werden: **Verbindungsbolzen** Schwinge Motorseite und Fahrzeugseite **33 – 41 Nm, Bolzen** Schwinge – Motor **64 - 72 Nm, Bolzen** Rahmen – Schwinge **76 - 83 Nm,** Befestigungsschrauben der **Silentblock-Halterung** am Rahmen **42 - 52 Nm.**

Ohc-Vierventil-Viertaktmotor LEADER, QUASAR: Arbeiten an Zylinderkopf und Zylinder 125 - 300 cm³, Ventile und Steuerzeiten einstellen am Beispiel Vespa GTS 250

Zylinderkopf - Vorbemerkungen: *Die Einführung des Ohc-Vierventil-Viertaktmotors mit Flüssigkühlung im Jahr 2003 markierte bei Piaggio und speziell bei den Vespa-Modellen den Beginn einer neuen Ära. 2005 kamen elektronisch gesteuerte Einspritzanlage und geregelter Katalysator hinzu. Inzwischen werden zahlreiche Modelle der Piaggio-Gruppe von diesen verbrauchsarmen und umweltverträglichen Motoren angetrieben: alle Typen der Vespa-Baureihen GT, GTS und GTV, Piaggio Beverly, Carnaby, MP3, X7, X8, X9, XEVO, Gilera Runner und Nexus.*
Dieses Kapitel ist daher im Prinzip ***anwendbar*** *auf alle* ***Piaggio- und Gilera-Roller*** *mit* ***flüssigkeitsgekühlten Vierventil-LEADER*** *und* ***QUASAR-Motoren.*** *Vom LEADER unterscheidet sich der QUASAR vor allem durch die Einspritztechnik und ein Anlassersystem mit Freilauf.*
Der Zylinderkopf des Vierventil-Motors besteht aus zwei Baugruppen: Leichtmetallhaube mit Kurbelgehäuseentlüftung und Zylinderkopf mit Nockenwelle, Schlepphebeln, je zwei Ein- und Auslaßventilen. Technisch handelt es sich um eine Ohc-Konstruktion mit obenliegender Nockenwelle, die über eine Kette von der Kurbelwelle aus angetrieben wird und über einstellbare Schlepphebel auf die vier im Kopf hängenden Ventile wirkt. Zerlegung und Zusammenbau erfordern besondere Sorgfalt. Wir haben alle Arbeiten ausgeführt und geben die nötigen Tips.

Weil Zweitaktmodelle schon seit längerer Zeit nicht mehr den heutigen Abgasgesetzen genügen, werden alle großen Vespa- und Piaggio-Typen inzwischen von ***flüssigkeitsgekühlten*** *Einzylinder-Viertaktmotoren der Baumuster* ***LEADER*** *und* ***QUASAR*** *mit obenliegender, kettengetriebener Nockenwelle und* ***vier Ventilen*** *angetrieben. Die älteren Ohc-Motoren ab 2003 gibt es mit* ***125 und 200 cm³*** *Hubraum und Vergasertechnik, die Modelle ab 2005 haben* ***125, 250 oder 300 cm³*** *und inzwischen ausnahmslos elektronische Benzineinspritzung in Verbindung mit elektronischem Motormanagement und G-Kat. Technisch bemerkenswert bei den Vierventil-Motoren ist u. a. die* ***Gleitlagerung der Kurbelwelle****.*
In diesem Kapitel beschreiben wir alle Arbeiten am quer durch die Piaggio-Baureihen verbreiteten ***Vierventil-Viertakt-Motor.*** *In weiteren Kapiteln wird auf Variomatik und Getriebe, Lichtmaschine und Anlasser, Ölpumpe und Benzinversorgung eingegangen.*

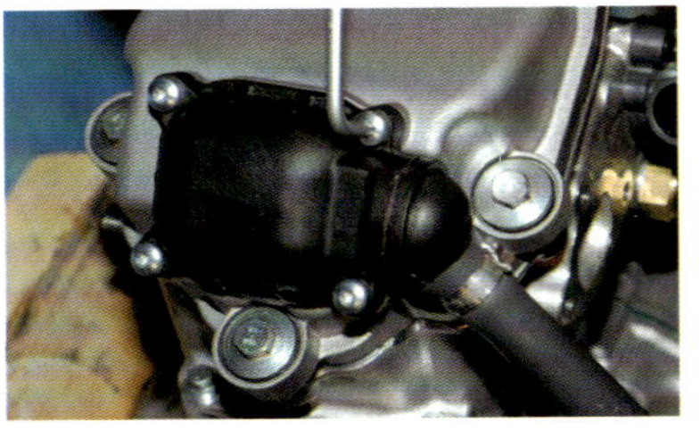

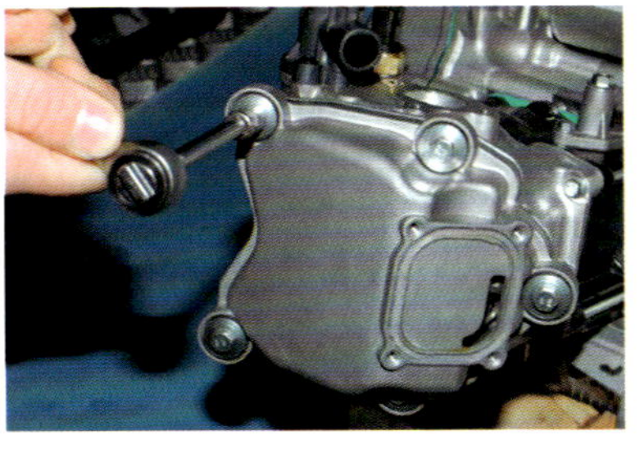

Foto rechts von oben: Die Kurbelgehäuseentlüftung ist mit vier Torxschrauben TX 25 auf dem Zylinderkopf befestigt und wird nach Lösen der Schrauben abgenommen. Der Zylinderkopfdeckel kommt mit Dichtung nach Lösen der vier Maschinenschrauben frei.

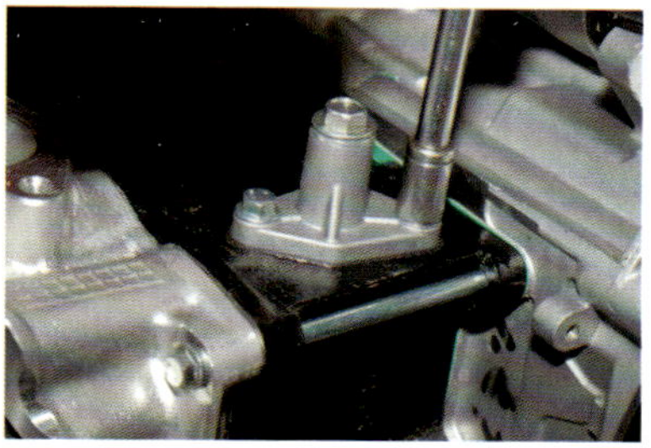

Oben links und rechts: So wird der Kettenspanner ausgebaut. Er kann in seine Einzelteile zerlegt werden. Mitte links: Die Abdeckung der Ventilhebevorrichtung ist mit einer Schraube SW 8 befestigt. Mitte rechts: Lösen der IS SW 4, die das Gegengewicht fixiert. Unten links: Abnehmen der Abdeckung. Unten rechts: Abziehen des automatisch arbeitenden Gewichts und der Rückholfeder (unten).

I. AUSBAUARBEITEN

Ansaugstutzen – Aus- und Einbau: Der Ansaugstutzen sitzt am Zylinderkopf. Zum Ausbau drei MS SW 10 lösen. Beim **Einbau** die Schrauben handfest ziehen, bzw. mit **Drehmoment 11 - 13 Nm.**

Kurbelgehäuseentlüftung – Ausbau: Die Kurbelgehäuseentlüftung sitzt auf dem Zylinderkopfdeckel. Zum Ausbau die vier Torxschrauben TX 25 ausdrehen. Die Schlauchschelle lösen, Schlauch abziehen.

Zylinderkopfdeckel – Ausbau: Der Deckel ist mit fünf MS SW 10 befestigt; Schrauben zusammen mit den Gummischeiben ausdrehen, Deckel mit der Gummidichtung abnehmen.

Kettenspanner – Ausbau: Zentralschraube lockern und damit die Feder entspannen. Die beiden MS SW 8 ausdrehen, mit denen der Kettenspanner am Zylinder befestigt ist. Spanner zusammen mit der Dichtung abnehmen. Er kann in seine Einzelteile zerlegt werden. Dazu Verschlußschraube lösen, Feder entspannen.

Ventilsteuerung – Vorarbeiten zum Ausbau: Wie in den folgenden Kapiteln gezeigt, sind zunächst umfangreiche Vorarbeiten erforderlich. Ausgebaut sein müssen folgende Bauteile: Antriebsabdeckung, Antriebs-Riemenscheibe mit Variator und Riemen, Ölwanne mit Feder und Bypass-Kolben, Ölpumpe, O-Ring an der Kurbelwelle und Abstandhalter der Ritzel (s. Folge-Kapitel).

Oben links: Blick auf die Ventilsteuerung des QUASAR-Motors; rechts Nockenwellenritzel mit Ventilhebevorrichtung und Steuerkette, links die beiden Gabel-Schlepphebel mit den Einstellschrauben sowie den Ventilfedern. Bildleiste rechts von oben: Abheben des Nockenwellenritzels und der darunter liegenden Scheibe, Lösen und Ausbau der Nockenwelle. Ganz unten: Die Steuerkette kann mit einem Draht gegen Herunterfallen gesichert werden.

Ventilhebevorrichtung – Ausbau: Das Nockenwellenritzel sollte so gestellt werden, daß die **Markierung 4V** mit der Rippe am Zylinderkopf fluchtet. Die auch als „Haltekorb“ bezeichnete **Abdeckung der Ventilhebevorrichtung** ist mit einer Schraube SW 8 befestigt. Schraube ausdrehen und Scheibe abheben; dabei Zahnrad notfalls blockieren. Das **Gegengewicht** ist mit einer Inbusschraube SW 4 befestigt; nach Lösen der IS das automatische **Gewicht** und die **Rückholfeder** abnehmen.

Nockenwellenritzel, Steuerkette abnehmen: Nach Demontage der Fliehkraftvorrichtung können das **Nockenwellenritzel,** die darunterliegende **Scheibe**, die **Steuerkette** und die **obere Kettenführung** abgenommen werden. Die **untere Kettenführung** kommt erst nach Ausbau des Zylinderkopfs frei. **Achtung:** Die Kette sollte so gekennzeichnet werden, daß sie beim Einbau wieder in der gleichen Richtung läuft. Dazu Draht durchführen und Kette vorübergehend fixieren.

Nockenwelle – Ausbau: Die Nokkenwelle wird seitlich durch eine **Platte** gesichert. Die beiden MS SW 8 ausdrehen und Platte abnehmen.

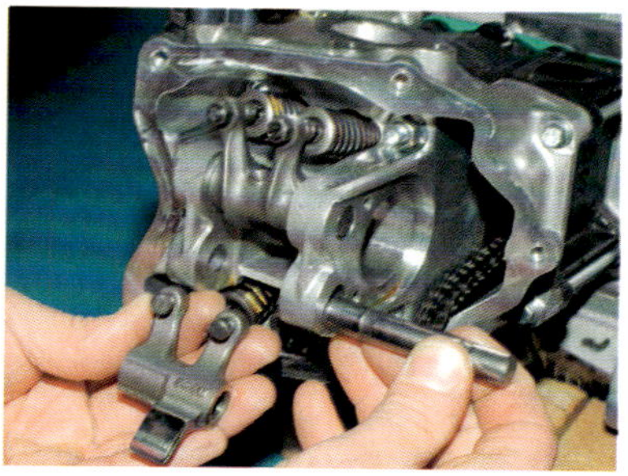

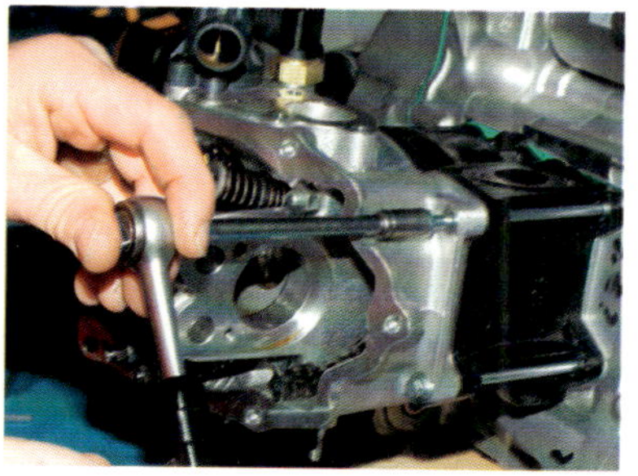

Jetzt kann die Nockenwelle einfach seitlich herausgezogen werden.

Schwinghebel – Ausbau: Die beiden Gabelschwinghebel laufen auf **Wellen,** die von der Lichtmaschinenseite her ausgestoßen werden; dazu passenden Dorn verwenden; die Schwinghebel kommen so frei.

Zylinderkopf – Ausbau: Der Zylinderkopf kann komplett mit Nockenwelle und Schwinghebeln oder in vordemontierem Zustand ausgebaut werden. Es empfiehlt sich, vorher die **Zündkerze** auszudrehen. Dann zuerst die beiden **Langschrauben SW 10** seitlich neben dem Kettenkanal lösen. Anschließend **über Kreuz** und in zwei bis drei Durchgängen die zentrale Zylinderkopfbefestigung lösen; es handelt sich um **vier Muttern SW 12,** die auf Stehbolzen sitzen, die gleichzeigtig den Zylinder führen und befestigen.
Zylinderkopf mit den beiden **Zentrierhülsen** und der **Dichtung** abnehmen; sollte der Zylinderkopf festgebacken sein, mit leichten Gummihammerschlägen nachhelfen. Auf keinen Fall Eisenhammer verwenden! **Achtung:** Die Stehbolzen werden durch **vier O-Ringe** gegen den Kühlmantel abgedichtet; O-Ringe später möglichst durch Neuteile ersetzen.

Ventile – Ausbau: Zum Ausbau der Ventile müssen die **Ventilfedern** zusammengedrückt werden, was nur mit einem Spezialwerkzeug gut gelingt (Ausleihen oder im Internet bestellen). Bei zusammengepreßten Federn die

Oben links: die Gabelschwinghebel laufen auf Wellen, die von rechts ausgestoßen werden; sie kommen auf diese Weise problemlos frei.
Oben rechts: Lösen der seitlichen Schrauben an Zylinderkopf und Zylinder.
Mitte: Die vier Muttern SW 12, mit denen Zylinderkopf und Zylinder befestigt sind, werden über Kreuz gelöst.
Unten:Nach Abnehmen von Steuerkette, seitlichen Schrauben und den vier Muttern läßt sich der Zylinderkopf einfach von den Stehbolzen abziehen.

oberen Federteller und die **Halbkegel** abnehmen; dann **Federn** und **Ventile** herausziehen. **Wellendichtringe** und **untere Federauflagen** entfernen. **Achtung:** Ventile markieren und so weglegen, daß sie später wieder an der gleichen Stelle eingesetzt werden können.

Zylinder – Ausbau: Zuerst die untere **Kettenführungs-Schiene** ausbauen. Die **obere Schiene** ist am Gehäuse neben dem linken Kurbelwellenlager angeschraubt.
Der **Zylinder** wird von den **vier Stehbolzen** geführt, deren Muttern bereits beim Ausbau des Zylinderkopfs entfernt wurden. Die **vier O-Ringe** von den Stehbolzen nehmen;

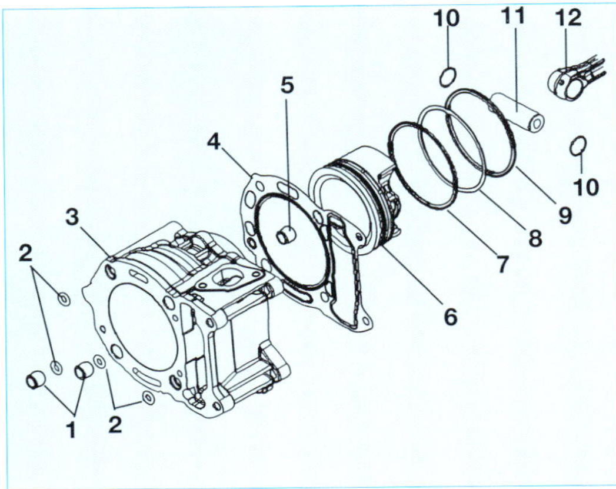

Graphik: Zylinder und Kolben GTS 250 i.e.; 1 = Paßhülsen, 2 = O-Dchtringe, 3 = Zylinder, 4 = Zylinderfußdichtung, 5 = Paßhülse, 6 = Kolben, 7 = Kompressionsring, 8 = mittlerer Kolbenring, 9 = Ölabstreifring, 10 = Sprengringe, 11 = Kolbenbolzen, 12 = Pleuel. Kleine Fotos links: Sollte die Zylinderkopfdichtung kleben, muß zum Ausbau des Kopfs mit leichten Plastikhammerschlägen nachgeholfen werden. Unten liinks: Blick auf den Brennraum mit den zwei Einlaß- und den beiden Auslaßventilen. Unten rechts: Zylinderkopf mit ausgebauter Nockenwelle; die Ventile befinden sich noch am Platz.

die Gewinde der Bolzen mit **Isolierband** umwickeln, um zu verhindern, daß die O-Ringe beschädigt werden. Nun den Zylinder vorsichtig über den Kolben nach oben ziehen; **Achtung:** Kolben dabei festhalten und nicht hart an die Kanten des Kurbelgehäuses schlagen lassen. Die Kolbenringe nicht beschädigen, sauberen Lappen unterlegen und damit gleichzeitig verhindern, daß Schmutz ins Kurbelgehäuse eindringen kann. Die **Zylinderfußdichtung,** die mit einem **Silikonring** versehen ist, abheben, Dichtungsreste vorsichtig mit einem Spachtel aus Kunststoff oder Hartholz entfernen. Notfalls Cutter verwenden, aber mit Gefühl. Kurbelgehäuse dabei abgedeckt halten.

Kolben – Ausbau: Der Kolben wird im Pleuelauge durch den **Kolbenbolzen** geführt, der rechts und links mit zwei Federstahlclipsen gesichert ist. Die **Clipse** lassen sich mit einem Schraubendreher aushebeln, doch **Vorsicht:** Lappen ins Kolbenauge legen, damit der Kolben nicht verkratzt wird, wenn der Schraubendreher abrutscht. Gleichzeitig Gehäuse mit Lappen abdecken, damit die Clipse nicht hineinfallen können. Bolzen ausdrücken, Kolben abnehmen.

II. PRÜF-/KONTROLLARBEITEN

Pleuelauge vermessen: Das Pleuelauge darf kein unzulässiges Spiel haben und keine starken Verschleiß- oder Überhitzungspuren zeigen. Ist dies der Fall, muß das Pleuel zusammen mit der Kurbelwelle ausgetauscht werden. Bei der **GTS 250** beträgt der Standard-Durchmesser innen **15,015 - 15,025 mm;** der höchstzulässige Durchmesser beträgt **15,030 mm.** Gemessen wird mit einem analogen oder digitalen Mikrometer.

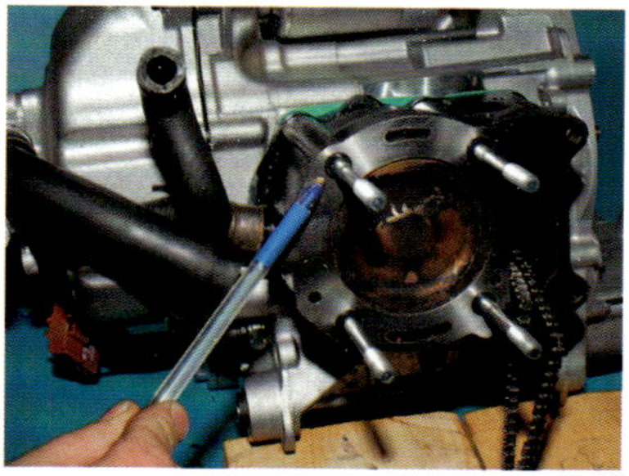

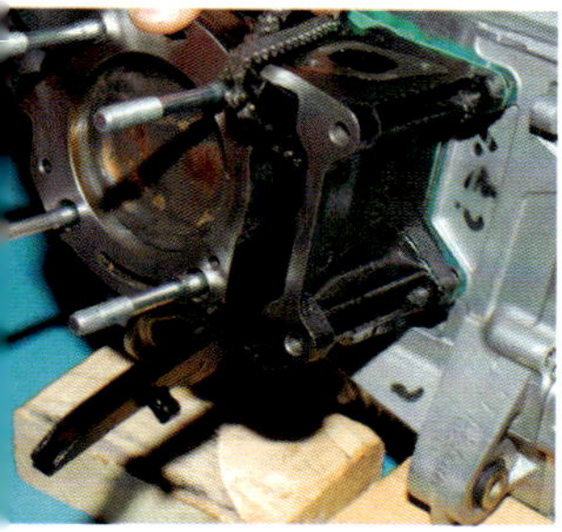

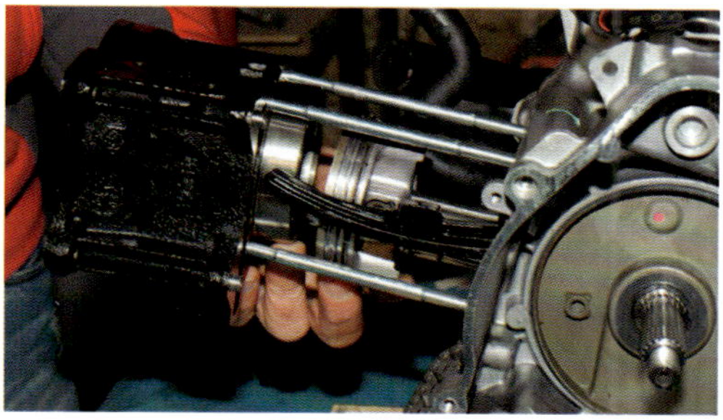

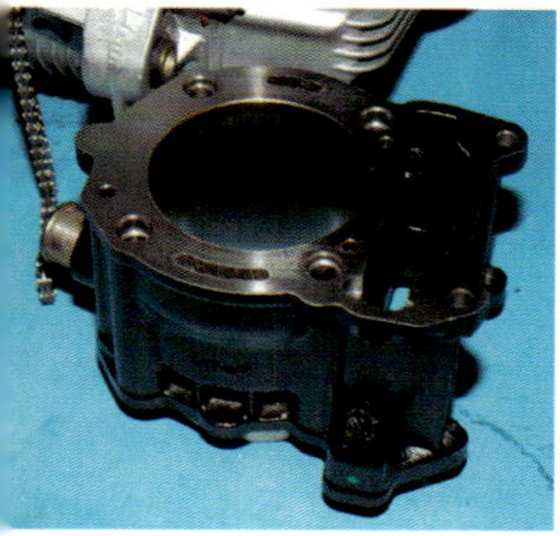

Oben links: Vier O-Ringe dichten die Stehbolzen ab; sie müssen erneuert werden. Oben rechts: Vor dem Einbau neuer Gummiringe müssen die Gewinde der Bolzen mit Klebeband umwickelt werden, damit die Ringe nicht beschädigt werden. Mitte links: Blick auf Zylinder und Kolben. Mitte rechts: Abziehen des Zylinders. Unten links: der ausgebaute Zylinder. Unten rechts: die obere Gleitschiene der Steuerkette ist mit einer Schraube am Kurbelgehäuse befestigt. Ganz unten: Die Clipse, die den Kolbenbolzen sichern werden mit einem Schraubendreher ausgehebelt; dabei Kolben nicht verkratzen. Der Lappen verhindert, daß die Clipse ins Kurbelgehäuse fallen.

Kolbenbolzen vermessen: Auch hierzu wird ein Mikrometer verwendet. Bei der **GTS 250** beträgt der Standard-Durchmesser des Bolzens **14,996 - 15,000 mm;** das höchstzulässige Einbauspiel zum Pleuelauge beträgt **0,015 - 0,029 mm.**

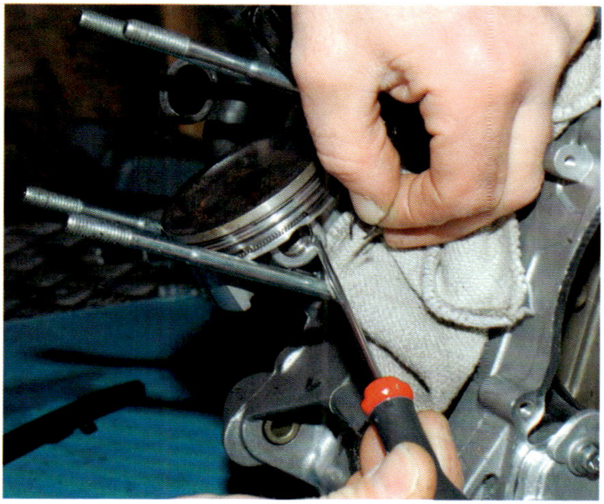

Zylinder, Kolben, Kolbenringe – Prüfung: Kolben und Zylinderwände dürfen keine Riefen, Freßspuren oder andere Abnutzungen zeigen. Ölkohlereste mit Hartholzspachtel vom Kolbenboden abkratzen. Zum **Ausmessen** sind empfindliche Meßuhren erforderlich. Vermessen werden: **Zylinderbohrung** in drei verschiedenen Richtungen und Höhen,

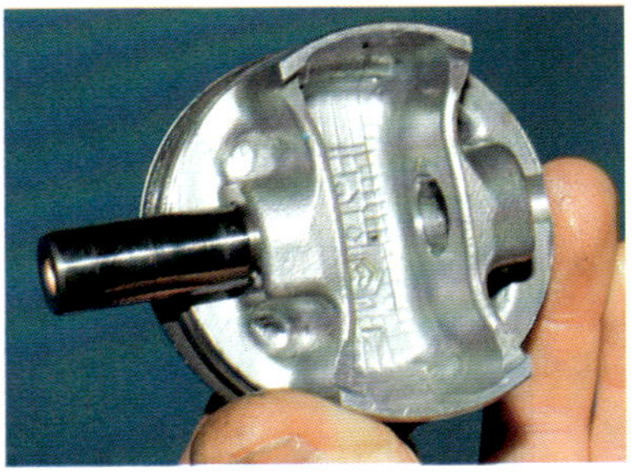

Oben: Nach Aushebeln der Sicherungsclipse kann der Kolbenbolzen zur Seite gedrückt werden. Anschließend läßt sich der Kolben mit seinen Ringen nach vorn abziehen. Dabei darauf achten, daß das Kolbenhemd nicht verkratzt wird. Der Ausbau und Wechsel der Kolbenringe erfordert Fingerspitzengefühl, denn die Ringe sind sehr zerbrechlich. Unten: Kolben eines 250er Vierventilmotor mit Kolbenbolzen von unten gesehen.

Dichtigkeitsprüfung beim Zweiventil-Zylinderkopf eines klassischen BMW 2002, den wir für ein Buchprojekt komplett restauriert haben: „Legende BMW 02"; Informationen dazu auf unserer Internetseite www.schneider-text.com

Spiel zwischen **Kolbenbolzen** und Kolben, Außendurchmesser des **Kolbens** senkrecht zur Kolbenbolzenachse, dabei 5 mm unterhalb des Kolbenbodens messen.
Bei Überschreitung der zulässigen **Toleranzwerte** von **Zylinder** und **Kolben** muß der Zylinder auf das nächste Übermaß ausgeschliffen werden; dann ist natürlich auch ein Kolben mit Übermaß einzubauen. Das Vermessen des Zylinders und das Ausschleifen ist Fachwerkstattsache. Daher geben wir auch keine Standard- und Übermaße an.

In der Regel ist es billiger, einen neuen **Kolben-/Zylinder-Kit** zu kaufen, der in guter Qualität auch von qualifizierten Ausrüstern angeboten wird. Keineswegs aber minderwertige Billigteile verwenden. **Achtung:** Kolben und Zylinder sind in Relation zum Durchmesser in **Kategorien** unterteilt, die stets mit der gleichen Buchstabenkennung eingebaut werden müssen: M-M, N-N, O-O, P-P.
Das Spiel zwischen **Kolbenringen** und **Kolbenringnuten** wird mit einer Blattlehre geprüft. Auch die Distanz zwischen den Kolbenringenden („Stöße") muß vermessen werden. Die Ringe lassen sich durch leichtes Spreizen abnehmen, doch **Vorsicht:** das Material ist sehr zerbrechlich. Das **Stoßmaß** zwischen den Kolbenringenden wird ermittelt, indem die Ringe einzeln in den Zylinder geschoben werden; der umgedrehte Kolbenboden dient dabei als Preßwerkzeug. Bei größeren Abweichungen müssen Kolben und alle drei Ringe erneuert werden.

Zylinderkopf – Prüfung: Zylinderkopf umdrehen und **Brennraum reinigen.** Schlacke mit Kunststoff- oder Holzspachtel entfernen; keine scharfen Gegenstände einsetzen. Bei den Vierventil-Motoren sind Ablagerungen aber die Ausnahme.
Kontrollieren, ob am Zylinderkopf **keine Risse** vorhanden sind. Dann prüfen, ob die **Dichtfläche** absolut **eben** ist; dazu ein geeichtes Flacheisen verwenden, Ebenheit rundum diagonal prüfen; höchstzulässige Verformung: 0,05 mm (Fühlerlehre verwenden). Folgende Elemente auf **Abnutzung prüfen:** Bohrungen für die Lagerung der Nockenwelle und der Schwinghebelbolzen, Auflageflächen von Zylinderkopfdeckel, Ansaugstutzen und Auspuffkrümmer. Bei starken Riefen in den Bohrungen und an den Auflageflächen muß der Zylinderkopf ausgetauscht werden.

Steuerkette und Kettenspanner – Prüfung: Alle Elemente der Ventilsteuerung genau auf **Abnutzung** untersuchen: **1. Kettenspanner** mit Führungsschuh, Feder und Sperrmechanismus, **2. Ritzel** Nockenwelle, **Steuerkette, 3. Antriebsritzel** auf der Kurbelwelle. **Achtung:** Auch wenn nur ein Element dieser Baugruppen beschädigt ist, muß die gesamte Einheit ausgewechselt werden, also der komplette Kettenspanner, die Kette stets zusammen mit den Ritzeln.

Ventile – Dichtigkeits-Prüfung: Die **Ventile** sind schräg hängend im Zylinderkopf angeordnet. Wenn die Ventile dicht und an den Sitzen nicht verschlissen sind, müssen sie nicht ausgebaut werden. **Dichtigkeitsprüfung:** Über Schlauch und Trichter etwas Benzin in die Einlaß- und Auslaßöffnung des Zylinderkopfs füllen. Wenn nach etwa einer halben Stunde kein Benzin unten an den Ventilsitzen heraustropft, schließen die Ventile völlig dicht ab.

Ventilführungen – Prüfung: Dies ist eigentlich wieder Werkstattsache. Die Abdruckbreite des Ventils am Ventilsitz darf bei der GTS 250 z. B. einen **Grenzwert von 1,6 mm** nicht überschreiten. Auch die Ventilführungen dürfen bestimmte Verschleißwerte nicht übersteigen; bei der GTS 250 beträgt der Standard-**Innendurchmesser 5,000 - 5,012 mm.** In jedem Fall müssen Schlackenreste in und an den Führungen entfernt werden. Bei starker Abnutzung der Führungen hilft nur eins: Austausch des kompletten Zylinderkopfs.

Ventile – Prüfung: Die Ventile dürfen an den Rändern nicht eingerissen, verbrannt oder verzogen sein. Verkrustungen gründlich entfernen, Ventile komplett reinigen. Die Stößel oder Schäfte dürfen oben nicht eingeschlagen sein. Es kommt vor allem darauf an, daß die **Dichtflächen** an den Ventilrändern in Ordnung sind und die Breite der Dichtfläche nicht größer ist als **1,6 mm.** Bei Schäden oder Überschreitungen der Grenzwerte muß das betreffende Ventil erneuert werden. **Achtung:** Lage rechts/links und Funktion Einlaß/Auslaß der Ventile beim Einbau nicht verwechseln!

Ventilfedern und Arretierungen – Prüfung: Die bei den modernen Vierventilmotoren eingesetzten Ventilfedern unterliegen so gut wie keinem Verschleiß. Auf Schäden geprüft werden müssen indes die **oberen Federteller** und die **Keile** der Arretierung. Bei Verschleiß müssen diese Teile ausgewechselt werden.

Nockenwelle, Ventilheber und Schwinghebel – Prüfung: Die Nockenwelle darf weder an den Laufflächen, noch an den Nocken **Riefen** oder **Pitting** zeigen. Ist dies der Fall, sind auch Beschädigungen an den

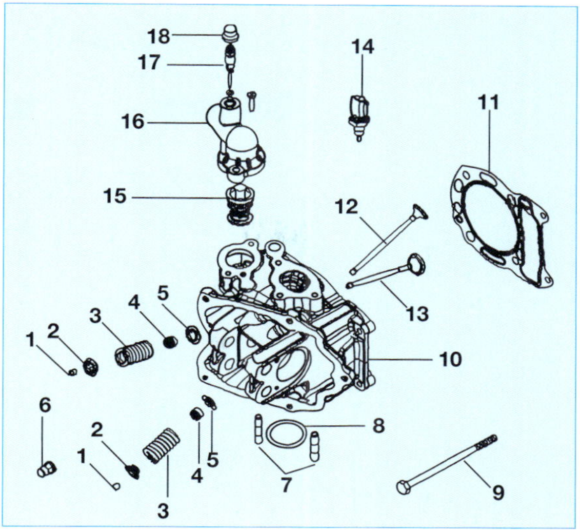

Graphik: Zylinderkopf und Ventile Vierventilmotor; 1 = Kegel, 2 = Federdeckel, 3 = Ventilfeder, 4 = Dichtring, 5 = Federlager (1-5 je 4 x), 6 = Mutter (4 x), 7 = Stehbolzen, 8 = Auspuffdichtung, 9 = Zylinderbolzen (2 x), 10 = Zylinderkopf, 11 = Zylinderkopfdichtung, 12 = Auslaßventil (2 x), 13 = Einlaßventil (2 x), 14 = Thermofühler, 15 = Thermostat, 16 = Gehäuse, 17 = Entlüftungsventil, 18 = Mutter. Fotos: Vierventil-Zylinderkopf.

Laufflächen im Zylinderkopf wahrscheinlich. Dann müssen Kopf und Nockenwelle ausgetauscht werden. Die **Nocken** der Welle und am Ventilheber dürfen nicht abgenutzt sein, die **Feder** darf nicht überdehnt sein. Auch den Gummianschlag und die Glocke auf Abnutzung prüfen. Dann den Zustand der **Schwinghebel** und der zugehörigen **Bolzen** kontrollieren; die Schwinghebel dürfen kein merkliches radiales Spiel auf den Bolzen zeigen.

III. EINBAU- UND EINSTELLARBEITEN

Kolbenringe – Einbau: Beim Zusammenbau der „thermischen Einheit" mit dem Einbau bzw. der Erneuerung der Kolbenringe beginnen. Die Ringnuten **reinigen,** z. B. mit einem Stück alten Kolbenrings, das am Ende scharfgeschliffen wurde.

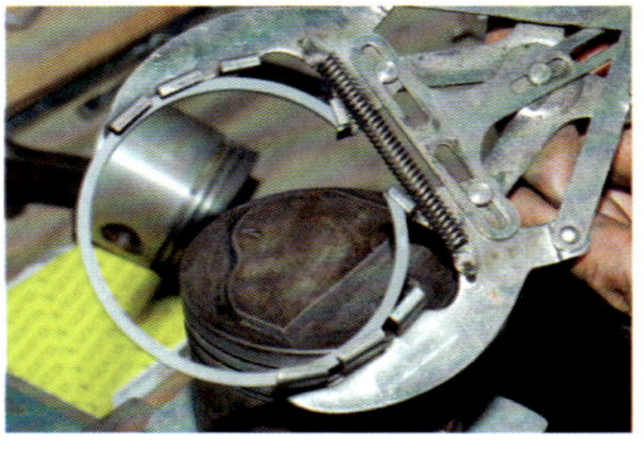

Zum Reinigen der Ringnuten am Kolben benutzt man praktischerweise ein Stück des jeweils passenden Alt-Kolbenrings, der zu diesem Zweck durchgebrochen und an einem Ende scharf und rechteckig geschliffen wird. Das Bild unten zeigt, wie ein neuer Kolbenring mit der Spezialzange gespreizt wird, damit er leicht und bruchfrei eingesetzt werden kann.

Zum Einsetzen der Ringe benutzt man am besten eine Kolbenring-Spreizzange, wie sie bei Internet-Anbietern leicht zu finden ist (s. Foto).
Zuerst den unten liegenden **Ölabstreifring** einsetzen; dabei muß die Öffnung der Federbindung gegenüberliegen und die Markierung **„Top"** nach **oben** zum Kolbenboden zeigen. Den **mittleren, flachen Ring** ebenfalls mit dem Kennbuchstaben oder der Marke **„Top"** nach oben zum Kolbenboden hin einsetzen; dies gilt auch für den oberen Ring, der z. B. beim 250-cm³-Motor einen L-förmigen Querschnitt hat. Dann die **Stoßenden der Kolbenringe** ausrichten; sie müssen um jeweils **120° zueinander versetzt** sein.

Kolben – Einbau: Der Kolben muß so eingesetzt werden, daß der **Pfeil** Richtung Auslaß zeigt. **Kolbenbolzen** einschieben und **Sicherungsclipse** einsetzen; dazu vorsichtig mit Spitzzange und Schraubendreher arbeiten; Werkstätten besitzen ein Spezial-Werkzeug. Zum Schutz des Kolbens Lappen in die Bohrung legen, Kolben nicht verkratzen

Zylinderfußdichtung – Auswahl und Einbau: Nach Reinigung der Dichtfläche eine neue **Zylinderfußdichtung** auflegen; dabei auf vorhandene **Paßhülsen** am Steuergehäuse achten - sie müssen sauber sitzen. **Achtung:** Der Originaldichtungssatz enthält Zylinderfußdichtungen in **drei Stärken.** Wurde der Zylinderkopf nicht nachgeschliffen, die Dichtung in der bisherigen Stärke verwenden.
Die Dicke alt/neu muß mit einer Mikrometerschraube verglichen werden. Wurde der Kopf z. B. um 0,2 mm abgeschliffen, muß eine um 0,2 mm dickere Dichtung verwendet werden. Wir empfehlen, auf jeden Fall den Rat einer **Vespa-Werkstatt** einzuholen. Die passende Dichtung vorsichtig über Stehbolzen und Kolben nach unten führen.

Zylinder – Einbau: Zylinder und vor allem Zylinderlaufbahn sorgfältig **reinigen** und auf Beschädigungen prüfen. Riefige oder innen unrunde Zylinder müssen **ausgeschliffen** oder ersetzt werden. Nach dem Ausschleifen **Kolben mit Übermaß**

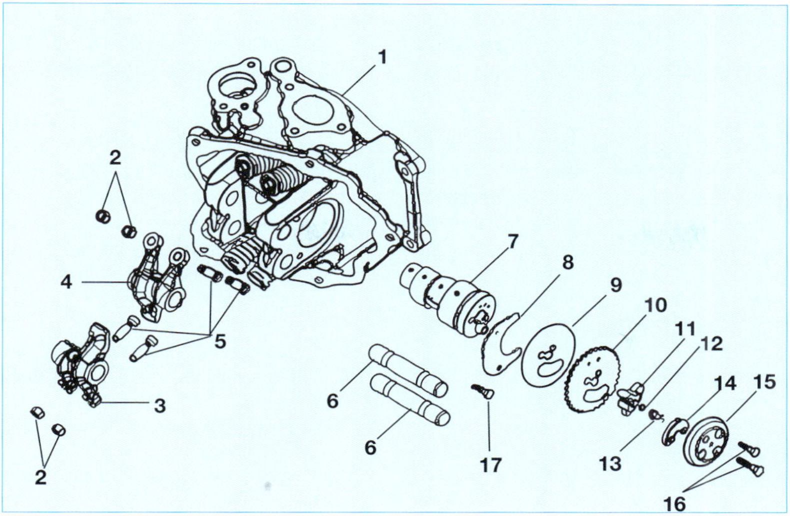

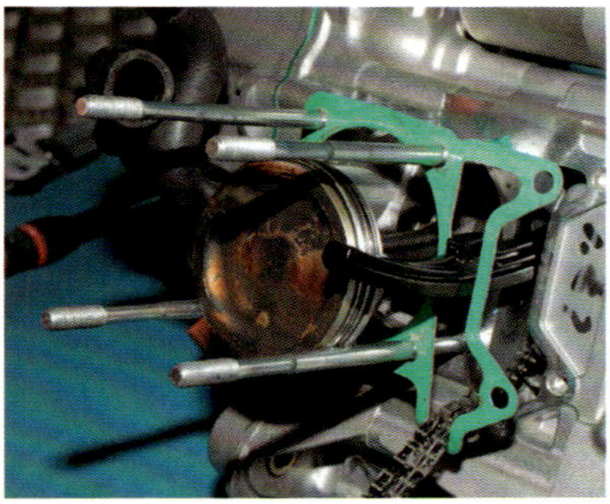

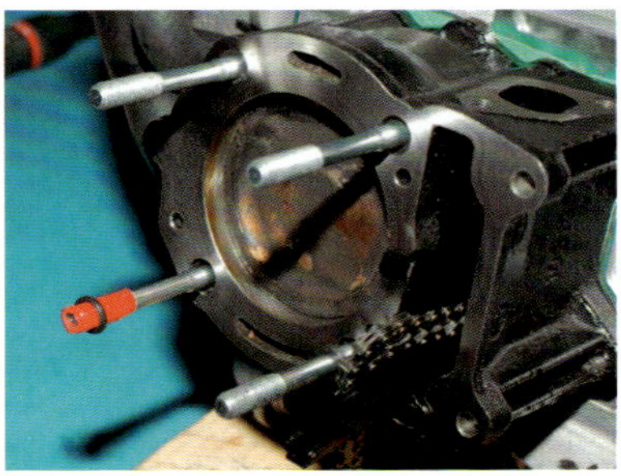

Graphik: Zylinderkopf mit Ventilsteuerung; 1 = Zylinderkopf mit Ventilen und Ventilfedern, 2 = Zylinderkopfmuttern, 3 = Schwinghebel Auslaß, 4 = Schwinghebel Einlaß, 5 = Ventileinstellschrauben, 6 = Schwinghebelachsen, 7 = Nockenwelle, 8 = Halteplatte, 9 = Platte, 10 = Antriebsritzel, 11 = Gegengewicht, 12 = Dichtung, 13 = Feder, 14 = Gewicht, 15 = Glocke, 16 = Verschraubung, 17 = Schraube. Foto oben: Die Zylinderfußdichtung muß nach jedem Eingriff erneuert werden. Sie wird in verschiedenen Stärken geliefert. Der richtige Wert hängt davon ab, ob der Zylinderkopf bereits einmal geplant wurde oder nicht. Foto unten: der mit neuer Fußdichtung wieder eingebaute Zylinder. Die O-Dichtringe an den Bolzen dürfen nicht vergessen werden; Isolierband an den Gewinden schützt vor Rubbelschäden.

verwenden. Auch hierzu gibt die Vespa-Werkstatt Auskunft.

Zum Einbau Laufbahn leicht **einölen** (Motoröl) und Zylinder über Stehbolzen und Kolben nach unten absenken; dabei **Steuerkette** mit einem Draht durch das Steuergehäuse führen und festhalten. Darauf achten, daß die **Gleitschienen** der Steuerkette paßgenau in den Schacht gleiten. Obere Schiene im Kurbelgehäuse mit Mutter befestigen.

Das Schwierigste ist das **Schieben des Zylinders über die Kolbenringe**. Die Werkstatt hat ein Spezialwerkzeug, das die Kolbenringe zusammendrückt; eine entsprechende **Spannvorrichtung** ist auch im Fachhandel oder über Internet erhältlich und nicht besonders teuer. Mit Geschick und angemessener Vorsicht geht es aber auch so: Einen Ring nach dem anderen **von Hand zusammendrücken** und die unten im Bereich von 2 mm schräge und etwas breitere Zylinderlaufbahn auf den Ring setzen. Den derart leicht vorgespannten Ring dann **ganz vorsichtig** mit einem schmalen **Hartholzstück** und einem **Kunststoffhammer** in die Laufbahn schlagen. Ein **Helfer** hält derweil den Zylinder in Position. Nach Einführen aller drei Ringe den Zylinder vollständig absenken. Die Befestigungsmuttern, die den Zylinder auf den Stehbolzen fixieren, können erst angesetzt werden, wenn der Zylinderkopf montiert ist – Hinweise siehe dort.

Ventile werden bei allen Viertaktmotoren auf die gleiche Weise eingeschliffen; im Bild der Kopf eines BMW-Motors. Als Werkzeug dient ein Stab mit Saugnapf. Die Auflageflächen werden mit spezieller Ventileinschleifpaste bestrichen.

Ventile einschleifen: Kleinere Unebenheiten an den Auflageflächen **gebrauchter Ventile** können durch Schleifen beseitigt werden, wenn die Grundwerte noch innerhalb der Toleranzen liegen; **neue Ventile** in jedem Fall auf die Ventilsitze einschleifen. Dazu **Spezial-Schleifmittel** auf die Ventilsitze auftragen. Ventil von unten einführen, Werkzeug zur Drehung des Schafts anbringen und Ventil unter leichtem Druck abwechselnd nach rechts und links drehen, bis eine hundertprozentige Angleichung erreicht ist; Dichtigkeit mit Benzin prüfen wie oben beschrieben.

Ventile, Ventilfedern – Einbau: Prüfen, ob die Ventile nicht vertauscht wurden. Ventile im Stößelbereich leicht **einölen.** Nun zuerst die **Auflagen** der Ventilfedern am Zylinderkopf anbringen und die vier **Dichtungsringe** einsetzen; dazu Schlagdorn verwenden. Dann die Ventile und die **Federn** montieren; die Markierungsfarben müssen auf die Keile weisen. Federn mit geeignetem Werkzeug (Spezialzange, Zubehörhandel) zusammenpressen. Die oberen Sicherungsteller und die Keile einsetzen; dabei **Achtung:** Die kegelförmigen Teller müssen sicher einrasten; sonst können die Federn herausspringen und Schäden am Zylinderkopf bzw. Verletzungen an Personen hervorrufen.

Zur **Kontrolle** mit einem Kunststoff- oder Gummihammer leicht oben auf die Ventilstößel schlagen, damit sich die Ventile richtig setzen können; prüfen, ob die Ventile sauber anliegen und korrekt schließen. **Achtung Verletzungsgefahr:** Nicht zu stark auf die Stößel schlagen und dadurch womöglich die Sicherungsteller lösen.

Zylinderkopf – Einbau: Alle Elemente müssen **perfekt gereinigt** sein. Alle Paßflächen sowie die neue Dichtung müssen absolut **sauber** und fett-/ölfrei sein.

Zuerst eine **neue Zylinderkopfdichtung** über die – je nach Montagestadium – aus dem Zylinder ragende Steuerkette ziehen und aufsetzen; den **Sitz der Paßhülsen** kontrollieren.

Wichtig: Nicht vergessen, neue **O-Ringe** über die Stehbolzen zu schieben; sie dichten Kopf und Zylinder gegen den Kühlmantel ab: zum Schutz der empfindlichen Gummis die Gewinde der Bolzen mit **Isolierband** abkleben. Dann Zylinderkopf über die Stehbolzen und Paßhülsen bis zum Anschlag auf den Zylinder setzen.

Die vier **Spezialmuttern SW 12**, die gleichzeitig Zylinder und Zylinderkopf fixieren, leicht mit Motoröl benetzen, von Hand beidrehen und dann über Kreuz in drei Stufen anziehen; Werte für **Einspritzer: 1.** mit **Drehmoment 7 Nm, 2.** mit **Drehmoment 10 Nm, 3.** mit einem Schlüssel, der eine **Gradscheibe** hat, um **270°** anziehen. Den Schlüssel zur Not bei einer Werkstatt ausleihen. Erst danach die beiden seitliche **Sicherungsschrauben** SW 10 festziehen, und zwar mit **Drehmoment 11 - 12 Nm.**

Achtung: Für die **LEADER-Vergaser-**Motoren gelten andere Werte: **1.** mit **Drehmoment 7 Nm, 2.** mit einem Schlüssel, der eine **Gradscheibe** hat, um **90°, 3.** um weitere **90°.** Alle Werte nochmals im Anhang.

Ventilsteuerung – Einbau: Falls es entfernt wurde: Das **Antriebsritzel** der Steuerkette muß so auf die Kurbelwelle gesetzt werden, daß die Abschrägung zur Kurbelwelle zeigt. Dann die **Steuerkette** auf das Ritzel legen und durch den Zylinder führen.

Gleitschienen für die Steuerkette einsetzen und zusammen mit dem Abstandshalter am Kurbelgehäuse verschrauben, **Drehmoment 11 - 13 Nm.** Jetzt die **Schwinghebel** zusammen mit ihren **Lagerbolzen** leicht einölen und in den Zylinderkopf setzen.

Nockenwellen-Lager auf der Welle und im Zylinderkopf einölen und die **Nockenwelle** so in den Zylinderkopf schieben, daß die Nocken an den gegenüberliegenden Seiten der Schwinghebel vorbeigleiten können. Das **Sicherungsblech** aufsetzen und die beiden Schrauben anziehen, **Drehmoment 4 - 6 Nm.** Die **Abstandshaltescheibe** auf die Nockenwelle setzen.

Steuerzeiten einstellen: Jetzt erfolgt die **Einstellung der Steuerzeiten,** die absolut korrekt sein muß, damit der Motor hinterher einwandfrei läuft und keine Schäden auftreten können. Dazu zuerst den Kolben auf den **oberen Totpunkt (OT)** des Verdichtungstakts stellen, d. h. alle vier Ventile sind geschlossen. Mit einem Inbusschlüssel SW 8 die **Plastikabdeckung** am Lichtmaschinendeckel ausdrehen. Nun das Schwungrad so weit (in Fahrtrichtung) drehen, bis die **Markierung** auf dem **Rotor** auf die **Markierung am Lichtmaschinendeckel** zeigt. **Achtung:** Die Einstellschrauben der Ventile müssen vollständig entlastet sein; notfalls Konterung lösen und Schrauben lockern. Die Zündkerze sollte ausgebaut sein.

Die beschriebene Position blockieren, die **Steuerkette** auf das **Nokkenwellenritzel** legen und Ritzel auf die Nockenwelle setzen. Dabei **Achtung:** Der **Pfeil** neben der **Markierung „4V"** muß dabei exakt mit der **Markierung am Zylinderkopf** fluchten; wenn gleichzeitig die Markierungen am Schwungrad fluchten, steht der Kolben auf dem **OT des Verdichtungstaktes**; ist dies nicht der Fall, Kurbelwelle noch einmal um 360° drehen.

Gibt es Probleme mit der Übereinstimmung der Markierungen am Zylinderkopf, das Nockenwellenritzel mit der Steuerkette noch einmal von der Welle ziehen und Kette um ein Glied vor- oder zurücksetzen; Rad wieder aufsetzen und Marken prüfen. **Achtung:** Die Arbeit erfordert viel Geschick; im Zweifelsfall auf die Fachwerkstatt zurückgreifen. Schwere **Motorschäden** sind sonst vorprogrammiert.

Bei der Einstellung der Steuerzeiten am Vierventil-Motor muß äußerst sorgfältig vorgegangen werden, da sonst beim Starten des Triebwerks unverzüglich ein Motorschaden eintreten kann. Bildreihe links von oben: Ausdrehen des Verschlußstopfens der Kontrollöffnung auf dem Lichtmaschinendeckel. Mitte: Strichmarkierung auf dem Rotor und Dreieck an der Deckelöffnung müssen miteinander fluchten. Unten: Die Rotor-Markierung bei abgenommenem Deckel. Foto oben rechts: Der Pfeil an der Markierung „4V" muß exakt mit der Marke auf dem Zylinderkopf fluchten.

Hinweis: Beim Einstellen der Steuerzeiten und des Ventilspiels die Kurbelwelle stets nur in Fahrtrichtung drehen, von rechts gesehen also im Uhrzeigensinn.

Ventilhebevorrichtung – Einbau: Das **Ausgleichsgewicht** anbringen und die Befestigungsschraube mit **Gefühl** anziehen. Den **Anschlagring** an die **Ventilhebermasse** setzen, die **Ventilhebernocke** auf die Nokkenwelle schieben und die **Rückholfeder** einbauen; dazu Feder um 180° vorspannen.
Wichtiger Punkt ist der Einbau der **Ventilheberglocke;** zur Orientierung dient die Befestigungsschraube des Ausgleichsgewichts. Die **zentrale Befestigungsschraube** fixiert gleichzeitig das Nockenwellenrad und die Steuerzeiten. Die Schraube mit Feingefühl **bzw. 11 - 15 Nm** festziehen.

Das Ventilspiel muß bei den LEADER-Motoren in der Regel alle 12.000 km (genaue Intervalle s. Anhang) und bei den QUASAR-Motoren alle 20.000 km geprüft und notfalls korrigiert werden. Dazu Kontermutter lockern, Spiel mit der Stellschraube so einstellen, daß sich das jeweils passende Meßblatt knapp durchschieben läßt.

Kettenspanner – Einbau, Einstellung: Am ausgebauten Kettenspanner die zentrale Verschraubung lösen (SW 10) und die **Feder** herausnehmen. Sperrklinke niederdrücken, damit die Spannvorrichtung ganz zurückweichen kann. Dann Kettenspanner zusammen mit seiner Tragvorrichtung und möglichst einer **neuen Dichtung** einbauen und festschrauben (zwei MS SW 8, **Drehmoment 11 - 13 Nm**). Alternativ Flüssigdichtung verwenden. Die Kette wird nun automatisch gespannt. Die **Feder** mit der Schraube und Unterlegscheibe einsetzen und mit **Drehmoment 5 - 6 Nm** anziehen.
Nun muß die Kurbelwelle – bei weiterhin ausgebauter Zündkerze – drei- bis viermal **von Hand durchgedreht** werden. Danach prüfen, ob sämtliche Markierungen noch exakt miteinander fluchten, sonst alles noch mal neu einstellen.

Ventilspiel - Prüfung, Einstellung: Nach Demontage und Instandsetzung von Zylinder- und Zylinderkopf sowie routinemäßig muß bei den QUASAR-Motoren alle 20.000 km das **Ventilspiel** eingestellt werden (für die LEADER-Modelle gelten kürzere Intervalle, s. technische Daten im Anhang.) Das Spiel beträgt bei kaltem Motor (alle Modelle) bei den **Einlaßventilen 0,10 mm,** bei den **Auslaßventilen 0,15 mm.**
Tip: Die Ventile lassen sich auch **bei eingebautem Motor** einstellen; dazu muß der Motor vorn abgesenkt werden (s. Kap. Motorausbau).
Zündkerze ausbauen, wenn nicht schon geschehen. Anderenfalls ist die Kompression zu hoch. Nun die **Kurbelwelle** (in Fahrtrichtung) drehen, was am besten mit einem Stirnlochschlüssel geht, der in den Korb vor dem Nockenwellenritzel gesteckt wird.
Die **Plastikabdeckung** am Lichtmaschinendeckel ausdrehen. Nun das Schwungrad so weit drehen, bis die **Markierung am Rotor** auf die **Markierung am Lichtmaschinendeckel** zeigt (Oberer Totpunkt des Kolbens im Verdichtungstakt). Gleichzeitig muß der **Pfeil** neben der **Markierung „4V"** auf dem Nockenwellenritzel mit der **Markierung am Zylinderkopf** fluchten, dann befindet sich der Kolben im **oberen Totpunkt des Verdichtungstaktes,** alle **Ventile sind geschlossen. Achtung:** Befindet sich die „4V"-Markierung auf der gegenüberliegenden Seite der Zylinderkopf-Markierung, muß die Kurbelwelle noch einmal um 360° gedreht werden.
Zum **Einstellen des Spiels** die Vierkant-Enden der Einstellschrauben mit einer Spitzzange festhalten, die Muttern SW 8 etwas lösen (am besten mit einer Stecknuß) und die Stellschrauben so verdrehen, bis

das Spiel stimmt. Muttern wieder anziehen **(Drehmoment 6 - 8 Nm).** Anschließend Spiel nochmals prüfen. **Achtung:** Schädlich ist vor allem zu geringes Spiel; besonders die Auslaßventile können durchbrennen oder abreißen. Zu großes Spiel macht sich durch starkes Tickernl im Zylinderkopfbereich bemerkbar. Einsetzen der **Plastikabdeckung** am Schwungrad nicht vergessen.

Zylinderkopfdeckel – Einbau: Jetzt den **Zylinderkopfdeckel** montieren, dabei eine **neue Dichtung** verwenden. Eine gut erhaltene gebrauchte Dichtung kann wiederverwendet werden, wenn sie beidseitig dünn mit **Flüssigdichtmittel** (Loctite oder Reinz) bestrichen wird. Den perfekten Sitz der Dichtung kontrollieren. Die fünf Schrauben werden mit **Drehmoment 6 - 7 Nm** angezogen. Zuletzt die **Kurbelgehäuseentlüftung** aufsetzen und die vier Torx-Schrauben TX 25 festziehen. Den **Schlauch** mit Schelle befestigen. Den **Ansaugstutzen** mit seinen drei Schrauben befestigen, **Drehmoment 11 - 13 Nm.**

Zündkerze – Einbau: Zuletzt neue oder geprüfte und gereinigte Zündkerze einsetzen und vorsichtig festdrehen, dabei **Drehmoment 12 - 14 Nm** einhalten. Weitere Hinweise zu Zündkerze, Zündung, Zündanlage weiter hinten im Buch, ebenso zum Anbau von Anlasser und Vergaser (GT 125, GT 200) bzw. Einspritzanlage (GTS-, GTV-Modelle).

Kompression prüfen: Mangelhafte Kompression kann viele Ursachen haben: verschlissene oder beschädigte Kolbenringe, eine riefige und ausgeriebene Zylinderwand, Undichtigkeiten zwischen Zylinderkopf und Zylinder, **abgenutzte, undichte Ventile** oder defekte Ventilsitze.
Geprüft wird nach Warmlaufenlassen des Motors mit einem handelsüblichen Kompressionsprüfgerät. Dazu Kerzenstecker abziehen und Zündkerze herausdrehen. Dann Hohlwelle des **Kompressionsprüfers** in die Zündkerzenbohrung einführen und mit der Hand festschrauben.
Achtung: Hinterrad muß frei drehen können! Zündung einschalten, Vollgas geben und Motor mit dem E-Starter so lange durchdrehen, bis der angezeigte Druck nicht mehr weiter ansteigt. Wenn Kolben, Zylinderkopf, Ventile und Zylinder in Ordnung sind, muß die Kompression zwischen 8,5 und 12,0 kg/cm² liegen. Liegt der Druck unter 8,5 kg/cm², müssen die **Ursachen** ermittelt werden.
Zuerst Zylinderkopfdeckel abnehmen und prüfen, ob die **Zylinderkopfschrauben** mit dem vorgeschriebenen Drehmoment angezogen sind. Defekten **Kolbenringen** kommt man ganz einfach auf die Spur, etwas Motoröl in die Zündkerzenbohrung spritzen, dann zweite Messung durchführen. Wird eine höhere Kompression angezeigt als beim ersten Mal, dichten die Ringe nicht mehr richtig ab; (das eingespritzte Öl erzeugt vorübergehend eine bessere Abdichtung.) Bei einer Kompression von weniger als 8,0 kg/cm² müssen Kolben und Zylinder und Zylinderkopf zusammen mit den Ventilen überholt werden.

Die Computerzeichnung zeigt den Aufbau des Piaggio-Vierventil-Viertaktmotors mit seiner obenliegenden, kettengetriebenen Nockenwelle, den Stößeln mit ihren Einstellschrauben und Lagerbolzen, den Ventilen und dem Kurbeltrieb.

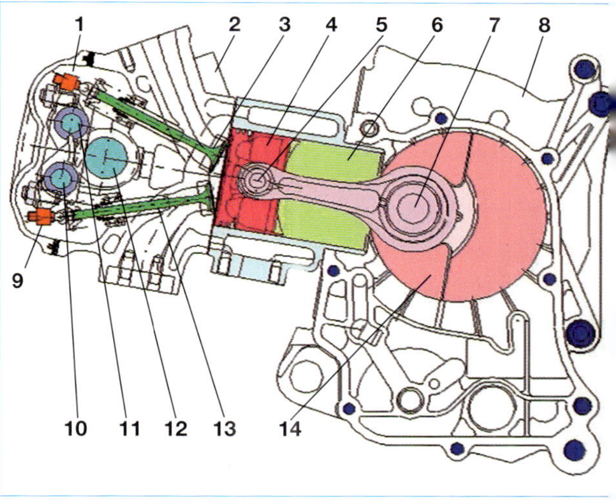

1 = Schwinghebel Einlaß, 2 = Zylinderkopf, 3 = Einlaßventil, 4 = Kolben, 5 = Kolbenbolzen, 6 = Zylinderlaufbahn, 7 = Pleuel, 8 = Kurbelgehäuse, 9 = Schwinghebel Auslaß, 10 = Schwinghebelwelle Auslaß, 11 = Schwinghebelwelle Einlaß, 12 = Nockenwelle, 13 = Auslaßventil, 14 = Kurbelwelle, Wangen.

Antrieb mit Variator, Keilriemen und Kupplung: Zerlegung, Wartung, Einstellung

Fotos unten: Abnehmen des Anlasser-Massekabels zusammen mit einer vorderen Gehäuseschraube. Darunter: Vom Stützlager abgeschraubte Mutter SW 19 mit ihrer Unerlegscheibe. Drei Bilder rechts von oben: Abnehmen der Abdeckkappe; Lösen der Mutter bei gleichzeitigem Blockieren des Kupplungskorbs mit einem Schraubendreher; Lösen der zehn Schrauben SW 8 rundum.

Keilriemenautomatik allgemein: *Alle Piaggio-Automatikroller haben das gleiche Antriebssystem. Bei den PS-starken Viertakt-Modellen der GT- und GTS-Modelle unterliegt der Keilriemen aufgrund der höheren Motorleistung größerem Verschleiß. Beim Zerlegen und Zusammensetzen der Antriebs-Baugruppen ist die Position der diversen Kleinteile besonders zu beachten – Dichtringe, Scheiben, Distanzhülsen.* ***Achtung:*** *Vor Beginn der Arbeiten Batterie abklemmen!*

Gehäusedeckel – Ausbau: Für alle Arbeiten am Antrieb ist die Abnahme der **Antriebsabdeckung** auf der linken Seite erforderlich. Im Gegensatz zu den kleineren Vespa-Modellen sind die GT- und GTS-Typen nicht mit einem Kickstarter ausgerüstet. Auf dem Gehäusedeckel sitzt ein **Luftleitblech mit Filter,** über den kühlende Luft zum Antrieb strömt; es ist mit drei KS befestigt. Im rückwärtigen Bereich befindet sich ein Stützlager für die Getriebehauptwelle, auf der die Kupplung angebracht ist.
Zuerst die verchromte **Abdeckung** im Bereich der Kupplungsglocke abhebeln. Nach Abklemmen der **Batterie** wird das **Massekabel** des **Anlassers** abgenommen. Das **Stützlager** ist mit einer Mutter SW 19 gesichert; dahinter befindet sich eine Druckscheibe. Kupplung durch die Bohrung mit einem Schraubendreher blockieren und Mutter mit einem Steckschlüssel ausdrehen.
Der **Gehäusedeckel** ist mit 10 gleich langen Schrauben SW 8 am Triebwerksblock befestigt. Sie werden mit Steckschlüssel und Umschaltknarre oder einem Akkuschrauber ausgedreht. **Achtung:** Nicht die drei Schrauben SW 10 lösen, mit der die Ölwanne befestigt ist! **Außerdem beachten:** Drei Deckelschrauben fixieren gleichzeitig einen **Halter** für den Wasser-

Unteres Bild: Meister Rainer Schulz nimmt den Gehäusedeckel bei einem GTS 300 i.e. ab.

Links: Blick auf die Keilriemenautomatik der GTS Super 300 i.e.; links die auf der Kurbelwelle sitzenden treibenden Riemenscheiben mit Variator (verdeckt), Mitte der Keilriemen mit der Stützrolle (ab GT 200), rechts der Kupplungskorb mit den angetriebenen Riemenscheiben (verdeckt). Im Deckel links die Belüftung mit Schaumstoffilter (auch Foto Mitte links), rechts das Stützlager. Foto Mitte rechts: Filter bei der GT 125. Unten links: Abschrauben des Luftfiltergehäuses. Mitte: Gehäuseschraube mit Schlauchhalter. Rechts: So wird der Deckel mit einem Schraubendreher abgehebelt.

schlauch (oben), einen Halter für den Bremshydraulikschlauch (unten) und einen weiteren Halter für Getriebeentlüftung und Bremsschlauch (unten). Den **Ölmeßstab** herausziehen. Die dritte Schraube von vorn fixiert zusammen mit einer dahinterliegenden Mutter das **Luftfiltergehäuse.** Nach dem Lösen von zwei KS kommt das Gehäuse ganz frei. Zum Abnehmen des Deckels muß in der Regel mit leichten **Gummihammerschlägen**

***Automatikantrieb – Funktion:** Die Kurbelwelle überträgt die Kraft auf die **treibende Riemenscheibe** mit dem **Variator,** dann über den **Keilriemen** auf die **getriebenen Riemenscheiben** mit der **Fliehkraftkupplung,** die auf der **Getriebehauptwelle** sitzt.*
*Bei der **treibenden Einheit** läuft der Keilriemen zwischen der **Innenseite des Gebläserades** und der Außenseite des Variators. Das Gebläserad ist starr mit der Kurbelwelle verschraubt, der mehrteilige Variator gleitet auf dem Kurbelwellenstumpf, drehzahlabhängig gesteuert durch **sechs** in drei Führungsschuhen gleitende **Rollen.** Je nach Drehzahl läuft der **Keilriemen** tiefer oder höher zwischen den konischen Scheibenhälften. Mit wachsender Drehzahl vergrößert sich der Abstand zwischen Variator und Gebläserad. Damit kann der **Riemen** tiefer zwischen die **konischen Flächen** dringen, die Übersetzung ändert sich wie bei einem Fahrrad, bei dem vom großen auf das nächst kleinere Hinterradritzel geschaltet wird. Folge: Umdrehungsgeschwindigkeit des Hinterrads und Endgeschwindigkeit wachsen. Bei abnehmender Drehzahl funktioniert das Ganze natürlich umgekehrt.*
*Auch hinten gleitet der **Keilriemen** zwischen konischen Hälften, die auch als **getriebene Riemenscheiben** bezeichnet werden. Die **äußere Halbscheibe** ist über eine Hohlwelle **starr** mit der Kupplung verbunden. Die **innere Halbscheibe** ist **beweglich** und vergrößert wie vorn drehzahlabhängig den Abstand zwischen den **konischen Flächen,** wodurch der Keilriemen tiefer eindringen kann. Die **Kupplung** funktioniert so: Ab einer bestimmten Drehzahl werden die **drei Kupplungsbeläge** per Fliehkraft an die innen liegende Reibfläche der **Kupplungsglocke** gepreßt, die fest auf der verzahnten **Getriebewelle** sitzt. Ist der Kraftschluß hergestellt, wird die Kraft über das Getriebe ans Hinterrad weitergegeben. Beim Gaswegnehmen wird der Kraftfluß automatisch unterbrochen.*

Der Gehäusedeckel muß für zahlreiche Arbeiten an der Antriebseinheit abgenommen werden. Gleichzeitig wird die Befestigung des Luftfilterkastens gelöst.

von der Rückseite her nachgeholfen werden; oder man hebelt ihn von hinten mit einem Schraubendreher ab. Dabei das in den Deckel integrierte **Stützlager** vorsichtig von der Welle treiben. Eine Dichtung ist nicht vorhanden. **Achtung:** Aufpassen, daß der Kupplungskorb nicht herunterfällt!
Das **Stützlager** im Deckel ist mit einem Seegerring gesichert. Es kann mit einem passenden Schlagdorn ausgepreßt werden. Beim Einbau eines neuen Lagers den Lack des Deckels mit einem Lappen schützen.

Gehäusedeckel – Einbau: Deckel am Stützlager sauber ansetzen, alle Schrauben SW 8 mit **Drehmoment 12-13 Nm** anziehen (oder handfest bei entsprechender Erfahrung). Bei zu festem Anziehen besteht die **Gefahr**, daß die Gewinde im LM-Motorblock beschädigt werden. Am besten die Schrauben vor dem Einsetzen leicht **einfetten.** Einbau **Stützlager** s. Kupplung S. 86. Die beiden KS, die den Luftfilterkasten halten, unbedingt mit **Kupferpaste** bestreichen, da hier sonst starke Korrosionsgefahr besteht. Beschädigte Gewinde können ausgebohrt und mit einem Helicoil-Einsatz wieder fit gemacht werden (nur für erfahrene Schrauber).

Riemen-Stützrolle aus- und einbauen: Die Modelle ab 200 cm³ sind mit einer Riemen-Stützrolle ausgerüstet, die bei den älteren Typen aus Metall, bei den neueren aus Plastik besteht und mit einer Spezialschraube gesichert ist. Beim Einbau muß die Metallrolle erhitzt werden. Darauf achten, daß der Stützkragen zum Gehäuse hin weist. Schraube mit **Drehmoment 12 - 16 Nm** anziehen.

Treibende Riemenscheibe – Ausbau: Die **äußere, kurbelwellenfeste Riemenscheibe** mit den integrierten Gebläseschaufeln ist mit einer Mutter SW 19 fixiert, die später durch ein Neuteil ersetzt wird. Das zum Lösen der Mutter erforderliche Gegenhalten ist nur mit **Spezialwerkzeug** (unterschiedlich bei LEADER- und QUASAR-Motor) möglich. Geschickte Bastler können sich auch selbst einen Gegenhalter zum Blockieren der Kurbelwelle anferti-

gen; notfalls das Teil beim **Piaggio-Händler** ausleihen.
Beim Abnehmen der Komponenten und beim späteren Zusammenbau auf **richtige Reihenfolge und Position** achten (von außen nach innen): Mutter SW 19, Scheiben, feste Riemenscheibe mit Gebläseschaufeln, bewegliche Halbscheibe, Distanzhülse, Variatorgehäuse mit Rollen und Schuhen (s. a. Zeichnungen).
Jetzt kann der **Antriebsriemen** abgenommen werden. Dies geht auch, wenn nur die Kupplung abgenommen war; s. dazu folgende Seiten.

Variator – Ausbau: Die **Distanzhülse** auf der Kurbelwelle dient zur Drosselung. Der Variator besteht aus dem Gehäuse und der gleitenden Riemenscheibenhälfte. Herzstück sind die drei **Gleitstücke** und die sechs **Rollen.** Zum **Ausbau** Mutter SW 19 lösen; dazu Variator mit Haltevorrichtung blockieren oder Schlagschrauber benutzen; Federscheibe und Anlaufscheibe abnehmen. Dann äußere Halbscheibe mit Anlaufscheibe, getriebene Einheit mit Kupplung, Antriebsriemen und zuletzt innere Halbscheibe mit Variator abnehmen.

Variator – Wartung, Einbau: Alle Elemente regelmäßig nach Wartungsplan (s. Anhang) auf Schäden überprüfen; Halbschalen bzw. Bronzelager ersetzen, falls abgenutzt. Die sechs Rollen werden nicht mehr gefettet wie bei früheren Modellen. Regulär sind sie alle 10.000 km auszuwechseln.
Die Rollen wandern mit zunehmender Drehzahl und Fliehkraft auf bogenförmigen Formteilen nach außen und drücken damit die innere Platte (versehen mit den grünen Einfassungen) zur Kurbelwelle hin. **Achtung:** Die Rollen sind auf der einen Seite geschlossen, auf der anderen offen. Die offenen Enden müssen immer in Drehrichtung = Fahrtrichtung zeigen. Die Kurbelwelle dreht – von links betrachtet – nach links, also in Fahrtrichtung.

Foto oben: Lösen der Mutter an der Variatoreinheit des GTS 250-Motors mittels Sperrvorrichtung von Piaggio. Beim Einsatz eines Schlagschraubers kann auf die Sperre verzichtet werden.

Bildreihe links von oben: Blockieren und Lösen der Mutter an einem GTS 300 i.e. mit vorn gesicherter Sperrvorrichtung.

Abnahme von Mutter, Federscheibe und äusserer Anlaufscheibe von der äußeren, über die Verzahnung angetriebenen Halbscheibe mit ihren integrierten Lüfterflügeln.

Abnehmen der äußeren Halbscheibe (Lüfterflügel verdeckt auf der Rückseite) mit der inneren Anlaufscheibe; zu erkennen der ringförmige Sitz der Anlaufscheibe und die Verzahnung an Halbscheibe und Kurbelwellenstumpf.

Rechts: Zuletzt die innere Halbscheibe mit dem Variator (verdeckt auf der Rückseite) und der Distanzbuchse abnehmen. Innere Halbscheibe und Variator laufen frei.

Antriebsriemen – Kontrolle, Einbau: Die Kraft wird durch einen nylonverstärkten **Keil-Zahnriemen** übertragen, der unter normalen Bedingungen eine sehr hohe Lebenserwartung hat. Trotzdem kann es in Einzelfällen vorkommen, daß der Riemen reißt. Ursachen sind entweder (äußerst selten auftretende) Materialfehler oder fortgeschrittener Verschleiß. **Abnutzung** erkennt man an brüchigem Gummi oder heraushängenden Fadenteilen der Nylonarmierung. Riemen dann sofort austauschen. Das gilt auch dann, wenn der Riemen **ölverschmiert** ist, etwa durch ausgetretenes Getriebeöl. Dann muß das Getriebe neu abgedichtet werden (Details s. entsprechendes Kapitel).

Mitte links: Variator mit Rollen, Variatorplatte und Gleitschuhen. Mitte rechts: Die offenen Enden der Rollen müssen in Fahrtrichtung zeigen.

Tritt beim Fahren ein spürbares Rucken auf, ist die Beschleunigung schlecht oder wird die normale Höchstgeschwindigkeit nicht mehr erreicht, kann ein **überdehnter Antriebsriemen** die Ursache sein. Ursache: **Materialermüdung, Überbeanspruchung** z.B. durch ständiges Fahren mit maximaler Zuladung. Abhilfe: sofortiger Austausch. Piaggio empfiehlt unabhängig davon, den Antriebsriemen regelmäßig zu ersetzen (s. Wartungsplan).

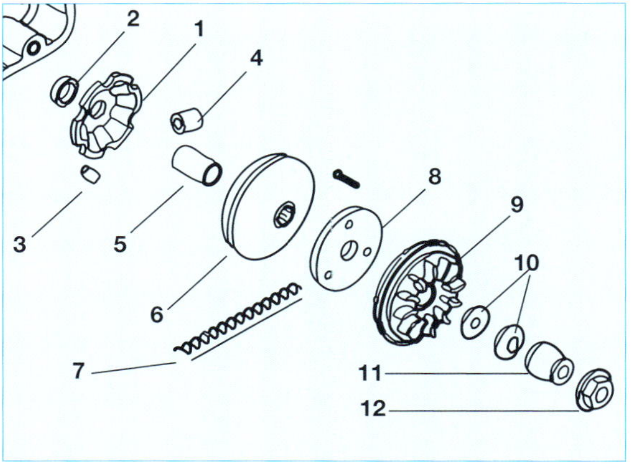

Graphik: Variator GT 125: 1 = Variatorplatte, 2 = Distanzring, 3 = Gleitstück (3 x), 4 = Rolle (6 x), 5 = Distanzbuchse, 6 = gleitende Riemenscheibe, 7 = Keilriemen, 8 = Innenplatte mit Schrauben, 9 = kurbelwellenfeste Riemenscheibe mit integriertem Lüfter, 10 = äußere Anlaufscheibe und Federscheibe, 11 = Zahnfederbecher, 12 = Mutter.

Treibende Riemenscheibe, Variator, Keilriemen – Einbau: Nach Totalzerlegung zuerst den **Variator** zusammenbauen. Die **Rollen** in die Nuten der **beweglichen Halbscheibe** setzen, und zwar so, daß die größeren Auflageflächen in Drehrichtung liegen. Die Einheit mit der

Graphik **GTS 250/300:** treibende Riemenscheiben und Variator; 1 = Kurbelwelle, 2 = Variatorplatte, 3 = Gleitstück (3 x), 4 = Rolle (6 x), 5 = Distanzstück, 6 = gleitende Riemenscheibe, 7 = innere Anlaufscheibe, 8 = kurbelwellenfeste Riemenscheibe (über innere Verzahnung) mit integriertem Lüfterrad, 9 = äußere Anlaufscheibe, Federscheibe, 10 = Mutter, 11 = Stützrolle, 12 = Schraube, 13 = Keilriemen. **Achtung:** Beim **GT 125** fehlt Position 11 (Stützrolle).

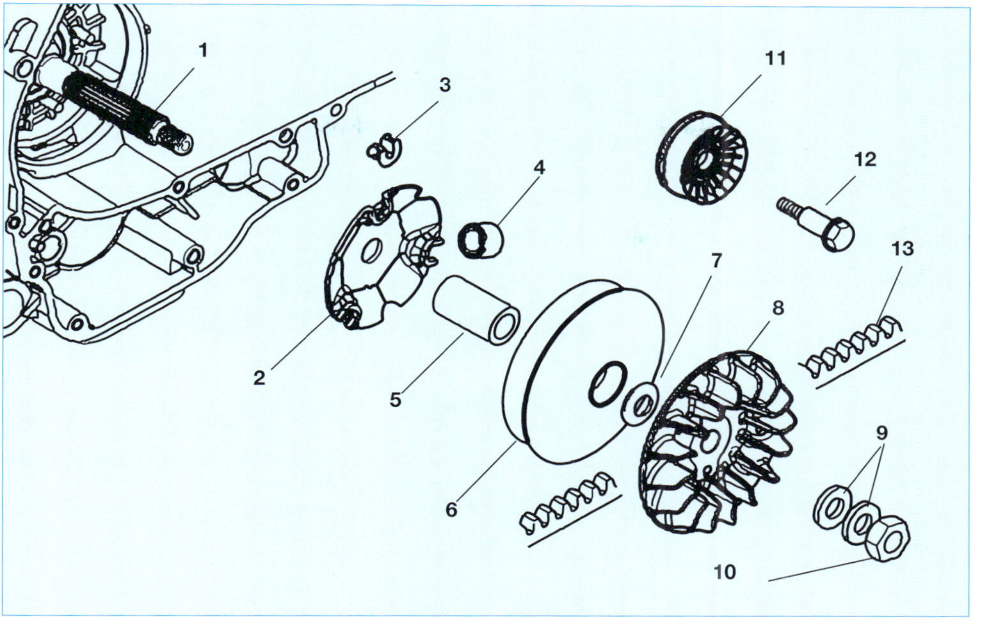

Links: Antrieb der GT 125, der ohne die Stützrolle auskommt; vgl. dazu auch das Foto auf Seite 81 oben; dort ist der Antrieb der GTS 300 i.e. mit Stützrolle abgebildet. Ansonsten sind die Antriebseinheiten der großen und kleinen Motoren weitgehend identisch konstruiert; vorn links die treibende Einheit mit dem (verdeckten) Variator, hinten rechts die angetriebene Einheit mit der Kupplungsglocke.

Kleines Foto oben: Beim Auflegen des Keilriemens muß die Beschriftung lesbar sein.

Oben Mitte: Kupplungsglocke der GT 125; sie darf keine Riefen haben. Daneben: Kupplungsglocke der GTS 300 i.e.; links oben im Bild die Stützrolle.

Zweites Bild von oben: die Kupplung mit den drei gut zu erkennenden Reibbelägen.

Bilder unten: Die Kupplungseinheit läßt sich komplett mit dem Keilriemen abziehen.

Buchse auf die Kurbelwelle schieben. Jetzt den **Keilriemen** lose auflegen, aber immer so, daß die **Schrift lesbar** ist, Drehrichtung beachten!

Hinweis: War nur der Kupplungskorb demontiert, paßt der Antriebsriemen nur dann zwischen Variator und feste Riemenscheibe, wenn hinten genügend Luft ist; er muß sich **frei bewegen** können, da sonst das Anzugsdrehmoment verfälscht wird. Dazu hinten die bewegliche Halbscheibe zunächst von Hand so weit von der festen Scheibenhälfte abdrücken, daß der **Zahnriemen tief genug zwischen die konischen Flächen** rutschen kann.

Erst dann kann vorne fertigmontiert werden. Dazu die **Stahl-Unterlegscheibe** an die **Buchse** legen und die **feste Antriebs-Riemenhalbscheibe** komplett mit **O-Ring** aussen am **Lüfterrad** anbringen.

Achtung: Bei Modellen mit **LEADER-Motor** ist der **Starterkranz** Bestandteil des Lüfterrads. Außerdem sitzt hier zwischen Variator und fester Halbscheibe ein **Drehmomentbegrenzer** (Buchse). Diesen so auf die Kurbelwelle setzen, daß die **Markierungen** auf dem Starterkranz und auf der festen Antriebs-Riemenhalbscheibe aufeinander ausgerichtet sind oder zumindest so dicht wie möglich beieinander lie-

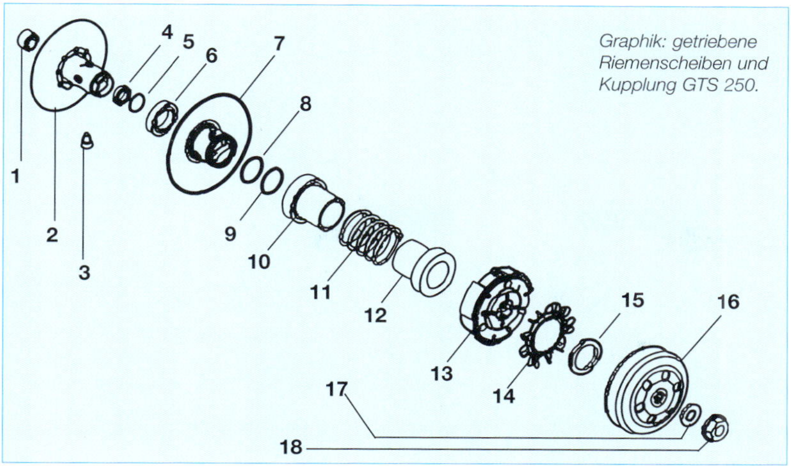

Graphik: getriebene Riemenscheiben und Kupplung GTS 250.

1 = Nadellager, 2 = feste Riemenscheibenhälfte, 3 = Führungsbolzen, 4 = Kugellager, 5 = Sprengring, 6 = Simmerring, 7 = gleitende Riemenscheibenhälfte, 8 = Dichtung, 9 = O-Ring, 10 = Becher, 11 = Feder, 12 = Becher, 13 = Kupplung mit aufgeklebten Reibbelägen, 14 = Lüfterrad, 15 = Mutter, 16 = Kupplungsglocke, 17 = Ausgleichsscheibe, 21= Stützlagermutter.

gen; anderenfalls wird die Kühlleistung beeinträchtigt.
Bei allen Modellen zuletzt die **kurbelwellenfeste Halbscheibe** mit ihren Gebläseschaufeln und den Unterlegscheiben und einer **neuen Mutter SW 19** aufsetzen. Mutter mit **Drehmoment 75 - 83 Nm** anziehen. Gebläsescheibe dabei mit Spezialwerkzeug blockieren.

Kupplung und angetriebene Riemenscheiben – Aus-/Einbau: Die Einheit besteht aus folgenden Baugruppen (von außen nach innen, s. a. Zeichnung): **Kupplungsglocke, Fliehkraftkupplung** mit Gebläsescheibe, **Federsystem,** mit der Kupplung verbundene **Riemenscheibenhälfte** und fest auf der Getriebewelle sitzende **Riemenscheibenhälfte.** Nachdem die außen liegende Mutter SW 19 zusammen mit dem **Gehäusedeckel** und dem **Stützlager** abgenommen worden ist (s. Anfang des Kapitels), kann die Kupplungsglocke einfach abgezogen werden.
Vor dem Einbau die Kupplungsglocke innen auf Riefen prüfen. In jedem Fall mit Bremsenreiniger säubern und leicht mit 400er Schmirgel abziehen. Nach Abnahme der Glocke läßt sich die komplette Einheit auch dann abnehmen, wenn der Keilrie-

Oben: Abnahme der angetriebenen Einheit samt Kupplung und Antriebsriemen bei der GTS 300 i.e. Unten: Blick auf das nackte Antriebsgehäuse ohne die beiden Triebsätze.

men vorn noch auf dem Variator läuft. Dazu sind allerdings Kraft und Geschick erforderlich.

Kupplungseinheit – Einbau: Keilriemen auflegen, dabei Scheibe drehen. Riemenscheibe und Kupplung mittels Wasserpumpenzange vorspannen, wie auf dem Foto rechte Seite gezeigt; dabei Lappen unterlegen, um Beschädigungen zu verhindern. **Vorsicht:** Das Ganze steht unter Spannung, Klemmgefahr! Schließlich die komplette Einheit mit dem Keilriemen auf die Getriebewelle schieben. Dabei möglichst wenig verkanten, auf keinen Fall Gewalt anwenden.
Gesichert werden kann die Kupplungseinheit erst, nachdem der Gehäusedeckel mit dem Stützlager aufgesetzt wurde. Das **Gewinde** der Getriebewelle sollte stets mit einer Drahtbürste **von Kleberresten befreit** werden.
Achtung: Die Mutter SW 19 muß stets durch eine neue Mutter ersetzt werden, die nur im Piaggio-Fachhandel erhältlich ist; Mutter mit **Drehmoment 54 - 60 Nm** anziehen. **Tip:** das Wellengewinde mit flüssiger **Schraubensicherung** bestreichen. Die Mutter könnte sich sonst selbständig machen.

Kupplung und angetriebene Riemenscheiben – Zerlegung, Wartung: In der Regel muß die Kupplung nicht zerlegt werden. Es genügt, die außen liegenden Beläge leicht abzuschmirgeln. **Achtung:** Beim Auseinander- und Zusammenbau der Riemenscheiben kein grobes Werkzeug ansetzen, immer Lappen unterlegen!
Zerlegen, Prüfen und Wartung der Kupplung ist normalerweise Werkstattsache. Zur Zerlegung muß die komplette Einheit mit der Kupplung nach oben in einen **Schraubstock** gespannt und mit diversen Spezialwerkzeugen bearbeitet werden. Die Mutter SW 46, mit der die Kupplung an der geführten Riemenscheibe befestigt ist, wird mit **Drehmoment 45 - 50** (LEADER) bzw. **55 - 60 Nm** (QUASAR) angezogen (s. a. Drehmomente im Anhang.) Bei abgenommener Glocke sollte stets der feste Sitz kontrolliert werden. (Der QUASAR-Motor *(QUA.S.A.R., Quarter Liter Smooth Augmented Range)* wird seit 2003 gebaut.

Achtung: das zentrale **Kupplungsmodul nicht zerlegen**, keine Einzelteile auswechseln! Die gesamte Einheit ist elektronisch ausgewuchtet und muß komplett ersetzt werden, wenn die Beläge bis auf 1 mm Stärke abgenutzt sind. Kein Fett oder Öl auf die Beläge gelangen lassen; die Kupplung rutscht sonst später durch,

Rechts oben: Bei jeder Demontage sollte der Kupplungskorb mit Bremsenreiniger vom Abrieb der Beläge befreit werden. Mitte: Vor dem Einbau empfiehlt es sich, die Lauffläche leicht mit feinem Schmirgel aufzurauhen. Unten: Die Kupplungseinheit ist mit den angetriebenen Riemenscheiben verschraubt und wird zusammen mit dem Keilriemen aufgeschoben. Gesichert wird sie erst nach Aufsetzen des Gehäusedeckels mittels Stützlager und Mutter SW 19.

das Fahrzeug beschleunigt nicht vernünftig oder kommt nicht vom Fleck.

Getriebene Riemenscheiben mit Kugellager – Zerlegung, Wartung: Nach Abbau der Kupplung lassen sich die **Riemenscheiben-Hälften** trennen. Zunächst Druckfeder und Führungsring abnehmen. Dann den Bolzen herausziehen, der in die gebogene Aussparung der beweglichen Halbscheibe eingreift, Hälften trennen.
Die **bewegliche Hälfte** gleitet über Dichtringe auf den Arbeitsflächen einer Büchse, die auf der Welle sitzt. **Dichtringe kontrollieren** und nötigenfalls ersetzen. Prüfen, ob die Arbeitsflächen der Büchse frei von Abnutzungsspuren sind; falls erforderlich, **Büchse ersetzen**. Raum zwischen Büchse und Innenfläche der Führung der beweglichen Halbscheibe mit Spezialfett füllen. Das Fetten muß zudem in regelmäßigen Abständen erfolgen (s. Wartungspläne).
Abschließend die **Lager** am Ende der Welle kontrollieren. Sie dürfen **kein Spiel** haben und müssen störungsfrei rundlaufen. Bei Verschleiß lassen sie sich mit passenden Schlagdornen auspressen und ersetzen.
Hinweis: Insgesamt erfordern die Arbeiten an der Kupplungseinheit der GT-, GTS- und GTV-Modelle so viel Know-how und Spezialwerkzeug, daß sie hier nicht in allen Details beschrieben und fürs Selbermachen empfohlen werden können. Bei Problemen ist auch hier wieder die **Fachwerkstatt** die richtige Adresse.

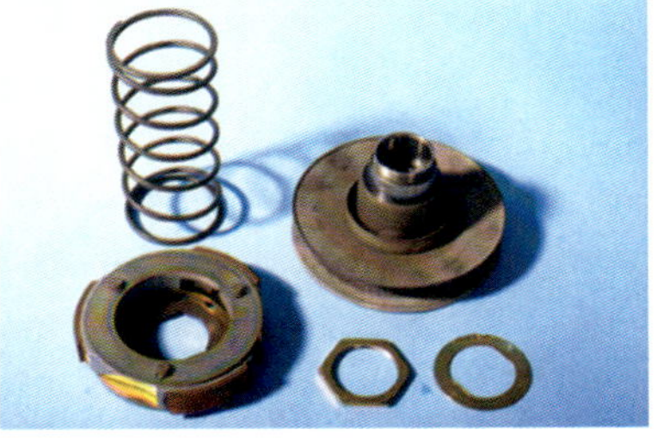

Oben: Wird die Kupplungseinheit bei nicht ausgebautem Variator montiert, muß die äußere Riemenscheibe mittels Zange gespannt werden; dabei unbedingt Lappen unterlegen. Links oben: Riemenscheiben und Kupplung eines älteren Vespa-Modells. Darunter: die Kupplungseinheit und die beiden Riemenscheibenhälften der GTS 250. Mitte rechts: Das Gewinde der Welle muß vor Anbringen einer neuen Mutter von Kleberresten befreit werden. Die große Mutter SW 46 auf festen Sitz prüfen. Unten: Auf richtigen Sitz des Antriebsriemens achten.

Motorölkreislauf: Ölpumpe Aus- und Einbau, Ölstandskontrolle, Motoröl- und Filterwechsel

Fotos Seite 88 von oben: Lösen der Ölwannenverschraubung, abgenommene Ölwanne mit noch am Gehäuse klebender Dichtung, Abziehen der Kurbelgehäuse-Abdichtung und Abnehmen derselben.

Fotos linke Spalte Seite 89 von oben: Ölpumpenantrieb von der Kurbelwelle aus, Abziehen des Antriebsritzels für die Ölpumpenkette, Blick auf den Antrieb der Steuerkette, die hier bereits vom Ritzel nach hinten gesetzt wurde. Der Pfeil weist auf die Befestigung der Steuerketten-Gleitschiene (alle Fotos am Beispiel des 250er QUASAR-Motors).

*Die LEADER- und QUASAR-**Viertaktmotoren** der GS-/GTS-/GTV-Baureihe werden nach dem Druckumlaufprinzip geschmiert, d. h. eine von der Kurbelwelle per Kette angetriebene Trochoid-Ölpumpe läßt das Motoröl durch die Versorgungsleitungen und Bohrungen des Motors zirkulieren. Innenfilter und auswechselbare Ölfilterpatrone halten Schwebstoffe, Schmutz und Abrieb zurück. Beide Filter müssen in regelmäßigen Abständen gereinigt bzw. ausgewechselt werden (s. weiter unten).*

Ölpumpenausbau – Vorbereitung: Die Ölpumpe befindet sich in der Ölwanne unterhalb der Kurbelwelle und wird über eine Kette angetrieben. Zuerst müssen Variator, Riemenscheiben, Kupplung und Antriebsriemen demontiert werden wie beschrieben. Dann durch Ausdrehen der Ölablaßschraube SW 24 **Motoröl ablassen** (genaue Beschreibung s. weiter unten).

Kurbelgehäuse-Abdichtung – Ausbau: Bei abgenommenem Variator ist der **Deckel für die Abdichtung** des Kurbelgehäuses zugänglich. Für den Fall, daß die **Antriebskette** der Pumpe geprüft oder erneuert werden soll, muß der Deckel abgebaut bzw. mit einer **Abziehvorrichtung** (Motoren 250 und 300 cm³) abgezogen werden, die man selbst herstellen kann (s. Foto). Man nehme ein Flacheisen von ca. 20 cm Länge und versehe es mit drei Bohrungen: In der Mitte eine für die Kurbelwelle,

> ***Ölkreislauf Viertaktmotor:** Die in vielen Modellen verwendeten Piaggio-Viertaktmotoren werden nach dem **Druckumlaufsystem** geschmiert. Die von der Kurbelwelle über Ritzel und Kette angetriebene **Ölpumpe** saugt das Öl an; dabei strömt es zuerst durch einen herausnehm- und auswaschbaren **Plastik-Feinfilter** (unten rechts am Motorgehäuse), dann durch die Pumpe zum davorliegenden **Hauptölfilter** mit auswechselbarer Filterpatrone. Von da fließt das Öl zur Nockenwelle mit ihren Schwinghebeln, vom Zylinderkopf weiter zu Kurbelwelle und Pleuellager. Öldämpfe werden über den Luftfilter angesaugt und über das Ansaugsystem wieder dem Brennraum zugeführt. Ein **Bypass-Ventil** in der Ölwanne verhindert Überdruck im System.*

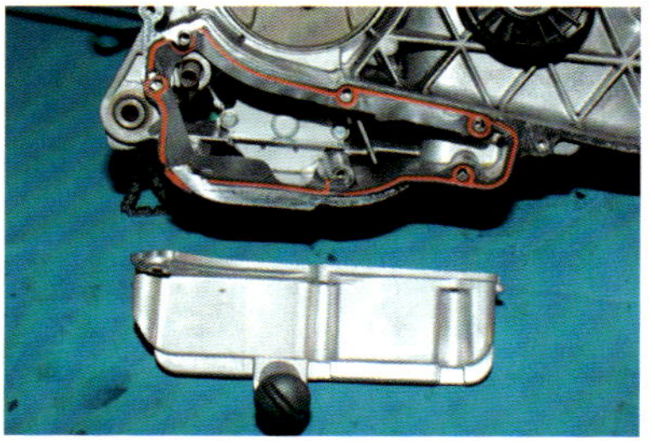

rechts und links für zwei Schrauben M8. Eisen auf die Kurbelwelle setzen und mit der Variatormutter sichern. Dann die beiden Schrauben durch die Bohrungen hinweg in die Gewinde des Deckels stecken und wechselseitig so lange eindrehen, bis der Deckel sich löst. Beim **Einbau** auf die drei **Paßhülsen** achten; den **O-Dichtring** am Deckel stets erneuern.

Ölpumpe – Ausbau: Zuerst die **Ölwannenabdeckung** abschrauben; sie ist mit 7 MS SW 8 links unten am Gehäuse befestigt. Dann die **Abdekkung des Zahnkranzes** an der Ölpumpe **(Ölleitblech)** durch Ausdrehen der beiden Schrauben SW 8 abnehmen.

Zum **Abnehmen des Zahnkranzes** einen Kreuzschlitzschraubendreher in die Bohrung des Ölpumpenritzels stecken, auf diese Weise das Ritzel blockieren; Zentralschraube mit Steckschlüssel SW 10 (SW 13 bei 125er Motor) ausdrehen, Ritzel abnehmen; auf die Unterlegscheibe an der Schraube achten.

Dann (bei abgenommener Abdekkung) das auf der Kurbelwelle sitzende **Antriebsritzel** zusammen mit der **Kette,** dem **O-Dichtring** und der hinter dem Ritzel befindlichen **Unterlegscheibe** von der Kurbelwelle ziehen. **Anmerkung:** Dahinter liegt das Antriebsritzel für die **Steuerkette;** es wird per Keil auf dem KW-Konus fixiert.

Zuletzt die beiden MS SW 8 des **Ölpumpenhalters** lösen; nun **Pumpe und Dichtung** entfernen.

Anmerkung: Beim 125er LEADER-Motor befinden sich anstelle der Maschinenschrauben Kreuzschlitzschrauben; die Anordnung der Elemente ist die gleiche.

Ölpumpe – Zerlegung, Prüfung: Zuerst die Pumpe öffnen; dazu die beiden KS auf der Rückseite lösen und **Deckel** abheben. **Sprengring** von der Rotorwelle entfernen. Mit Maßbalken und Fühlerlehre den Ab-

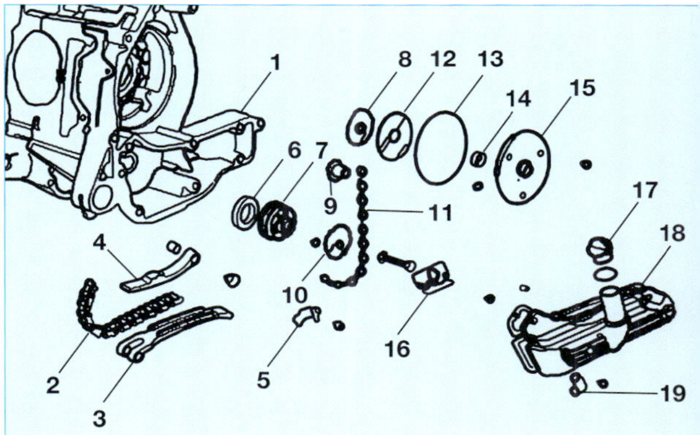

Foto: Antriebskette Ölpumpe. Graphik: Antrieb Nockenwelle, Ölpumpe GT 125; 1 = Kurbelgehäuse, 2 = Steuerkette, 3 = Gleitschiene, 4 = Gleitschiene, 5 = Ölschott, 6 = Dichtung, 7 = Ölpumpe, 8 = Ritzel Steuerkette, 9 = Antriebsritzel Ölpumpe, 10 = Ölpumpenritzel, 11 = Ölpumpenkette, 12 = Ölabstreifscheibe, 13 = O-Ring, 14 = Dichtung, 15 = Deckel Ölpumpe, 16 = Ölschott, 17 = Öeinfülldekkel, 18 = Ölwanne, 19 = Halter.

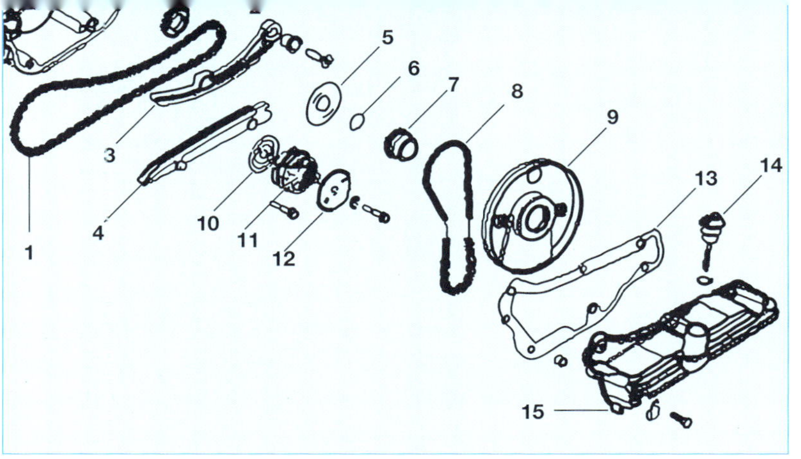

Graphik: Nockenwellenantrieb, Ölpumpenantrieb und Ölpumpe der GTS 250 i.e.; 1 = Steuerkette, 2 = Steuerkettenritzel, 3 = Gleitschiene oben, 4 = Gleitschiene unten, 5 = Ölabstreifscheibe, 6 = O-Ring, 7 = Ölpumpenantriebsritzel, 8 = Ölpumpenkette, 9 = Ölpumpenabdeckung, 10 = Dichtung, 11 = Ölpumpe, 12 = Ölpumpenritzel, mit Verschraubung, 13 = Ölwannendichtung, 14 = Motorölpeilstab, 15 = Motoröllwanne. Fotos von oben (GTS 250 i.e.): Abschrauben der Ölpumpenabdeckung, Abnehmen des Abdeckblechs, Lösen der Schraube SW 10, die das Ölpumpenritzel fixiert.

stand zwischen Rotoroberfläche und Pumpengehäuse messen; Der Grenzwert beträgt 0,09 mm. Das **Spiel** zwischen äußerem und innerem Rotorelement darf nicht größer als 0,12 mm sein. Grenzwert für das radiale Spiel zwischen Gehäuse und Rotoraußenkante: 0,20 mm.

Bypass-Ventil Öldruck – Aus- und Einbau, Prüfung: Bei abgenommenem Ölwannendeckel wird auch das Bypass-Ventil sichtbar; es verhindert Überdruck im System, liegt links oben neben der Ölpumpe im Motorgehäuse und läßt sich einfach aus seinem Sitz herausziehen. Zur Kontrolle den Sprengring entfernen, Scheibe, Feder, Stift und Kugel aus dem Ventilgehäuse herausnehmen. Die **Feder** muß in entspanntem Zustand mindestens 14 mm lang sein. Alle Teile reinigen und wieder zusammenbauen. Den O-Dichtring im Motorgehäuse wechseln und das Ventil in seinen Sitz zurückdrücken.

Ölpumpe – Zusammen- und Einbau: Den Sprengring wieder auf die Rotorwelle setzen und darauf achten, daß er korrekt einrastet. Die **Markierungen** auf Innen- und Außenrotor so nach den Punkten auf der Gehäuserückseite ausrichten, Abdekkung aufsetzen (Bohrungen sind asymmetrisch) und festschrauben. Eine **neue Dichtung** einführen, Öl-

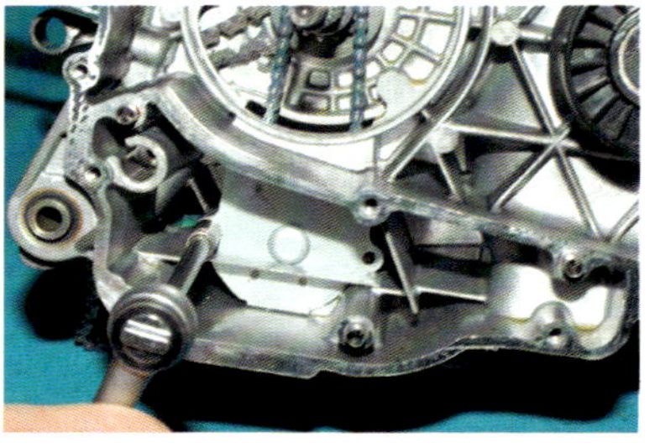

pumpe einsetzen und mit dem **Sicherungsblech** fixieren (2 MS SW 8, **Drehmoment 4 - 6 Nm). Kettenabdeckung** anbringen; zuvor **Dichtring** und **Kettenführung** prüfen; die Kettenführung so positionieren, daß die Kette korrekt gleiten kann. **Oberes Antriebsritzel** mit Dichtring (davor) und Unterlegscheibe (dahinter) auf die Kurbelwelle schieben, **Kette** auflegen. Dann das untenliegende **Ölpumpenritzel** zusammen mit der Kette aufsetzen, blockieren wie beschrieben und Zentralschraube SW 10 (SW 13 bei 125er Motoren) anziehen. **Abdeckung** des unteren Ritzels mit den beiden MS oder KS befestigen.

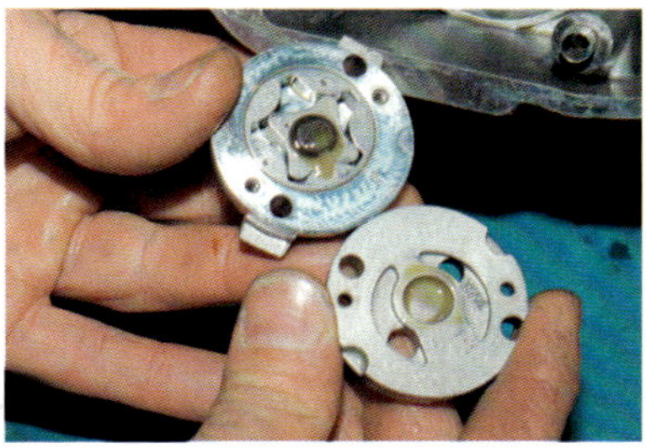

Ölwanne, Kettenabdeckung – Einbau: Vor dem Wiedereinbau die Dichtflächen sorgfältig reinigen und trocknen. Dann neue Papierdichtung auflegen (falls zur Hand). Zusätzlich oder statt Papierdichtung auf die Dichtfläche des Deckels einen ca. 1 mm breiten Streifen ölfesten **Flüssigdichtmittels** auftragen (z.B. Loctite 501), Deckel aufsetzen und mit den sieben MS SW 8 befestigen; Schrauben über Kreuz handfest und gleichmäßig anziehen (am besten mit dem vorgegebenen **Drehmoment 10 - 14 Nm).**

Zuletzt die runde **Kettenabdekkung** mit der korrekt angebrachten Kettenführung am Kurbelgehäuse befestigen (3 KS bei den 125ern). Bei den größeren Motoren wird die Abdeckung zusammen mit einem **neuen O-Dichtring** bündig ins Gehäuse gepreßt.

Motorölstand – Kontrolle: Die Ölstandskontrolle muß bei kaltem Motor vorgenommen werden. Zumindest sollte der Motor zehn Minuten lang abgekühlt haben, denn bei warmen Motor ist der Ölstand niedriger. Auch muß das Fahrzeug auf ebenem Untergrund stehen (Hauptständer). Der Ölstand wird mittels **Peilstab** geprüft. Der Spiegel muß zwischen MIN- und MAX-Marke liegen. **Achtung: Den Ölstand mit eingeschraubtem, nicht mit aufgesetztem Peilstab messen!**

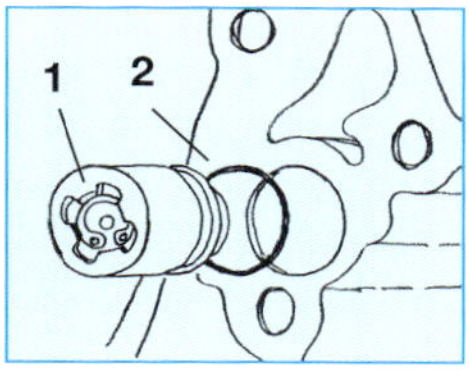

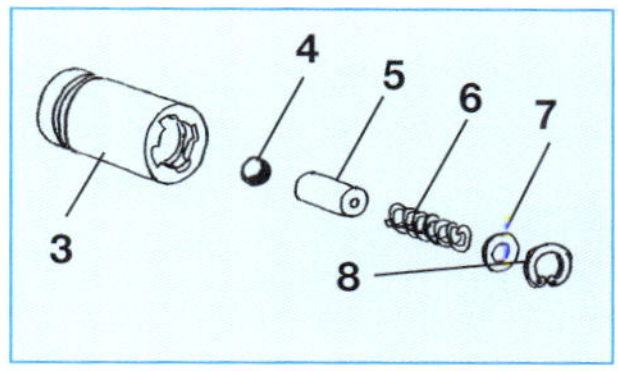

Fotos linke Spalte von oben: Abnahme des Ölpumpenritzels, Lösen der Ölpumpenverschraubung, Abnahme der Ölpumpe, Pumpe in zerlegtem Zustand. Foto oben: Bypass-Ventil mit Feder. Zeichnung links: Bypass-Ventil (1) mit O-Dichtring (2); rechts: Bypass-Ventil zerlegt; 3 = Gehäuse, 4 = Kugel, 5 = Hülse, 6 = Feder, 7 = Ring, 8 = Sprengring.

Regelmäßiger Wechsel von Motoröl und Ölfilter sind die erste Grundvoraussetzung dafür, daß der Motor eine hohe Laufleistung erreicht. Foto oben: Blick auf die Verschraubung des Netzfilters, der regelmäßig ausgewaschen werden muß; die Schraube dient gleichzeitig als Ölablaßschraube und wird mit einer Stecknuß SW 24 ausgedreht (unten).

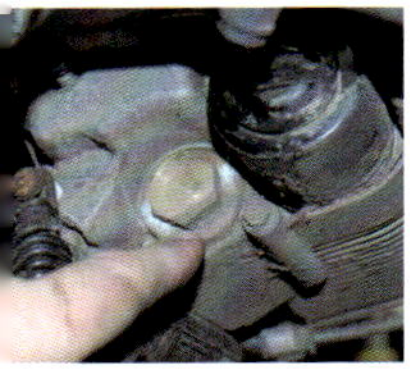

Foto rechts: Die Ölablaßschraube ist so ungünstig angebracht, daß bei aufgebocktem Fahrzeug das Öl über den Ständer auf den Boden läuft; es ist kein Platz für eine Auffangwanne vorhanden. Daher eine Blechbüchse so zurechtbiegen, daß der Saft vernünftig aufgefangen werden kann.

Ist der Pegel bis zur MIN-Markierung abgesunken, muß **vollsynthetisches Mehrbereichs-Motoröl** der Spezifikation **5W-40** aufgefüllt werden; dabei nur Markenöle verwenden und nie über die MAX-Marke nachfüllen; überschüssiges Öl wird rausgedrückt. Die Differenz zwischen MIN und MAX beträgt beim 250er und 300er Motor 400 cm³. Ölfüllmengen siehe Anhang.

Motoröl ablassen, Ölfilter aus- und einbauen: Bei den **LEADER-Vergaser-Motoren** muß das Motoröl nach den ersten 1000, dann bei 6000, danach alle 6000 km gewechselt werden, bei den **QUASAR-Einspritz-Motoren** nach 1000, dann bei 10.000, danach alle 10.000 km (Details s. Wartungspläne). Gleichzeitig sind die **Ölfilter** zu reinigen bzw. auszuwechseln.
Dazu Fahrzeug warmfahren, aufbocken und Auffangwanne unter den Motor stellen. Peilstab ausdrehen, damit das Öl leichter abfließen kann. Das Öl wird über die **Ablaßschraube** auf der rechten Seite unterhalb der Lichtmaschine abgelassen; die Schraube befestigt gleichzeitig den **Netz- bzw. Feinfilter;** sie wird mit einem Ring- oder Steckschlüssel SW 24 ausgedreht; Motoröl abfließen lassen. **Achtung:** Zum Auffangen Blechbüchse zurechtbiegen, sonst fließt alles auf den Boden!
Vor dem W edereinsetzen der Ablaßschraube den zylindrischen **Plastik-Feinfilter** mit Petroleum o. ä. reinigen. Beim Einbau den **O-Dichtring** in der Kappe überprüfen, notfalls ersetzen. **Ablaßschraube** mit der integrierten Filterkappe mit **Drehmoment 27 - 33 Nm** festziehen. **Achtung:** nicht fester anziehen, sonst kann sich ein **Riß im Gehäuse** bilden und Motoröl gelangt aufs Hinterrad mit leicht vorstellbaren (Unfall-) Folgen!
Ebenfalls nach den ersten 1000, dann bei 6000/10.000, danach **alle 6000/10.000 km** und damit zeitgleich mit dem Motorölwechsel muß die vor der Ablaßschraube sitzende **Ölfilterpatrone** ausgetauscht werden. Der Händler setzt dazu einen Knebel ein, mit dem die Patrone ausgedreht wird. Ein Stück Flacheisen, an das eine Rohrzange angesetzt wird, oder eine Schraubzwinge tun's auch. Zum Lösen eines sehr fest sitzenden Filters braucht man einen Kettenschlüssel, oder man setzt einfach die Rohrzange an (s. Foto rechte Seite). **Wichtig:** Neue Patrone am Dichtring leicht einölen, aufschrauben und **von Hand** festziehen. Piaggio gibt ein **Drehmoment** von nur **4 - 6 Nm** an.
Achtung: Fehlende oder beschädigte Dichtringe lassen den Öldruck absinken, Motorschaden droht. Beim Festziehen ohne Ölbenetzung brennt der Filter fest.

Motoröl einfüllen: Sitz der **Ölablaßschraube** und der neuen **Filterpatrone** noch einmal überprüfen. Über einen sauberen Trichter **frisches Motoröl einfüllen,** und zwar nur Qualitäts-Synthetiköl der Spezifikation 5W-40. Solange Öl nachfüllen, bis der **Max-Stand** am Peilstab erreicht ist **(Stab komplett eingedreht).** Das Fassungsvermögen des trockenen Motors beträgt je

nach Modell 1,0, 1,1 oder 1,3 Liter Öl (s. a. technische Daten im Anhang). Da beim Ölwechsel immer eine gewisse Menge Öl im Motor bleibt, muß in der Regel nur **eine um ca 25 % niedrigere Ölmenge** eingefüllt werden.

> ***Öl- und Filterwechsel Viertaktmotor – Intervalle:*** *Das* ***Motoröl*** *muß bei Vespa-Modellen mit Vierventil-Viertaktmotor nach den ersten 1000, danach je nach Typ bei 6000/10.000, dann alle 6000/10.000 km gewechselt werden (alle Intervalle s. Wartungspläne im Anhang). Dabei ist auch die* ***Ölfilterkartusche*** *zu wechseln. Außerdem sollte der* ***Feinfilter*** *bei jedem Ölwechsel gereinigt werden. In jedem Fall nur hochwertiges Vollsynthetiköl 5W-40 verwenden.*

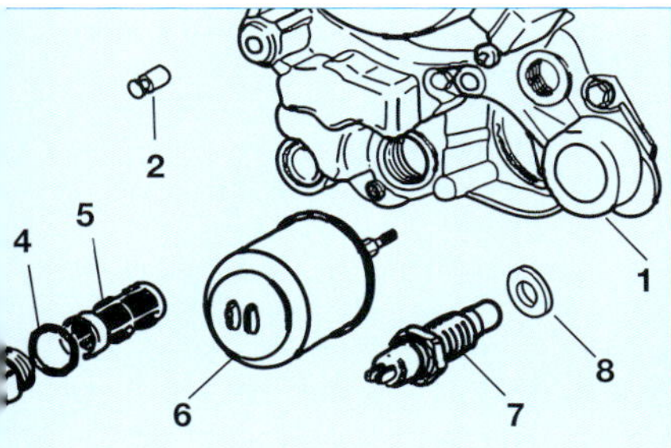

Peilstab eindrehen und nochmals den festen Sitz aller drei Verschlüsse prüfen. Dann **Motor** fünf Minuten **warmlaufen lassen** und den Ölstand noch einmal mit dem Peilstab kontrollieren; bei Bedarf so lange Öl nachfüllen, bis der Maximal-Stand erreicht ist, diesen dabei keinesfalls überschreiten. Peilstab einsetzen und festziehen.

Links: Der in der Regel sehr fest sitzende Ölfilter läßt sich meist nur mit einer Rohrzange ausdrehen.

Mitte rechts: Herausziehen des Feinfilters; Darunter: Prüfen des Motorölstands (Peilstab zuvor eingeschraubt); ganz unten, Einfüllen von frischem Motoröl mit Hilfe eines Trichters.

Graphik Mitte links: Filtersystem GT 125; 1 = Kurbelgehäuse, 2 = Bolzen, 3 = Ölablaßschraube, 4 = O-Ring, 5 = Ölfeinfilter, 6 = Ölfilterkartusche, 7 = Öldrucksensor, 8 = Unterlegscheibe.

Foto darunter: Ausdrehen des Feinfilters mit Knarre und Stecknuß SW 24 beim QUASAR-Motor

Elektrischer Anlasser, Lichtmaschine Rotor und Stator: Aus- und Einbau, Prüfung GT- und GTS-/GTV-Modelle

*Im Bereich Anlasser/Lichtmaschine **unterscheiden** sich **GT-** und **GTS-/GTV-Modelle erheblich.** Während das System bei den GT-Modellen weitgehend mit dem der kleinen Zweiventil-Viertakt-Modelle mit Luftkühlung identisch ist, sind die GTS- und GTV-Modelle mit einer komplett neu konstruierten Anlaß- und Lichtmaschinen-Technik ausgerüstet.*

Anlasser – Ausbau: Der elektrische Anlasser sitzt oben auf dem Motorgehäuse. Zunächst **Batterie abklemmen** und Helmfach herausnehmen. Vor dem Ausbau zuerst das **Minus-,** dann das **Pluskabel** abklemmen. Der Anlasser ist mit zwei **Schrauben SW 8** am Gehäuse befestigt. Schrauben ausdrehen, Anlasser hinten etwas anheben und herausziehen.

Anlasser-Vorgelege GT 125, GT 200 – Ausbau: Bei den LEADER-Motoren wirkt der Anlasser über ein in der linken Gehäusehälfte angebrachtes **Vorgelege** auf die Kurbelwelle. Zum Ausbau des Vorgeleges zunächst den Antriebsgehäusedeckel abnehmen wie gezeigt. Das Vorgelege sitzt nicht unterhalb der Riemenscheibe, sondern oben in einer speziellen Ausbuchtung und läßt sich nach Ausbau des Anlassers einfach herausziehen. Die **Buchse,** in der das Vorgelege läuft, ist dem Verschleiß ausgesetzt; der Innendurchmesser darf nicht größer werden als 8,03 mm. Die Vorgelegewelle ist **abgenutzt,** wenn der Grenzdurchmesser von 7,96 mm unterschritten ist.

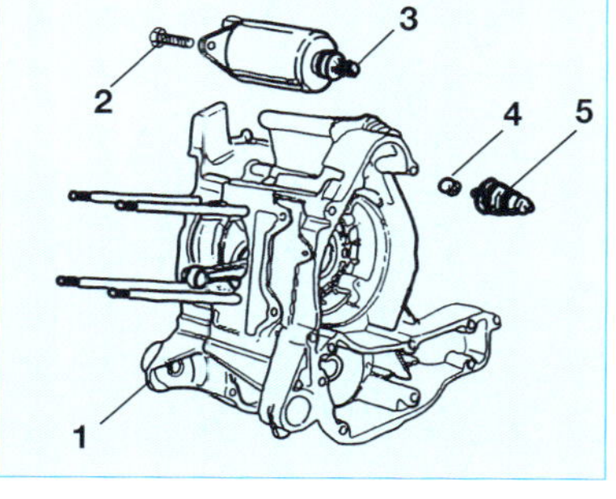

Foto: So greift das Anlasser-Vorgelege beim LEADER-Motor in den Starterkranz auf der äußeren treibenden Riemenscheibe ein (am Beispiel einer Vespa ET4). Graphik: Anlassersystem beim LEADER-Motor am Beispiel der GT 125; 1 = Kurbelgehäuse, 2 = Schraube, 3 = elektrischer Anlasser, 4 = Bronzebuchse, 5 = Anlasser-Vorgelege; es greift in die Verzahnung der kurbelwellenfesten äußeren Riemenscheibe ein (Foto).

***Elektrischer Anlasser allgemein, Kontrolle:** Störungen am elektrischen Anlasser lassen sich meist einfach beheben. Springt der Motor nicht an, kann zum Beispiel eine mangelhafte **Masseverbindung** am Anlasser die Ursache sein. Die Massekabelbefestigung darf nicht locker, Kabel und Kabelschuh dürfen nicht beschädigt oder korrodiert sein. Vor Ausbau des Starters immer zuerst auch prüfen, ob der **Starterknopf** und seine Kabelverbindungen in Ordnung sind.*

Anlasser-Antrieb GTS- und GTV-Modelle – Ausbau: Der Anlasser-Antrieb ist beim QUAZAR-Motor der GTS- und GTV-Modelle zusammen mit einem **Freilauf** in die Lichtmaschine integriert (s. Graphik). Zum Ausbau des Räderwerks müssen zunächst Lichtmaschinendeckel und Polrad demontiert werden. Einzelheiten dazu weiter unten.

Anlasser-Zerlegung und Schleifkohlen-Austausch: Der Anlasser läßt sich einfach zerlegen und reparieren. Wir zeigen dies am Beispiel des **GTS 250 i.e.-Anlassers.**

Die Hauptelemente (Statorgehäuse, Rotor, Schleifkohlenhalter) werden von zwei **Langschrauben SW 7** zusammengehalten, die mit **O-Dichtringen** versehen sind. Der innere **Schleifkohlenträger** kommt nach Lösen von 2 KS frei.

Sind die **Schleifkohlen** oder „Bürsten" abgenutzt, können sie einzeln ersetzt und mit den Küpferleitungsenden neu verlötetet oder zusammen mit der Trägerplatte ausgewechselt werden.

Beim **Zusammenbau** zuerst den **Träger** mit den Schleifkohlen vormontieren, dabei von der Lagerseite her gesehen 1. die **Metallscheibe,** 2. die große **Staubschutzscheibe** aufsetzen; dann den Träger mit den 2 KS an seinem Gehäuse befestigen. Nun den **Rotor** ins **Statorgehäuse** schieben; dabei die Kohlen zurückdrücken. Zuletzt den **Deckel** mit den beiden Langschrauben SW 7 fixieren. dabei auf die **Kerben bzw. Markierungen** an Träger- und Gehäuserand achten.

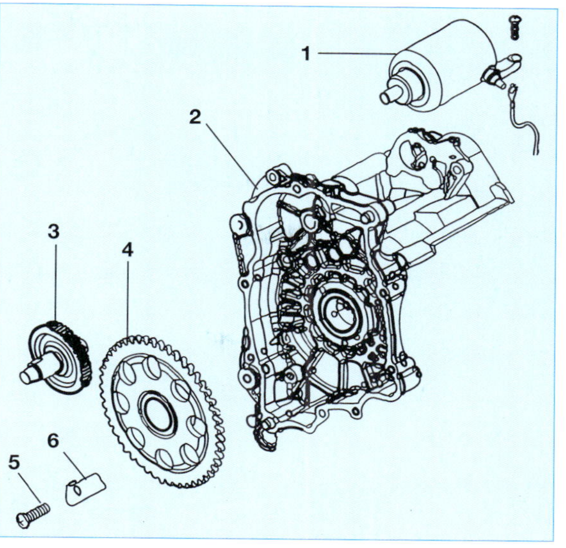

Graphik: Anlassersystem beim QUAZAR-Motor am Beispiel der GTS 250 i.e.; 1 = elektrischer Anlassermotor, 2 = Kurbelgehäuse, 3 = Vorgelegezahnrad, 4 = Starterritzel, 5 = Schraube, 6 = Blechhalter.

Anlasser-Einbau alle Modelle: Zunächst das **Vorgelege** (GT-Modelle) bzw. den Freilauf einsetzen (GTS, GTV). Am Anlasserkopf einen neuen, leicht gefetteten **O-Dichtring** einsetzen. Den Anlasser auf das Kurbelgehäuse setzen und mit den beiden Schrauben SW 8 befestigen; **Drehmoment 11 - 15 Nm.** Zuerst **Plus-,** dann **Minuspol** anschließen; nach Ende der Arbeiten die **Batterie** anklemmen.

Schwungrad/Rotor – Ausbau GT-Modelle: Zunächst muß der **Lichtmaschinendeckel** entfernt werden; dazu **Kühlmittel ablassen,** die Schlauchschellen lösen und die **Kühlmittelschläuche abziehen.** Dann die vier Bestigungsschrauben lösen und den **Deckel** abnehmen.

Fotos oben: Ausbau des elektrischen Anlassers bei einem GTS 250-Motor. Unten: der in seine Einzelteile zerlegte GTS-Anlasser.

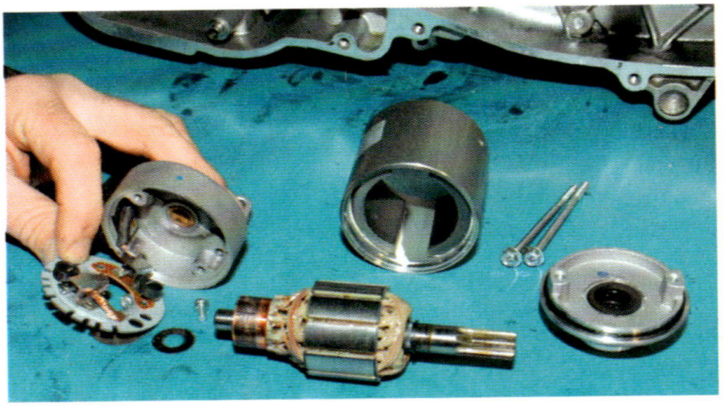

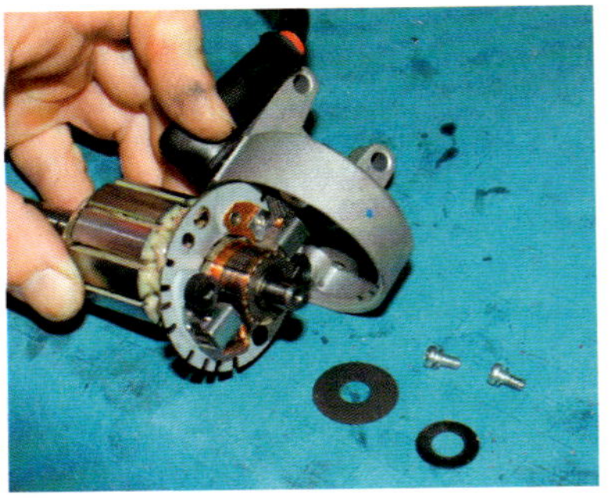

Oben: im Prinzip sehen aller Anlasser von älteren Piaggio-Rollern so aus wie dieser in seine Einzelteile zerlegte Sfera-Starter. Auch die Fotos rechts wurden an einem Sfera-Roller gemacht: Lösen der Rotor-Verschraubung eines klassischen Schwungradmagnetzünders unter Verwendung eines Gegenhalters, fachgerechtes Abziehen des Rotors. Bild unten: Blick auf den Stator, der auch beim LEADER-Motor der GT so aufgebaut ist.

Das Schwungrad (gleichzeitig Rotor der Lichtmaschine) ist – wie bei allen kleinen Zwei- und Viertakt-Vespa-Modellen – mit einer **Dehnmutter SW 15** auf der Kurbelwelle befestigt. Zum Lösen der Mutter muß das **Schwungrad** fixiert werden. Dies macht man mit einer Spezialklammer oder einer selbstgebauten Vorrichtung. Wir haben ein 30 mm breites Leichtmetallprofil mit zwei Schrauben SW 8 und den zugehörigen Hammermuttern ausgerüstet.

Nach Lösen der Mutter muß das Schwungrad abgezogen werden. Wir kommen nicht umhin, den passenden **Abzieher** in der Fachwerkstatt auszuleihen. Er muß linksläufiges Feingewinde haben. Der Abzieher wird bis zum Anschlag ins Schwungrad geschraubt und mit einem Gabelschlüssel SW 27 festgehalten. Mit einem Schlüssel SW 14 wird der Dorn nach rechts gegen den Kurbelwellenstumpf gedreht, bis sich das Schwungrad löst. **Achtung:** Beim Abnehmen des Schwungrades auf den **Sicherungskeil** auf der **Kurbelwelle** achten! Keil mit Klebestreifen auf der Kurbelwelle oder am Gehäuse befestigen, damit er nicht verlorengeht.

Schwungrad/Rotor – Einbau GT-Modelle: Keil einsetzen, und Schwungrad aufschieben. Stets eine **neue Mutter SW 15** verwenden; es handelt sich um Dehnmuttern für den einmaligen Gebrauch. Gegenhalte-Vorrichtung anlegen und Mutter mit **Dreh-**

moment 54 - 58 Nm anziehen (höherer Wert als bei den Zweiventil-Motoren). Prüfen, ob der **Luftspalt am Pick-up** einen Abstand von 0,34 - 0,76 mm hat.

Lichtmaschinen-Stator und Pick-up – Ausbau GT-Modelle: Drei längere KS halten den sogenannten **Stator oder Zündanker**, zwei kurze befestigen das elektronische **Pick-up** (sitzt unterhalb des Stators am äußeren Gehäuserand). Die beiden Elemente werden zusammen mit dem **Kabelbaum** abgenommen; Tülle vom Kombistecker ziehen, Schlauchbinder entfernen und Kabelbaum mit der Gummidichtung aus dem Gehäuse ziehen. **Vorsicht:** Spulen des Stators nicht beschädigen! Per Sichtkontrolle nach Defekten oder Fehlern suchen.

Lichtmaschinen-Stator und Pick-up – Einbau GT-Modelle: Zuerst den Kabelbaum durchs Gehäuse führen und die Gummitülle korrekt plazieren. Dann Stator und Pickup festschrauben **(Drehmoment** lediglich **3 - 4 Nm).**

Lichtmaschinendeckel mit Stator und Pick-up – Ausbau GTS-/GTV-Modelle: Bei den Vierventil-Einspritzmotoren sitzt der Lichtmaschinenstator mit seinen Spulen im Lichtmaschinendeckel, in den ja auch die Wasserpumpe integriert ist. **Achtung:** Der Stator läuft bei den flüssiggekühlten QUAZAR-Motoren im Motoröl; daher zuerst **Motoröl ablassen**. Dann auch hier das **Kühlmittel ablassen,** die Schlauchschellen lösen und die **Kühlmittelschläuche abziehen.**
Dann die 10 Schrauben SW 8 ausdrehen, die den Deckel halten. Zur **Abnahme der einzelnen Elemente** die 2 Schrauben der Pick-up-Befestigung, die Schraube der Kabelbefestigung und die 3 Befestigungsschrauben des Stators lösen; Stator zusammen mit den Kabeln abnehmen.

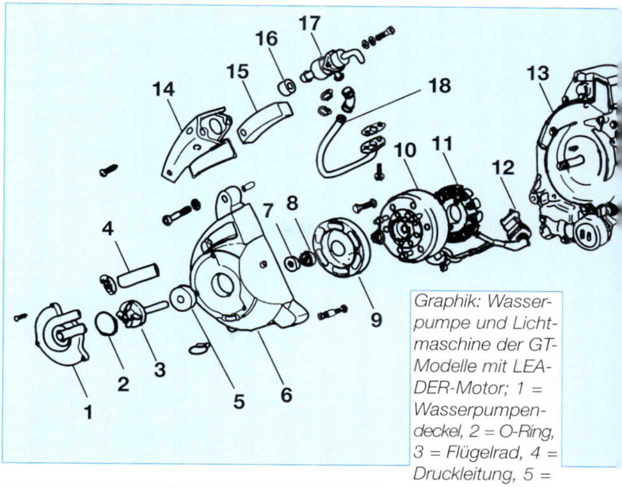

Graphik: Wasserpumpe und Lichtmaschine der GT-Modelle mit LEADER-Motor; 1 = Wasserpumpendeckel, 2 = O-Ring, 3 = Flügelrad, 4 = Druckleitung, 5 = Einsatz, 6 = Lichtmaschinendeckel, 7 = Einsatz, 8 = Lager, 9 = Mitnehmer Pumpe, 10 = Lichtmaschinenrotor, 11 = Stator, 12 = Pick-up, 13 = Kurbelgehäuse, 14 = Abdeckung, 15 = Filter, 16 = Dichtung, 17 = SAS-Ventil, 18 = Leitung. Fotos links, unten: Lichtmaschinendeckel der GTS 250 i.e. aufgesetzt und abgenommen. Er enthält Wasserpumpe und Lichtmaschinen-Stator.

Lichtmaschinendeckel, Stator und Pick-up – Einbau GTS/GTV-Modelle: Zuerst den Kabelbaum durch das Gehäuse führen und die Gummitülle korrekt plazieren. Auf die beiden **Zentrierstifte** achten. Dann Stator (3 KS) und Pickup (2 KS) festschrauben **(Drehmoment** lediglich **3 - 4 Nm).**

Nun die **Feder** aufsetzen, dabei muß der **Mitnehmer** auf der Kurbelwelle so stehen wie auf dem Foto gezeigt. Den Mitnehmerschlitz der **Wasserpumpenwelle** im Deckel (im Zentrum des Stators) auf die **Markierung** am Sitz der Vorgelegewelle ausrichten. Den **Deckel** auf das Gehäuse setzen und die 10 Schrauben SW 8 kreuzweise mit **Drehmoment 11 - 13 Nm** anziehen. **Achtung:** Wird die Feder vergessen, läuft die Wasserpumpe nicht mit, was dann unweigerlich zu einem **Motorschaden** führt!

Schwungradmagnetzünder/Rotor mit Freilauf – Ausbau GTS-/GTV-Modelle: Zuerst die **Feder** abnehmen, die dafür sorgt, daß die Wasserpumpe von der Kurbelwelle in Drehung versetzt wird (Mitnehmer-Feder). Zum Ausbau des Rotors benutzt die Werkstatt Spezialwerkzeuge. Wir gehen folgendermaßen vor: Den Rotor mit einem **Kettenschlüssel,** wie er zum Aus-

Oben links: Der Schlitz für die Feder im Rotorzentrum muß vor dem Einbau des Lichtmaschinendeckels mit der Mitte der Anlasser-Vorgelegewelle fluchten (auf dem Foto ist sie etwas verdreht). Oben rechts: Die Feder im Mitnehmerschlitz treibt die Wasserpumpenwelle an; wird sie vergessen, droht dem Motor ein schneller Exitus. Unten links: Bevor der Rotor abgezogen werden kann, muß die zentrale Schraube gelöset werden; dazu wird der Rotor z. B. mit einem Kettenschlüssel blockiert. Unten rechts: Anlasservorgelege mit Ritzel und Freilauf (teilweise verdeckt) sowie dem bereits gelockerten Rotor.

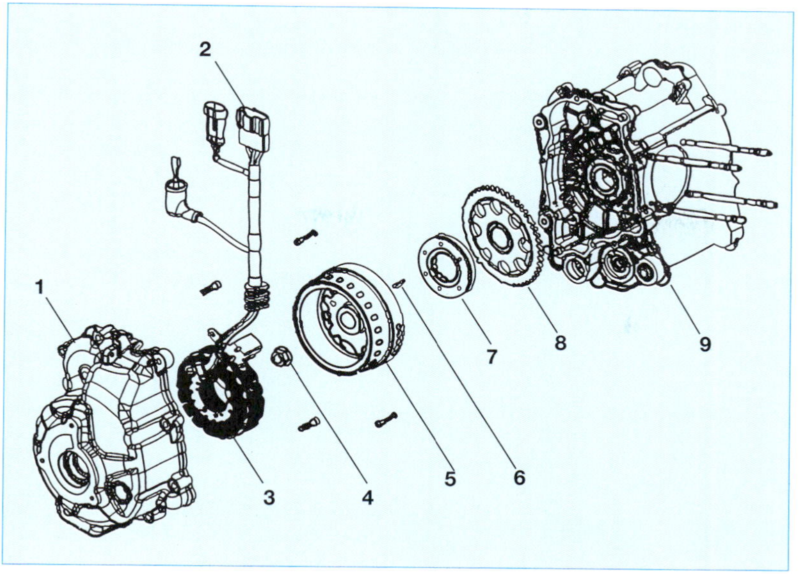

bau von Ölfilterpatronen verwendet wird, blockieren; dabei **Vorsicht:** der Schlüssel darf nicht abrutschen, da er dabei umliegende Elemente beschädigen könnte. Dann mit einem Steckschlüssel die **Mutter SW 24** lösen und ausdrehen.

Anschließend muß der Rotor von der Kurbelwelle **abgezogen** werden; dazu den Rotor abermals mit dem Kettenschlüssel blockieren und einen passenden **Glockenabzieher** auf das große Gewinde des Rotors schrauben; Gegenhalten ist auch direkt am Abzieher möglich. Druckschraube so lange drehen, bis der Rotor mit einem Knacken freikommt; dabei auf den **Sicherungs-**

Graphik: Lichtmaschine und Freilauf des QUAZAR-Motor bei GTS und GTV; 1 = Lichtmaschinenabdeckung mit Wasserpumpenlagerung, 2 = Kabelbaum, 3 = Lichtmaschinen-Stator, 4 = Spezialmutter, 5 = Rotor bzw. Polrad, 6 = Keil auf Kurbelwelle, 7 = Anlasser-Freilauf, 8 = Anlasser-Ritzel auf der Kurbelwelle, 9 = Kurbelgehäuse. Foto oben links: Ein Kettenschlüssel hält den Rotor fest, der dann mit einem Hülsenabzieher von der Kurbelwelle abgezogen wird. Unten links: der abgezogene Rotor und die Ritzel der Anlaßvorrichtung. Unten rechts: Der Rotor ist mit einem Keil auf der Kurbelwelle gesichert, der auf keinen Fall vergessen werden darf.

keil achten; er darf nicht ins Gehäuse fallen. Den Keil abnehmen und ordentlich beiseite legen. Jetzt kann der Rotor abgenommen werden. Innen trägt der Rotor die Basisplatte des **Freilaufs;** sie ist mit sechs Inbusschrauben SW 5, einem großen Seegering und Loctite gesichert.

Freilaufelement im Rotor – Einbau: Zustand prüfen und Scheibe gründlich von Loctite-Resten befreien. Die Gewinde im Rotor und die Inbusschrauben entfetten, dann je einen kleinen Tropfen **Loctite 243** Schraubensicherung auf die Gewindeenden bringen. Das Freilaufelement so in den Rotor setzen, daß die geschliffene Seite innen liegt, dabei bleibt der Seegering sichtbar. Inbusschrauben einsetzen und kreuzweise mit **Drehmoment 13 - 15 Nm** anziehen. Freilauf von der Rotorrückseite her leicht einölen.

Zu den Besonderheiten des Einspritz-QUAZAR-Motors, wie er bei den GTS- und GTV-Modellen eingebaut ist, gehört das aufwendige Anlassersystem mit dem ins Gehäuse integrierten Freilauf. Der Ausbau der Elemente ist wesentlich komplizierter als beim LEADER-Motor, der über ein hinter dem Antriebsgehäusedeckel angebrachtes Vorgelege verfügt. Foto oben: Die Verzahnung der Anlasserwelle greift in die Vorgelegeverzahnung ein. Darunter: Vorgelege von der Rückseite mit der Innenverzahnung, die in das große Ritzel eingreift. Unten rechts: Nach Abbau von Lichtmaschinendeckel und Rotor kommt das große Ritzel mit integriertem Freilauf von der Kurbelwelle frei.

Anlasser-Antrieb GTS- und GTV-Modelle – Aus- und Einbau: Wie bereits erwähnt, überträgt der elektrische Anlasser seine Kraft über ein **Vorgelege-Ritzel** und ein **großes Zahnrad (Freilauf-Element)** auf die Kurbelwelle. Das kleine **Rückhalteblech** abschrauben. Ritzel und Freilauf-Zahnrad abnehmen und auf Schäden untersuchen. Die Zahnflanken müssen symmetrisch sein und dürfen keine Ausbrüche zeigen. Auch das Halteblech prüfen. Einbau in umgekehrter Reihenfolge.

Schwungradmagnetzünder/Rotor mit Freilauf – Einbau GTS-/GTV-Modelle: Nach Einbau von Vorgelege und Freilaufzahnrad kann der Rotor wieder aufgesetzt werden. Dabei den **Keil** nicht vergessen. **Mutter SW 24** beidrehen, Rotor blockieren und Mutter mit **Drehmoment 94 - 102 Nm** festziehen.

Zündanlage – Kontrolle: Die Kontrolle von Zündanlage und Vorzündung ist nur mit einem Diagnosegerät möglich und damit Werkstattsache. Wir gehen im Kapitel „Elektronik“ noch einmal kurz darauf ein.

Anlasserrelais – Ausbau: Das Anlasserrelais befindet sich rechts im Batteriefach unter der Sitzbank. Zum Ausbau Batterie abklemmen.

Kurbel- und Antriebsgehäuse, Kurbeltrieb: Zerlegung, Prüfung, Überholung, Zusammenbau

*Das Kurbelgehäuse ist bei den Vierventil-Motoren in das Antriebsgehäuse integriert. Dank der modernen Bauweise mit **Gleitlagerung** der Kurbelwelle sind Öffnung des Kurbelgehäuses und Entnahme der Kurbelwelle kein Problem. Wir zeigen die Arbeiten am Beispiel des GTS 250-Motors.*

Kurbelwelle – Ausbau, Öffnung des Motorgehäuses: Voraussetzung ist, daß Zylinder, Lichtmaschine mit Rotor, Anlasser, Antrieb mit Variator und Ölpumpe demontiert worden sind (s. vorangegangene Kapitel). Auch muß die Steuerkette samt Ritzel und Gleitschuhen von der Kurbelwelle abgenommen sein. Soll das **Axialspiel** der Kurbelwelle geprüft werden, muß dies vor Öffnung des Gehäuses geschehen (Fachwerkstatt).
Dann von der Lichtmaschinenseite her die zehn (GT: elf) Schrauben SW 8 lösen, mit denen das abnehmbare Gehäuse-Element am Antriebsgehäuse befestigt ist. Beim **Abziehen des Gehäuseteils** muß die **Kurbelwelle** zunächst **in der anderen Hälfte belassen werden,** da sie sonst unkontrolliert herausfallen und die Lager beschädigen kann.
Das Gehäuse klebt in der Regel an der Dichtung. Dann mit leichten Plastikhammerschlägen nachhelfen. Erst nach der Trennung die **Kurbelwelle** ganz herausziehen. Die **Gleitlager**

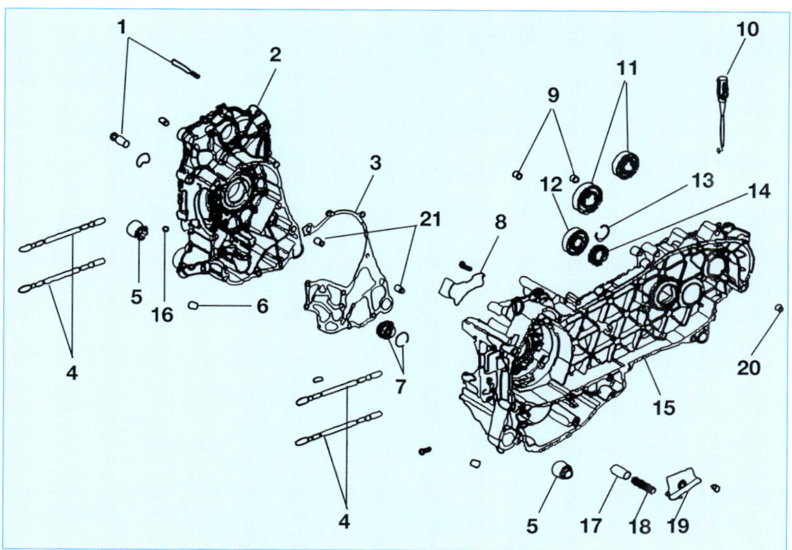

Foto: Nach Ausbau der Lichtmaschine werden die Schrauben ausgedreht, von denen die beiden Hälften des Kurbelhehäuses zusammengehalten werden.
Graphik: Kurbel- und Antriebsgehäuse der GTS 250 i.e.; 1 = Schrauben, 2 = Kurbelgehäuse, 3 = Dichtung, 4 = Zylinder-Stehbolzen, 5 = Hülsen für Schwingenlager, 6 = Schraubverschluß, 7 = Filter mit Dichtung, 8 = Ölschott, 9 = Paßhülsen, 10 = Motorölmeßstab, 11 = Kugellager, 12 = Nadellager, 13 = Sprengring, 14 = Simmerring, 15 = Antriebsgehäuse, 16 = Düse, 17 = Öldruck-(Bypass-)Ventil, 18 = Feder, 19 = Ölschott, 20 = Paßhülse, 21 = Paßstifte.

mit ihren Ölbohrungen sind in die Gehäusehälften integriert. **Achtung:** Beim Herausziehen der Kurbelwelle streng darauf achten, daß die Gewindeenden die Gleitlager nicht verkratzen! Die **alte Dichtung** von den Paßflächen der Gehäusehälften **entfernen;** dabei darauf achten, daß keine Kratzer entstehen.
Im abgenommenen Gehäuseteil sitzt ein **Wellendichtring.** Er sollte stets ausgewechselt werden. Dazu das auf der anderen Seite befindliche **Sicherungsblech** abschrauben. Das Anschlußelement für den **Ölfilter** ausbauen und bei Bedarf den **Öldruckschalter** ausbauen (Stecknuß SW 21); beim Einbau neuen **Kupferdichtring** einsetzen.

Rechts oben: Bei fest klebender Dichtung wird die rechte Gehäusehälfte vorsichtig mit einem Kunststoffhammer von der Kurbelwelle geschlagen.

Links: das geöffnete Kurbelgehäuse des QUAZAR-Motors der GTS 250 i.e. Die Papierdichtung muß stets erneuert werden. Rechts: Die Kurbelwelle wird einfach aus der linken Gehäusehälfte gezogen, die Gleitlager bleiben im Gehäuse.

Kurbelwelle und Pleuel – Prüfung: Verschiedene Positionen können nun überprüft werden: **Axialspiel** des Pleuels, **Radialspiel** des Pleuels, **Breite** der Kurbelwangeneinheit, **Durchmesser** der beiden Laufflächen in den Lagerbereichen. Wenn die Kurbelwelle nicht verkratzt ist und die Sollwerte eingehalten werden, kann sie wiederverwendet werden. Wenn bei intakter Kurbelwelle das Axialspiel im Motorgehäuse zu groß ist, können Verschleiß oder Paßungenauigkeiten infolge falscher Bearbeitung die Ursache sein. (Die Werte kennt die Vespa-Fachwerkstatt).
Für das Vermessen der **Kurbelwellen-Fluchtung** sind eine spezielle Haltevorrichtung und Meßinstrumente nötig, die nur Spezialwerkstätten besitzen. Geprüft werden auch der Zustand der Wellenkegel, der Wellendichtring-Lauffläche und die Gewinde-Enden.
Das Pleuelfußlager und das Pleuel können nicht separat ausgewechselt werden. Auch ist nicht möglich, die Laufflächen in den Lagerbereichen nachzuschleifen. Bei Schäden oder Abweichungen von den Sollmaßen muß die komplette Kurbelwelle getauscht werden.

Kurbelwellen-Gleitlager prüfen: Die in die Gehäusehälften eingesetzten Gleitlager bestehen jeweils aus einer **massiven Halbschale** (gegenüber dem Zylinder) und einer **Halbschale mit Nuten und Bohrungen** (unter dem Zylinder) für die Schmierung durch das unter Druck (3,2 bar) zirkulierende Motoröl. Die **Paßflächen** der beiden Halbschalen müssen genau senkrecht zur Zylinderachse liegen, sonst wird die Schmierung gedrosselt. Auch die Einbautiefe der Lager im Hinblick auf das Axialspiel der Kurbelwelle muß stimmen. Die **Lager** können vermessen und **ausgewechselt** werden. Dies ist Sache einer Fachwerkstatt, da es schwierig ist, die genau passenden Lager zu bestimmen. Ab Werk werden die Kurbelgehäuse unterschiedlich farbig markiert - rot, blau und gelb. Dementsprechend sind die Austausch-Lagersätze gekennzeichnet und zugeordnet.

Motorgehäusehälften – Prüfung: Bevor kontrolliert werden kann, ist eine penible **Reinigung** der Gehäuseoberflächen und Schmierkanäle erforderlich. Dabei nur Spezialreiniger verwenden, **kein Benzin** oder Petroleum.

Besonders wichtig im **Bereich des Antriebsgehäuses** ist die Reinigung der **Leitungen** für die Ölpumpe und den Bypass sowie der Kurbelwellenlager und der **Kühldüse. Achtung:** Ist die Düse verstopft, wird der Kolben nicht genügend gekühlt, ein Motorschaden kann die Folge sein. Fehlt die Düse, werden Kurbelwellen- und Pleuellager nicht ausreichend geschmiert. Der **Sitz** des **Bypass-Ventils** darf keine Verschleißerscheinungen zeigen.

Beim **Gehäuseteil auf der Lichtmaschinenseite** muß besonderes Augenmerk auf die Reinigung der **Schmierkanäle** für das Kurbelwellenlager, den Kanal für die Düse der Zylinderkopfschmierung und den Kanal im Bereich des Wellendichtrings gelegt werden. **Achtung:** Der Kanal für die **Düse** zur Schmierung des Zylinderkopfs darf nicht verstopft sein oder fehlen. Anderenfalls sinkt der Schmierdruck an Ventilsteuerung und Kurbelwelle.

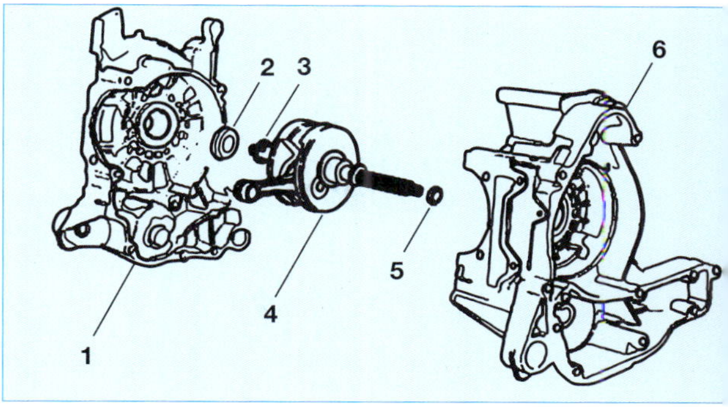

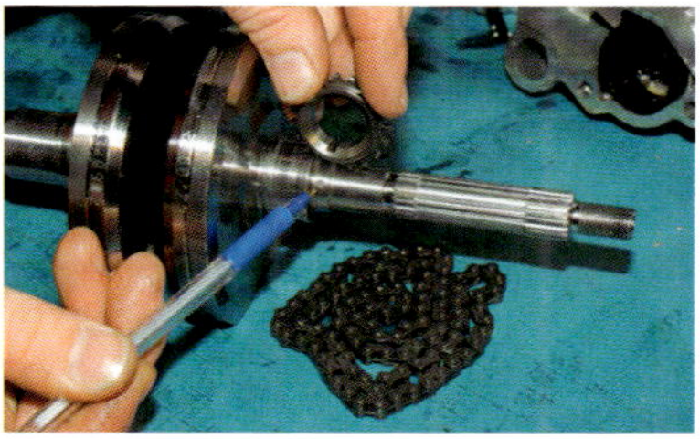

Graphik: Kurbelgehäuse des LEADER-Motors der GT 125/200; 1 = Kurbelgehäusehälfte, 2 = Simmerring, 3 = Ausgleichsscheibe, 4 = Kurbel-welle, 5 = O-Ring, 6 = Antriebsgehäuse (Ausschnitt). Foto oben links: Blick auf das rechte Gleitlager. Oben rechts: Ausbau des Öldruckschalters. Unten links: Das Antriebsritzel für die Steuerkette wird durch einen Pin auf der Kurbelwelle gesperrt.

Nach Reinigung und Kontrolle aller Details und Schmierkanäle überprüfen, ob die **Paßflächen** an den Gehäusehälften **nicht beschädigt** sind (Kratzer, Riefen, Dellen etc.) Gröbere Schäden führen zu **Ölverlust** und lassen den Öldruck an den Kurbelwellenlagern sinken. Kleinere Kratzer lassen sich mit **Flüssigdichtpaste** ausgleichen. Zuletzt die Auflageflächen prüfen, die das Axialspiel der Welle gering halten.

Kurbelwelle und Pleuel – Einbau: Wiedereinzubauende gebrauchte Welle vorsichtig mit Motorreiniger säubern. **Achtung:** Niemals die Schmierkanäle am Pleuelfußlager mit Druckluft ausblasen, es könnten Schmutzpartikel eindringen. An den Kurbelwangen sitzen zwei **Abstreifscheiben,** die korrekt positioniert sein müssen. Anderenfalls wird die Schmierleistung beeinträchtigt.

Kurbelgehäuse – Zusammenbau: Zuerst das Sperrblech einbauen und mit den beiden Schrauben sichern **(Drehmoment 4 - 6 Nm).** Die Verbindung zum Ölfilter einsetzen. Nach Reinigung der Paßflächen eine **neue Dichtung** auf die getriebeseitige Hälfte des Gehäuses setzen, dabei die **Paßstifte** nicht vergessen. Die Gleitlager und die Lagersitze auf der Kurbelwelle **einölen** (Motoröl) und die Kurbelwelle in die getriebeseitige Gehäusehälfte schieben. Das lichtmaschinenseitige Gehäuseteil aufsetzen, die zehn (elf bei GT) Schrauben SW 8 einsetzen und mit **Drehmoment 11 - 13 Nm** anziehen. Den Öl-Vorfilter mit einem neuen O-Ring vesehen, einsetzen und die Kappe mit **Drehmoment 24 - 30 Nm** anziehen. Der Ölfilter wird am Gehäuse mit **27 - 33 Nm** angezogen.

Zylinder-Stehbolzen prüfen, auswechseln: Die Stehbolzen müssen fest im Gehäuse sitzen; prüfen, ob sie nicht bei der Abnahme des Zylinderkopfs losgedreht wurden. Auf gleichmäßigen Überstand achten (Sollmaß GTS 250: 143 mm). Bei festem Sitz, aber zu großer Länge ist der Bolzen überdehnt und muß gewechselt wedern. Dazu zwei Zylinderkopfmuttern kontern und den Bolzen so ausdrehen. Das Gewinde im Gehäuse sorgfältig von altem Kleber befreien. Neuen Bolzen am unteren Gewinde mit starker **Schraubensicherung** (z. B. Loctite Super Rapido) beträufeln und mit den abermals gekonterten Muttern bis zur vorgeschriebenen Einsetztiefe eindrehen.

Getriebe und Hinterradantrie
Ölstandskontrolle, Ablassen d

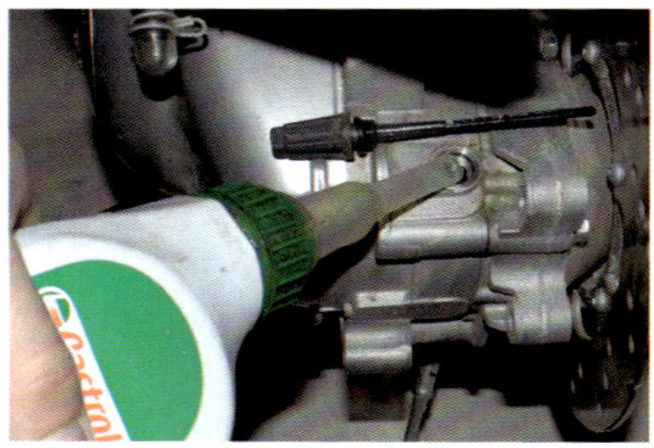

Fotos rechts von oben: Blick auf den Hinterradantrieb der GTS 300 i.e. mit dem Getriebeöl-Peilstab; Ablassen des Getriebsöls bei einer GT 125 mit einem alten, passend zurechtgeschnittenen Ölbehälter; Einfüllen von Getriebeöl bei der GTS 300 i.e.;das Foto unten zeigt den Getriebedeckel beim 250er Motor, der rundum verschraubt ist; die Getriebeausgangswelle ist gleichzeigtig die Hinterradachse. ein Wellendichtring verhindert, daß Öl austritt.

usbau, Zerlegung, Prüfung der Einzelteile, Zusammenbau; etriebeöls und Neubefüllung

Wie bei allen Vespa-Automatik-Modellen wird auch bei den GT-, GTS- und GTV-Typen die Kraft über Antriebsriemen, Riemenscheiben und Kupplung auf ein ***Untersetzungsgetriebe*** *übertragen. Dieses hat die Aufgabe, die hohen Drehzahlen im Antrieb auf die jeweils benötigte Hinterrad-Drehzahl zu reduzieren. Zur Kupplung und zur Radachse hin dichten* ***Wellendichtringe*** *das Getriebe ab.* ***Voraussetzung*** *für Arbeiten am Getriebe: vollständiger Ausbau von getriebener Riemenscheibe und Kupplungseinheit sowie Ablassen des Getriebeöls.*

Getriebeöl ablassen: Die **Ablaßschraube** befindet sich hinten/unten am Antriebsgehäuse und ist ohne besondere Vorkehrungen erreichbar. Die **Öleinfüllöffnung** befindet sich samt dem zugehörigen Peilstab darüber.
Zum **Öl-Ablassen** Auffangwanne unterstellen, den Ölpeilstab lockern oder ausdrehen und die **Ablaßschraube** mit einem Inbusschlüssel SW 6 ausdrehen; Öl vollständig abtropfen lassen und später zum Entsorgen an einer Sammelstelle abgeben. Annehmen muß das Altöl jede Firma, die neues Öl verkauft (Werkstatt, Supermarkt, Tankstelle etc.); Hinweise zum Befüllen s. weiter unten.

Getriebedeckel mit Wellen und Zahnrädern – Ausbau: Der Getriebedeckel ist mit sieben Sechskantschrauben SW 10 befestigt, die ausgedreht werden; die kurze Schraube sitzt oben rechts (auf dem Foto folgende Seite spiegelbildlich unten links abgelegt). Sollte der Deckel festsitzen, muß man von der Hinterradseite her mit einem **Kunststoffhammer** leicht auf die Radachse schlagen; wenn das Getriebe schon mal geöffnet war, hält u. U. zähe Dichtungsmasse den Deckel fest. In den Deckel eingelassen:

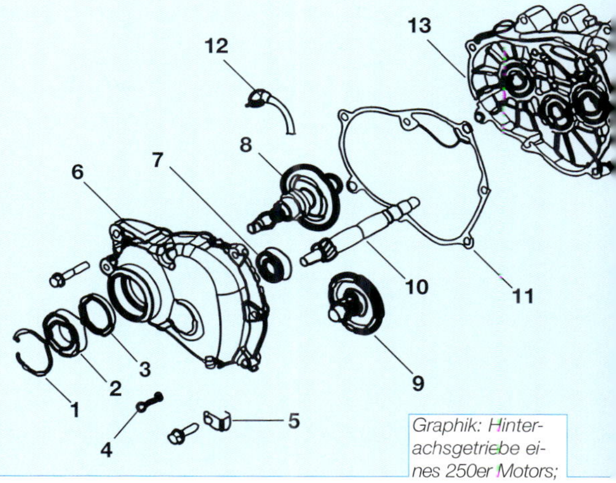

Graphik: Hinterachsgetriebe eines 250er Motors; 1 = Seegering, 2 = Kugellager, 3 = Simmerring, 4 = Entlüftungsschraube, 5 = Klammer mit Schraube, 6 = Getriebedeckel, 7 = Kugellager, 8 = Abtriebszahnrad mit Radachse, 9 = Vorgelege, 10 = Antriebswelle von der Kupplung aus, 11 = Dichtung, 12 = Entlüftung, 13 = Antriebsgehäuse. Foto links: das geöffnete Getriebe der GTS 250 i.e. Man erkennt die verschiedenen Lager, die Zwischenwelle und die Abtriebswelle.

Nadellager und Wellendichtring für die Antriebswelle; Aus-/Einbau s. u.
Ist der Deckel abgenommen, lassen sich alle Getriebeelemente ohne weiteres Werkzeug entnehmen. Die vorn liegende Eingangs- oder **Hauptwelle** (in Fahrtrichtung gesehen) wird samt der Verzahnung einfach mit aus dem Gehäuse gezogen; in der Mitte läuft das **Zwischenrad** oder **Vorgelege** (auf die flache **Anlaufscheibe** achten, die vor der Welle und damit direkt hinter dem Deckel sitzt); hinten sehen wir das **Abtriebs-Zahnrad** mit der **Radachse**. Zahnrad und Radachse assen sich trennen, was die Reparaturkosten senkt, wenn nur eines von beiden Teilen Schäden zeigt. Zum Trennen den großen Seegering vor dem Zahnrad abnehmen; dazu Spezialzange verwenden. In der Regel sind Arbeiten am robusten Vespa-Getriebe nur selten nötig.

Das Untersetzungsgetriebe der großen Vespa-Modelle ist einfach aufgebaut und bekannt für seine Robustheit. Zurückliegend rechts der Achsantrieb, davor die Zwischenwelle. Die kürzere Schraube wird beim Zusammenbau oben rechts positioniert.

Getriebe – Ausbau Kugellager, Dichtringe: Nachdem wir die Getriebezahnräder mit ihren Wellen herausgenommen haben, sehen wir **fünf Lager: 1. drei offene Kugellager,** (eins im Deckel und zwei im Gehäuse); **2.** vorn im Gehäuse das **Wellenlager** für die Antriebswelle. **3.** das **geschlossene Lager für die Radachse** im Deckel, verdeckt von einem **Wellendichtring** und von außen mit einem **Seegering** gegen Herausfallen gesichert.
Zum Ausbau der Kugellager ist eine spezielle **Ausziehvorrichtung** erforderlich, die nur die Piaggio-Werkstatt hat; ums Werkzeug-Ausleihen oder ums Delegieren dieser Arbeit kommt man also nicht herum. Das **Achslager** wird nach Entfernen des Seegerings von innen ausgetrieben. Anschließend kann auch der **Wellendichtring** ausgetrieben werden.
Das **Wellenlager der Antriebswelle** liegt bei geöffnetem Getriebe frei. Zum Ausbau muß zunächst der **Wellendichtring** zur Kupplungsseite hin ausgehebelt werden; dabei den Lagersitz nicht verkratzen. Dann den **Seegering** entfernen und das Lager mit einem passenden Schlagdorn aus dem Gehäuse treiben.

Getriebewellen und Getriebedeckel prüfen: Kontrollieren, ob die Wellen und Zahnräder an den Zahnkanten, den Lagerlaufsitzen und den Sitzen für die Wellendichtringe keine Verschleißerscheinungen zeigen (Riefen, Rillen, Ausbrüche etc.) Defekte Teile müssen ausgetauscht werden. Auch die Paßflächen von Getriebedeckel und Gehäuse dürfen keine Schäden aufweisen (Beulen, tiefe Kratzer etc.) Die Sitze für die Lager müssen sich in einwandfreiem Zustand befinden.

Kugellager und Wellendichtringe prüfen: Die Kugel- und Wellenlager müssen frei rundlaufen, dürfen nicht haken oder klappern. Einmal ausgebaute Wellendichtringe können nur in Ausnahmefällen und nur dann, wenn sie ohne Beschädigungen geblieben sind und einwandfreie Dichtlippen aufweisen, wieder eingebaut werden. Bei der geringsten Verformung müssen sie erneuert werden. Wir empfehlen grundsätzlich den Austausch nach jeder Demontage.

Getriebelager mit Wellendichtringen – Einbau: Deckel und

Das zerlegte Untersetzungsgetriebe der GTS 250i.e. Links der Deckel mit den Lagern für Zwischen- und Abtriebswelle, rechts das Antriebsgehäuse mit den entsprechenden Kugel- und Nadellagern. Während die Wellen einfach herausgezogen werden können, müssen die Lager mit speziellen Schlag- und Preßwerkzeugen ausgebaut werden. Unten im Bild von links die Zwischenwelle, daneben die Abtriebswelle mit der Radachse, rechts die Eingangswelle, auf der links in Fahrttrichtung die Kupplung sitzt.

Gehäuse sollten immer so abgelegt sein, daß die Lager **senkrecht von oben** eingebaut werden können. Hohlräume von unten mit passenden Holzprofilen **abstützen,** damit beim Schlagen die Leichtmetall-Gehäuseteile nicht beschädigt werden können.
Den Getriebedeckel auf eine Holzplatte legen und mit einer **Heizpistole** auf ca. 80° C erwärmen. Das **Radachslager** und die **drei Kugellager** mit passenden Schlagdornen einpressen. Das **Radachslager** mit dem **Seegering** sichern und mit dem **Wellendichtring** abdichten; der Ring muß bündig mit seinem Sitz abschließen und mit der Dichtlippe zum Getriebeinneren weisen. **Achtung:** Bei Lagern mit asymmetrischem Kugelkäfig muß die offene Seite zum Getriebeinneren hinweisen. Vorhandene Seegeringe und Wellendichtringe einbauen wie oben beschrieben.

Getriebe – Zusammenbau: Vor dem Zusammenbau **alte Dichtung** bzw. Dichtungsmasse sorgfältig von den Dichtungsflächen an Gehäuse und Deckel entfernen. Dazu keineswegs ein scharfkantiges Werkzeug (Schraubendreher etwa) verwenden; die **Dichtflächen** dürfen nicht beschädigt werden. Geeignet sind Hartholz- oder Kunststoff-Schaber. Reste mit **Verdünnung** abwaschen; darauf achten, daß die Verdünnung nicht in die Lager fließt.
Wellen und Zahnräder in folgender Reihenfolge einsetzen: Antriebswelle, Zwischenwelle, Radachse mit großem Zahnrad. **Achtung:** Bei bestimmten Modellen flache **Anlaufscheibe** auf die Zwischenwelle schieben. Nun neue Dichtung aufsetzen, besser aber die Kontaktflächen an Deckel und Gehäuse sowie den Bereich an der Entlüftungsleitung gleichmäßig mit dauerelastischem **Spezial-Dichtmittel** bestreichen; (Loctite 510 oder das schwarze Silikon-Dichtmittel von Victor Reinz.)
Deckel aufsetzen, dabei auf die **Zentrierstifte** und die richtige Positionierung der **Entlüftungsleitung** achten. Deckel gleichmäßig anpressen und mit den **sieben Schrauben SW 10** sichern; zuerst die kurze schwarze, die vorn oben in Fahrtrichtung sitzt, dann die untere Schraube mit der Halterung der Entlüftungsleitung, dann die restlichen Schrauben; alle sieben Schrauben mit **Drehmoment 24 - 27 Nm** anziehen.

Getriebeöl einfüllen, Getriebeöl wechseln, Ölstand kontrollieren: Nach dem Getriebezusammenbau und im Rahmen des Getriebeölwechsels zuerst die **Ölablaßschraube** wieder einsetzen; dabei (je nach Modell) den Dichtring nicht vergessen. Keinen Fiberring, sondern einen **neuen Alu-** oder **Kupferring** verwenden. Schraube Inbus SW 6 mit Gefühl anziehen, **Vorsicht,** Gefahr des Überdrehens. Daher am besten mit **Drehmoment 15 - 17 Nm** anziehen (alle Modelle).

Dann bei abgeschraubtem Ölmeßstab über die Einfüllöffnung hinten links **neues Getriebeöl** einfüllen. Piaggio empfiehlt durchgängig für **alle Modelle** Marken-Getriebeöl **SAE 80W-90** (besser als API GL3). **Achtung:** Menge genau abmessen (s. a. technische Daten im Anhang). Das Fassungsvermögen des Hinterachsgetriebes beträgt bei den GT-Modellen 150 cm³, bei den GTS- und GTV-Modellen 250 cm³.

Achtung: Ein Zuviel an Öl schäumt auf und drückt sich aus den Lagern. Mit Peilstab – soweit vorhanden – Ölstand kontrollieren; dabei **fest einschrauben.** Bei den GT-Modellen zeigt die erste Kerbe von unten, bei den GTS-Modellen die zweite Kerbe von unten den Maximalstand an.

Achtung: Welche Kerbe am Peilstab für das jeweilige Modell letztlich maßgebend ist, muß der zugehörigen Betriebsanleitung entnommen werden, da Piaggio für verschiedene Fahrzeuge den gleichen Peilstab verwendet. Ölstand notfalls korrigieren, Peilstab einsetzen und festziehen. **Achtung:** Das Fahren mit zu wenig, verschmutztem oder falschem Öl führt zu einer starken Abnutzung der Getriebeteile und kann zu Schäden führen. Auch zuviel Öl ist schädlich.

Piaggio schreibt vor, das Getriebeöl bei den **Einspritzmodellen** nach den ersten **1000,** dann bei **20.000** und danach **alle 20.000** km zu wechseln. Dazwischen ist mindestens alle **10.000 km** eine Kontrolle erforderlich. Bei den **Vergasermodellen** muß das Getriebeöl nach den ersten **1000,** dann **alle 6000 km** gewechselt werden (s. a. Wartungspläne im Anhang.

Achtung: Sollte bei der Kontrolle Öl fehlen, muß auch nach der **Ursache** geforscht werden (defekte Wellendichtringe, defekte Getriebedeckel-Abdichtung oder andere Schäden).

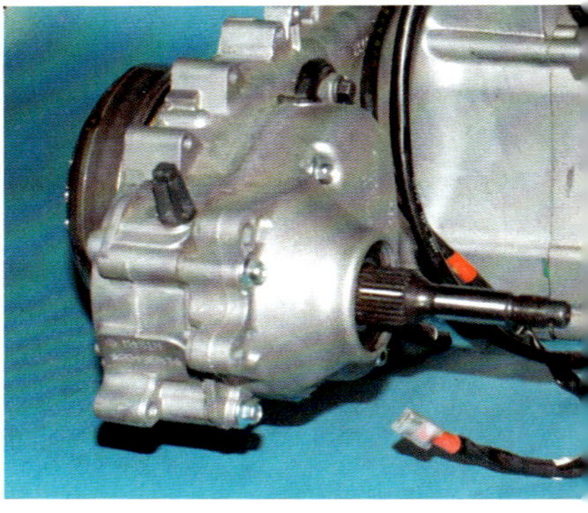

Oben: das Antriebsgehäuse der GTS 250 i.e. mit seinen Lagern. Mitte: das zusammengebaute und neu abgedichete Untersetzungsgetriebe mit der rechts herausstehenden Hinterradachse. Unten: Die Kupplung, die mit ihren Riemenscheiben vom Keilriemen angetrieben wird, sitzt auf der Getriebe-Eingangswelle.

GT 125, 200 und 125er GTS-/GTV-Modelle nach Euro 3: Vergaser ausbauen, zerlegen, prüfen

Bei den ab 2003 gebauten Modellen GT 125 und GT 200 sowie den 125er-Modellen nach Euro 3 wird das Benzin-Luft-Gemisch noch von traditionellen Vergasern aufbereitet. Es kommen Vergaser von zwei Herstellern zum Einsatz: Keihin und Walbro (genaue Bestückung s. technische Daten). Dabei handelt es sich um Membran-Unterdruck-Vergaser mit automatischem Choke. Auch der Benzinhahn der GT-Modelle arbeitet automatisch. Die Vergaser-Grund- und Einstelldaten finden sich im Anhang. ***Achtung:*** *Bei allen Arbeiten an Vergaser, Tank und Benzinzufuhr* ***Batterie abklemmen – Brandgefahr!***

Blick auf die „Gasfabrik der Vespa GT 125. Bei abgenommenem Helmfach sind alle Elemente leicht zugänglich. Auf dem Foto oben liegt links der Ansaugschlauch zum Luftfilter, in der Mitte der Vergaser mit der gekapselten Unterdruckkammer, der Schieberbetätigung und dem Gaszug, rechts der Ansaugkrümmer, der in den Vierventil-Zylinderkopf führt. Foto unten: Unterhalb der Membranglocke befindet sich der schwarz gekapselte automatische Choke.

Vergaser – Ausbau *(am Beispiel Keihin; Abweichungen Walbro in Klammern):* Das **Luftfiltergehäuse** ausbauen wie im Kap. „Motorausbau" beschrieben. Dann **Gaszug,** Anschluß des automatischen **Chokes, Luftleitung** zum Membrangehäuse und **Benzinansaugleitung** abnehmen. Leitung mit einer geeigneten Blechschraube verschließen.
Die **Schelle** am Ansaugstutzen lösen und Vergaser abziehen. **Achtung:** Den **Keihin**-Vergaser dabei so drehen, daß die Kühlmittel-Anschlußschraube zusammen mit den Leitungen abgenommen werden kann; damit wird verhindert, daß die Kühlanlage entleert werden muß. **(Walbro:** der bei einigen Modellen nur eingeschraubte Zerstäuber kann so beim Reinigen des Vergasers nicht verlorengehen.)

Vergaser – Zerlegung (Keihin; Walbro in Klammern): Den **Choke** ausbauen, indem die beiden Schrauben des Halters gelöst werden; Deckel, Bügel, Halter und Dichtung abnehmen. Der seitlich angebrachte, transparente **Belüftungsfilter** ist mit einer Klammer gesichert, die mit einer Spitzzange entspannt wird; Filter abnehmen. Nun die vier KS lösen, die den **Deckel** des Unterdruckgehäuses fixieren. **Achtung:** eine Feder hält den Deckel unter Spannung, sie kann bei Unachtsamkeit plötzlich herausspringen.
Nun liegen **Membran** und **Unterdruckventil** frei; zum Ausbau den Bajonettverschluß um 1/8 Umdrehung drehen, die **Feder** und die **Nadel** abnehmen.
Zum Ausbau der **Schwimmerkammer** Vergaser umdrehen und die vier KS lösen, mit denen die Kammer befestigt ist; sollte dies schwierig sein, Vergaser in einen Schraubstock mit Alufutter spannen und beim Ausdrehen leicht auf den Schraubendreher schlagen. Deckel und **Dichtung** abnehmen.

In die Schwimmerkammer integriert sind die **Beschleunigungspumpe** und der **Kolbenantrieb;** dieser sollte nicht demontiert werden; die Beschleunigungspumpe wird mit einem Gabelschlüssel ausgedreht; sie ist zerlegbar und besteht aus Düse, Feder und Kugel. **(Walbro:** die Beschleunigungspumpe zusammen mit Gewindering, Haube, O-Ring und Feder ausbauen.)
Zum Ausbau des **Schwimmers** den umgedrehten Vergaser in einen Schraubstock mit Alufutter spannen.

Vergaser der Vespa GT 125. Er läßt sich nach Entfernen aller Leitungen und Schläuche von oben aus dem Fahrzeug ziehen. Vor Arbeiten am Vergaser immer die Batterie abklemmen. Da unweigerlich stets etwas Benzin austritt, besteht latente Brandgefahr. Hände durch geeignete Handschuhe vor auslaufendem Benzin schützen.

Den Zapfen, an dem der Schwimmer drehbar gelagert ist, mit leichten Hammerschlägen von der Gaszugseite her austreiben. Anschließend können **Schwimmer** und **Nadelventil** abgenommen werden.
Nun **Hauptdüse** und **Mischrohr** ausbauen. **(Walbro:** vorher Deckel der Chokedüse entfernen.) Damit der **Zerstäuber** nicht verlorengehen kann, muß er abgenommen werden (entfällt bei fest eingepreßten Zerstäubern).
Zuletzt die **Leerlaufdüse,** die **Leerlaufgemischschraube (Walbro:** mit O-Ring und Unterlegscheibe) und die Feder abschrauben. **(Walbro:** zusätzlich zwei Schrauben lösen und den Deckel, die Feder und die Membran der Cut-off-Vorrichtung abmontieren.)
Beide Vergasertypen **Achtung:** Auf keinen Fall fest eingeschrumpfte Elemente ausbauen (Benzinzuführung, Nadelventilsitz, Chokedüse, Deckel Beschleunigungsdüse, Lufteinstellung für Leerlauf und Vollast, Steuerwelle der Drosselklappe). Wer es trotzdem tut, **beschädigt** den Vergaser.

Automatischer Choke – Prüfung: Nach dem oben beschriebenen Ausbau des **Kaltstartventils** den kleinen Kolben auf **Kratzer,** Kerben und vor allem **Korrosion** überprüfen. Der Kolben muß frei beweglich sein, die Dichtung darf keine Schäden aufweisen. Schadhaftes Ventil komplett auswechseln.
Für die Funktionskontrolle benötigt man ein **Ohmmeter.** Der Motor muß kalt sein oder nach dem Abstellen mindestens zehn Minuten lang abgekühlt sein; die Außentemperatur sollte nicht unter 20° C liegen (Raumtemperatur). Bei eingeschalteter Zündung muß sich der Choke erwärmen. Die Messung von Überstandswert und Widerstand erfordert Spezialwerkzeug und ist daher Werkstattsache. **Einbau** des Chokes in umgekehrter Reihenfolge wie weiter oben beschrieben.

Schwimmerkammer – Öffnung, Prüfung, Zusammenbau: In Nähe der Vergaser-Ansaugöffnung befindet sich die filigrane **Beschleunigerpumpe**; Feder und Kolben herausziehen, Zustand und Gängigkeit prüfen, reinigen und wieder einsetzen.
Zentrale Bedeutung hat der aus Kunststoff bestehende **Schwimmer**; er steuert den Benzinfluß. Der Schwimmer ist an einer feinen Welle drehbar gelagert und kommt nach Austreiben der Welle frei.
Darunter sitzt das **Nadelventil**; es wird von einem Plättchen gehalten. Ventil ausbauen, reinigen und überprüfen. Das Ventil muß korrekt öffnen und schließen, darf keinerlei Schäden aufweisen. Der Schwimmer muß dicht, die Welle leichtgängig sein. **Einbau**: Die **Markierung am Schwimmer** muß parallel zur Paßfläche der Schwimmerkammer liegen; falls nicht, muß die Ausrichtung des Metallplättchens am Nadelventil

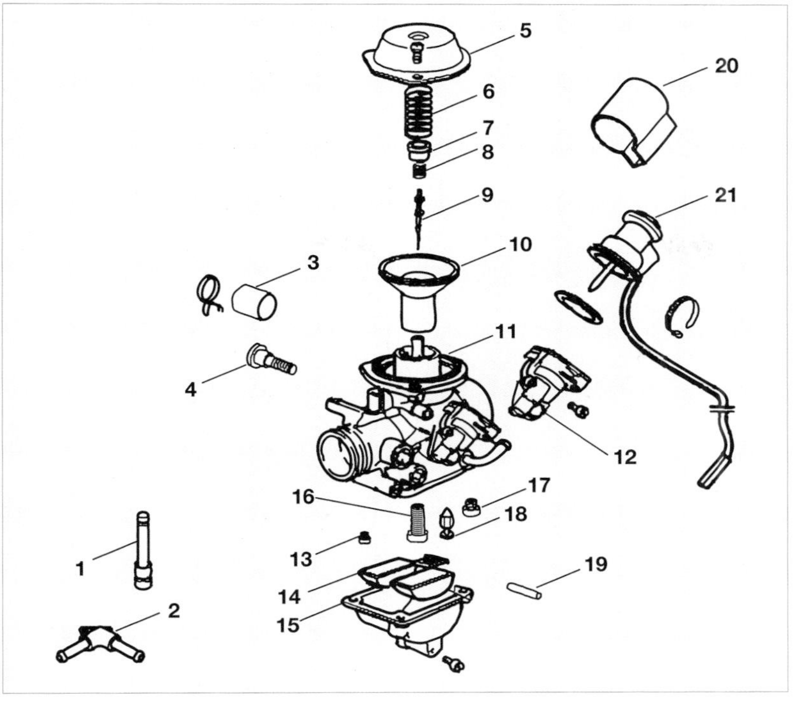

Graphik links: Einzelteile Keihin-Vergaser; 1 = Hebel, 2 = Vorwärmung, 3 = Lufteinlaß mit Klammer, 4 = Schraube, 5 = Membrandeckel, 6 = Feder, 7 = Nadelsitz, 8 = Feder, 9 = Nadelventil, 10 = Membran, 11 = Vergasergehäuse, 12 = Gehäuse für Choke, 13 = Leerlaufdüse, 14 = Schwimmer, 15 = Schwimmergehäuse, 16 = Düse, 17 = Hauptdüse, 18 = Schwimmernadelventil, 19 = Lager Schwimmer, 20 = Kappe, 21 = Kaltstartventil.

durch vorsichtiges Verbiegen verändert werden.

(Walbro: Bei umgedrehtem Vergaser darf der Schwimmer die Feder des Nadelsventils nicht zusammendrücken; anderenfalls ist Benzin eingedrungen; dann Schwimmer austauschen, u. U. auch Nadelventil. Düsendeckel gründlich reinigen und korrekt montieren. Ablaßschraube ausbauen und ebenso wie Ansaug- und Zuleitung der Beschleunigungspumpe reinigen, anschließend alles vorsichtig mit Preßluft ausblasen. Pumpe und Ablaßschraube mit **neuen O-Ringen** versehen.

Außerdem den **Schwinghebel** der Beschleunigungspumpe sorgfältig auf Verschleiß überprüfen – inkl. der kleinen Rückholfeder. Die Anschlagschraube muß 3,2 mm überstehen. Feder und Schwinghebel zusammensetzen und bei offener Drosselklappe an den Vergaser bauen. Befestigungsschraube festziehen und Funktion prüfen.)

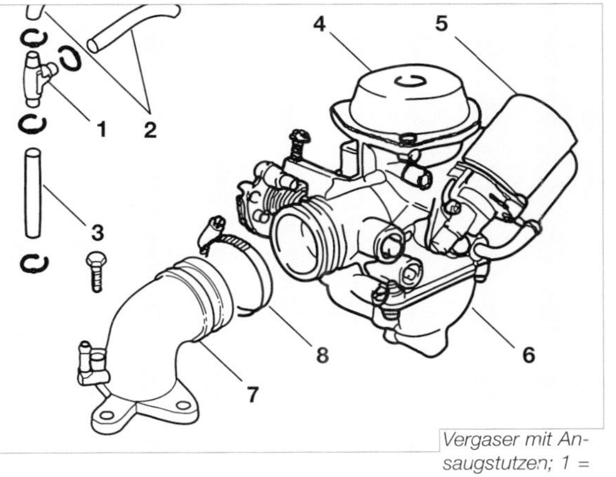

Vergaser mit Ansaugstutzen; 1 = Verteiler, 2 + 3 = Benzinschläuche, 4 = Vergasergehäuse mit Membrankammer, 5 = Kaltstartventil, 6 = Schwimmerkammer, 7 = Ansaugstutzen zum Zylinderkopf, 8 = Schlauchschelle.

Nach Prüfung der Düsen (s. unten) **Dichtring** des Gehäuses prüfen bzw. ersetzen und Schwimmergehäuse festschrauben.

Düsen – Prüfung, Einbau: Die zentrale **Hauptdüse**, die **Leerlaufdüse** und die **Leerlaufgemischschraube** müssen vor dem Einbau mit Waschbenzin gereinigt und dann vorsichtig mit Preßluft ausgeblasen werden. Beim **Walbro-**Vergaser die Feder, die Unterlegscheibe und einen neuen O-Ring auf die Leerlaufgemischschraube setzen, danach das Ganze ins Vergasergehäuse schrauben und **voreinstellen;** dazu zuerst die Schraube festdrehen, dann um zwei Umdrehungen öffnen. die Feineinstellung erfolgt später.

Vergasergehäuse – Prüfung, Reinigung: Bei Schäden am **Vergaserkörper** muß der Vergaser komplett ausgetauscht werden. Nach einer Totalzerlegung müssen alle Elemente mit Waschbenzin **gesäubert** werden. Optimal ist, alle Bohrungen, Kammern und Düsen mit **Druckluft** auszublasen; dabei **Vorsicht:** kleine Elemente können leicht wegfliegen. Den Sitz und freien Lauf des Gasschiebers prüfen; weitere Hinweise zum Vergasergehäuse s. unter „Zusammen- und Einbau".

Unterdrucksystem, Membran – Prüfung, Einbau: Das **Nadelventil** auf Verschleiß und Kratzer untersuchen **(Walbro:** der Sicherungsring muß sich in Position drei befinden = unterer Ring Richtung Spitze). Die **Bohrung** für die Unterdruckzufuhr **(Walbro:** zwei unterschiedliche Bohrungen) darf nicht verstopft sein. Die **Membran** darf keine Schäden oder Verhärtungen aufweisen, sonst muß sie gewechselt werden.

Keihin – Zusammenbau: Vergasernadel ins Unterdruck-Ventil setzen, Unterdruck-Gasschieber ins Gehäuse setzen, dabei Nadel in den Zerstäuber einführen; Feder mit Sicherungsring einsetzen; Deckel anbauen, dabei auf richtigen Sitz der Feder achten; Schrauben anziehen. Filter in der Luftöffnung und Choke-Halterung reinigen und ausblasen, dann alles zusammen mit einer neuen Dichtung anbauen und festschrauben.

Walbro – Zusammenbau: Nadelventil mit Feder ins Unterdruckventil setzen, Bajonettverschluß um 1/8 Umdrehung anziehen; Unterdruck-Gasschieber ins Gehäuse setzen, dabei Nadel in den Zerstäuber einführen; Unterdruckventil an die Ausbuchtung der Membran anpassen; bei richtiger Membranstellung liegt die Hauptbohrung für die Unterdruckversorgung in Richtung der Zerstäuberachse. Funktion des **Cut-off-Ventils** kontrollieren; die Standardlänge der Cut-off Feder beträgt 24 mm. Die Membran mit dem aufliegenden Metallstift einbauen, Feder auf die Membran setzen und Deckel aufsetzen; die Unterdruckzuleitung muß nach oben, die Markierung auf dem Deckel auf die Markierung an der Membran zeigen; Deckel festschrauben.

CO_2-Ausstoß: halb so viel wie bei Kleinwagen. *Die modernen Vierventil-Vespas sind beim quantitativen CO_2-Ausstoß sensationell bescheiden: Bei einem Verbrauch von 3,0 l/100 km beträgt der CO_2-Ausstoß 69,6 g/km und damit nur halb so viel wie bei einem als „sauber" eingestufter Kleinwagen. Hier liegt vor allem im Stadtverkehr ein riesiges Einsparpotential. Logischerweise tragen Viertakt-Roller zur Verbesserung der Umweltsituation bei, wenn sie in der City anstatt von Autos benutzt werden.*

Das Foto zeigt einen Unterdruckvergaser vom Typ Mikuni BS 24, wie er in die Vespa von ET 4 eingebaut wurde. Die Keihin- und Walbro-Vergaser der GT- und GTS-Euro 3-Modelle funktionieren nach dem gleichen Prinzip. Der Deckel muß vorsichtig abgenommen werden, sonst fliegt die Feder raus. Unten gut zu erkennen: die Membran aus Spezialgummi.

Vergaser – Leerlaufeinstellung: Normalerweise benötigen die GT-Motoren keine Leerlaufeinstellung. Falls doch, ist dies **Werkstattsache,** weil in der Regel nur sie über die erforderlichen Meßgeräte verfügt. Wir geben daher nur einen Überblick über die auszuführenden Arbeiten.

Voraussetzung für eine richtige Leerlaufeinstellung: Ölstand, Öldruck, Ventilspiel, Zündeinstellung, Zündkerzenwert und -Elektrodenabstand müssen korrekt sein; der Luftfilter muß sauber und dicht sein, der Auspuff darf keine Undichtigkeiten aufweisen. Dann muß fünf Minuten lang mit Tempo 50 gefahren werden, damit der Motor auf **Betriebstemperatur** kommt.

Das **Abgasmeßgerät** wird angeschlossen, seine **Sonde** so in den Auspuff gesteckt, daß sie dicht abschließt. Der Ölpeilstab am Motor wird durch eine spezielle Sonde ersetzt, mit der am Multimeter die **Öltemperatur** abgelesen werden kann. Gemessen wird bei einer Öltemperatur von 70 - 80° C.

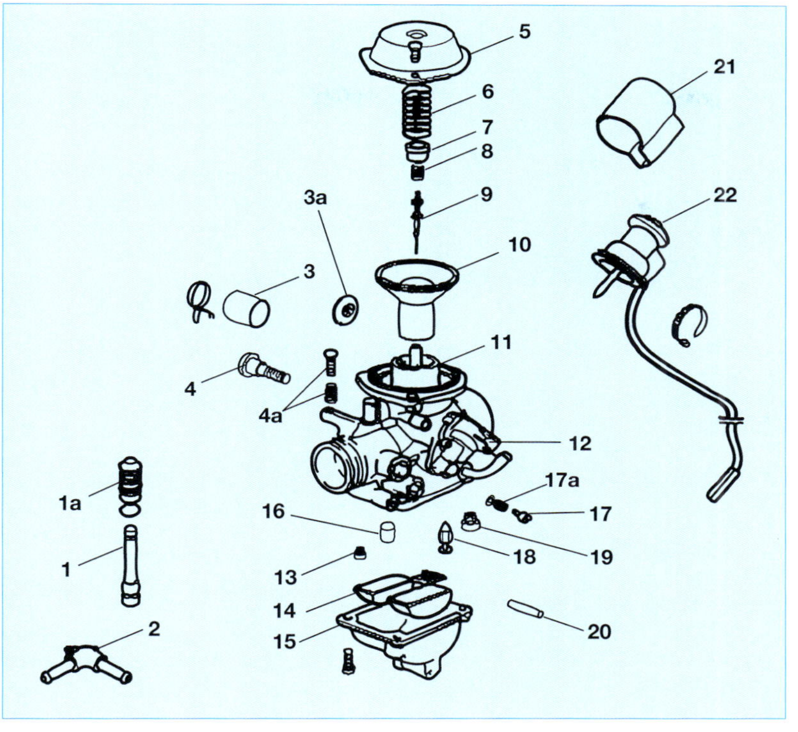

Graphik: Einzelteile Walbro-Vergaser; 1 = Hebel, 1a = Cut-off-Ventil mit Feder, 2 = Vorwärmung, 3 = Lufteinlaß mit Klammer, 3a = Haube, 4 = Schraube, 4a = Schraube mit Feder, 5 = Membrandeckel, 6 = Feder, 7 = Nadelsitz, 8 = Feder, 9 = Nadelventil, 10 = Membran, 11 = Vergasergehäuse, 12 = Gehäuse für Choke, 13 = Leerlaufdüse, 14 = Schwimmer, 15 = Schwimmergehäuse, 16 = Nadelsitz, 17 = Leerlaufeinstellschraube, 17a = Feder, 18 = Schwimmernadelventil, 19 = Hauptdüse, 20 = Lagerbolzen für Schwimmer, 21 = Kappe, 22 = Kaltstartventil.

Dann wird die **Leerlaufeinstellschraube** so lange verdreht, bis am Drehzahlmesser des Meßgeräts eine **Leerlaufdrehzahl von 1600 - 1700** Umdrehungen pro Minute abgelesen wird. Gleichzeitig muß die **Leerlaufgemischschraube** so verdreht werden, bis der **CO-Wert** zwischen **3,1 und 4,5 %** liegt (Lösen der Schraube = fettes Gemisch und höherer CO-Wert, Anziehen der Schraube = mageres Gemisch und geringerer CO-Wert). Steigt dabei die Leerlaufdrehzahl, muß nachreguliert werden, anschließend möglicherweise auch wieder das Leerlaufgemisch. Wenn der CO-Wert nicht richtig ermittelt werden kann, müssen Sauberkeit des Vergasers, Funktion des automatischen

Vespa-Vertragswerkstätten wie die Firma Schulz im rheinischen Kommern verfügen über Meßgeräte, mit denen CO- und CO_2-Wert gemessen sowie die wichtigsten Vergaser und Motor-Funktionen überprüft werden können. Angeschlossen ist das „Multimeter" hier an den Motor einer GT 125.

Chokes, Sitz des Nadelventils und Benzinstand in der Schwimmerkammer geprüft werden.

Das Abgasmeßgerät liefert auch den **CO_2-Wert,** der leicht größer als **12,5 Prozent** sein sollte; bei starken Abweichungen ist der Auspuff undicht. Zum quantitativen **CO_2-Ausstoß** siehe Kasten.

Der **HC-Wert** für unverbrannte Kohlenwasserstoffe liegt normalerweise zwischen **200 und 400 ppm.** Ist dieser Wert viel höher, deutet das auf zu mageres Gemisch, Fehler im Zündsystem, falsche Steuerzeiten oder defekte Auslaßventile hin.

Sekundärluftsystem SAS, Cut-off-Ventil – Prüfung: Alle GT-Modelle sind mit einem **ungeregelten Katalysator,** dem Sekundärluftsystem **(SAS)** und einem **Cut-off-Ventil** ausgerüstet; diese Elemente tragen deutlich zur Verminderung der Schadstoffe im Abgas bei.

Das SAS-Ventil muß zur Prüfung ausgebaut und am Ausgang mit einer Gummimuffe versehen werden, an die eine Vakuumpumpe angeschlossen wird. Diese Pumpe besitzen nur spezialisierte Werkstätten; von Arbeiten am SAS in Eigenregie ist abzuraten. Das Gleiche gilt für das Cut-off-Ventil. Defekte an diesen Elementen führen zu Fehlzündungen und können den Katalysator beschädigen. Der Katalysator kann nur zusammen mit dem Auspuff erneuert werden.

Vergaser – Zusammen- und Einbau: Beim Zusammenbau ist auf höchste Sauberkeit zu achten. **Hinweis:** *Auf einige Positionen wurde bereits in den vorangegangenen Abschnitten zumindest teilweise eingegangen. Die Angaben gelten für beide Vergasertypen.*

Vergasergehäuse mit Waschbenzin **reinigen,** dann mit Preßluft **ausblasen,** vor allem Benzineintrittsöffnung, Sitz des Nadelventils, Ausgang der Leerlaufgemischschraube, Bohrungen in der Nähe des Drosselventils, Verbindungsleitung zur Starterdüse, Beschleunigungsdüse.

Kontrollieren, ob die fünf **Dichtungskugeln** an den Leitungen vorhanden sind. Die **Paßflächen** an Schwimmerkammer und Gehäuse sowie den Zustand der **Membran** prüfen. Alle Elemente und Sitze auf Kratzer und Verschleiß untersuchen, s. a. vorige Abschnitte. Bei Schäden muß das komplette Gehäuse ausgetauscht werden.

Vor dem Einbau **Leerlaufdüse, Zerstäuber, Mischrohr** und **Hauptdüse** reinigen und durchblasen. Die **Vergasernadel** darf keine Abnutzungsspuren zeigen. Das Gleiche gilt für **Schwimmer** und **Schwimmernadelventil;** diese Elemente werden von Seite der Benzinzuführung her eingesetzt. Besonders auf die richtige Position der Rückholfeder am Schwimmerblech achten.

Reihenfolge beim Zusammenbau des **Ansaugventils (Keihin):** Feder, Kugel, Düse. Reihenfolge beim **Zuleitungsventil (Keihin):** Kugel, Feder, Düse.

Ablaßschraube an der Schwimmerkammer ausdrehen, Bohrung ausblasen, Schraube so einsetzen, daß sie absolut dicht ist (zum Test etwas Benzin in die Wanne füllen.) Eine **neue Wannendichtung** korrekt auflegen, Kammer aufsetzen und mit vier Schrauben sichern. Die

Steuerwelle muß sich leicht drehen, der **Schwinghebel** an der Steuerwelle darf nicht verbogen werden.
Besonderes Augenmerk auf die **Leerlaufgemischschraube** legen; sie darf vor allem nicht oxidiert sein. Nach Reinigung und Ausblasen Feder und Schraube zusammenfügen und das Ganze bis zum Anschlag ins Vergasergehäuse drehen, dann wieder um zwei Umdrehungen lockern; die Feineinstellung erfolgt später mit dem Meßgerät wie oben beschrieben.
Vergaser an den **Ansaugstutzen** anschließen, Schelle festziehen. Außerdem anschließen: **Benzinansaugleitung, Luftleitung, Gaszug, automatischen Choke.**

Vergaser – regelmäßige Wartung: In größeren Abständen sollte der Vergaser ausgebaut, in seine **Einzelteile zerlegt,** gereinigt und mit Preßluft ausgeblasen werden wie vorstehend beschrieben. Auch alle **Anschlüsse** und Anschlußleitungen säubern und ausblasen. Der **Gasschieber** muß leichtgängig sein, aber bei zu großem Spiel infolge Abnutzung ausgetauscht werden.
Den **Zustand** aller Bauteile und des Vergasergehäuses prüfen. Vor allem darf die **Mischkammer,** in der der Gasschieber läuft, nicht verschlissen oder verkratzt sein. Wie gesagt: Bei Schäden am Gehäuse hilft nur der Komplettaustausch. **Achtung:** Beim Zusammenbau stets **neue Dichtungen** verwenden. Austretendes Benzin kann sonst Brände auslösen, vor allem, wenn es auf den heißen Auspuff gelangt.

Luftfilter – Wartung: Alle **12.000 km** muß der **Luftfiltereinsatz** gewartet werden (öfter bei häufigem Fahren auf staubigen Straßen). Nach Ausbau des Luftfilters den aus Polyurethan bestehenden Luftfiltereinsatz in Seifenwasser **auswaschen.** Anschließend vorsichtig mit Druckluft **ausblasen** und vollständig trocknen lassen. Dann leicht mit einer Mischung 50 : 50 % aus z. B. Selenia Air Filter Oil (Spraydose) und bleifreiem Benzin **tränken**. Den Filtereinsatz einbauen und den Deckel verschrauben. **Hinweis:** Den Motor nie ohne Luftfilter laufen lassen, weil dann eindringende Schmutzpartikel den Vergaser verstopfen und Zylinder und Kolben beschädigen können. Erhöhter Verschleiß ist dann in jedem Fall garantiert. **Tip:** Regelmäßig das **Öl** aus dem **Schauglas** hinten am Luftfiltergehäuse ablassen und entsorgen - s. Fotos.

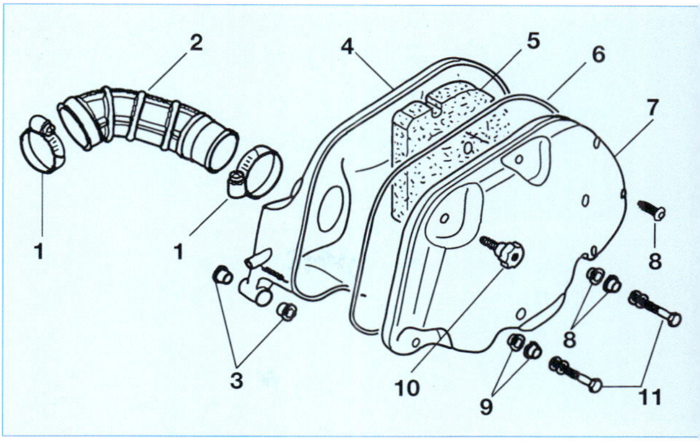

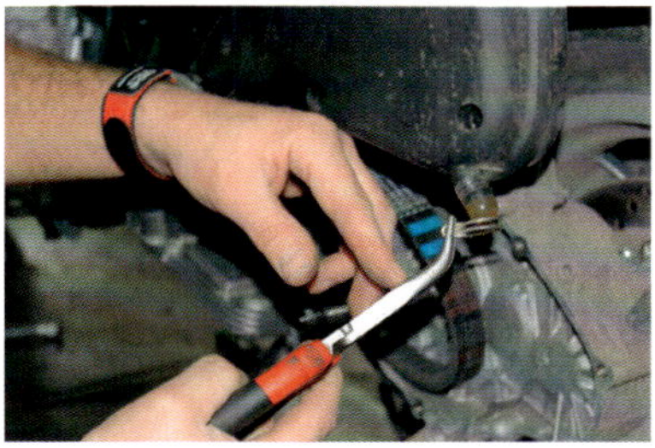

Graphik: Luftfiltersystem GT 125; 1 = Schlauchschellen, 2 = Stutzen zum Vergaser, 3 = Buchsen, 4 = Gehäuse-Innenteil, 5 = Luftfiltereinsatz, 6 = Dichtung, 7 = Gehäusedeckel, 8 = Schraube, 9 = Buchsen, 10 = Rändelschraube, 11 = Schrauben.
Foto oben: In regelmäßigen Abständen sollte das Öl, das sich hinten im Schauglas des Luftfiltergehäuses ansammelt abgelassen werden; dazu die Klammer mit einer Spitzzange lösen, Schauglas abziehen, Öl auffangen (unten) und entsorgen.

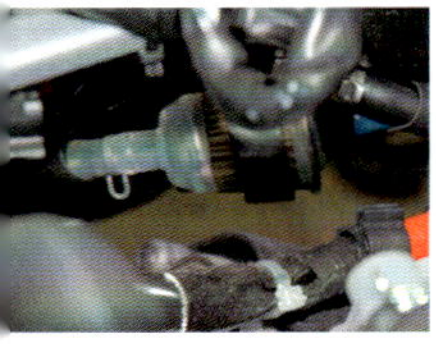

Die Fotos zeigen den automatischen Benzinhahn und den Benzinfilter einer GT 125. Graphik: Benzintank und Benzinhahn bei GT 125 und GT 200; 1 = Benzintank, 2 = Benzinstandgeber, 3 = Tankverschluß, 4 = Dichtung, 5 = Gummi, 6 = Verschraubung, 7 = automatischer Benzinhahn, 8 = integrierter Filter, 9 = Benzinschlauch mit Verschraubung.

GT-Modelle: Benzinhahn, Tank ausbauen, zerlegen; GTS-, GTV-Modelle: Tank ausbauen

Benzinhahn-Automatik – Prüfung, Ausbau: Die älteren **Vespa-GT-Modelle** mit Vergaser besitzen einen automatisch nach dem Unterdruckprinzip funktionierenden Benzinhahn. Zur Prüfung **Benzinleitung** vom Vergaser abnehmen; **Vorsicht:** nicht mit offenem Feuer hantieren (Zigarette), Hautkontakt mit Benzin vermeiden. Benzinleitung in ein skaliertes **Meßgefäß** halten und Anlasser ca. fünf Sekunden lang betätigen; der Benzinhahn arbeitet korrekt, wenn dabei 20 cm^3 Benzin in das Gefäß fließen. Ist dies nicht der Fall, kann der Hahn verstopft sein. Er ist von unten rechts erreichbar.

Unterdruckleitung am Vergaser abziehen und vorsichtig Druckluft Richtung Hahn blasen; die Membran muß dabei korrekt geschlossen bleiben. Sind Hahn oder der **Benzinfilter** verstopft, muß die Einheit ausgebaut werden. Dazu Tank ausbauen wie unten beschrieben und Benzin komplett ablassen. Hahn zerlegen, prüfen, reinigen. Der Benzinfilter wird zur Reinigung am besten mit Druckluft durchgeblasen.

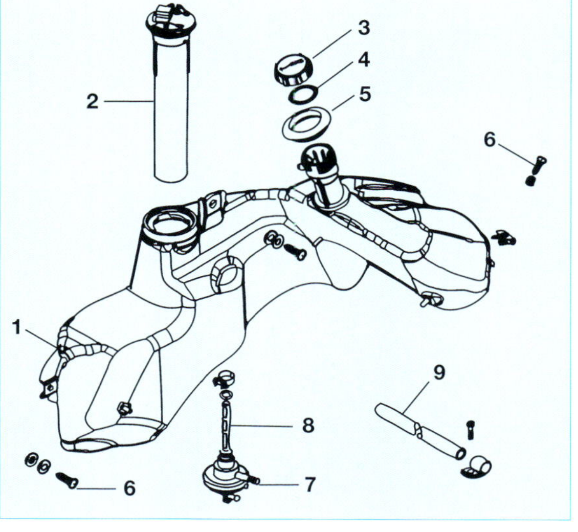

Benzintank, Geber Benzinuhr – Ausbau: Hier ist ein ziemlich hoher Aufwand erforderlich. **Achtung:** zuerst **Batterie abklemmen.** Zur **Vorbereitung** müssen Auspuffanlage, Hinterrad, hinterer Kotflügel, rechter und linker Blinker, Rücklichteinheit und die beiden oberen Federbein-Befestigungen ausgebaut werden (Beschreibung in den Kapiteln „Fahrwerk“, „Karosserie“).

Dann **Schläuche** vom Vergaser ziehen. Da der Hahn nach dem Unterdruckprinzip arbeitet, fließt kein Benzin aus. Auch hier wieder Hautkontakt mit Benzin vermeiden, Dämpfe nicht einatmen

Tankdeckel abnehmen und **Tankabdeckung** ausbauen, gleichzeitig auch den Gepäckträger. Dann den **Kabelstecker** vom Benzinstandgeber abziehen. Zum Ausbau des **Tanks** die beiden **Bestigungsschrauben** am Rahmen ausdrehen. Bei allen Modellen kann jetzt auch der **Geber für den Benzinstand** abgenommen werden.

Dazu mit einem quer angesetzten Schraubendreher den großen **Sicherungsring** etwas nach links drehen, Geber so weit wie möglich anheben. Dann das Gestänge, das zum **Schwimmer** führt, seitlich herausdrücken. Beide Teile getrennt herausnehmen. **Entlüftungsschlauch** aus der Führung ziehen und Tank absenken.

Achtung: die **GTS Euro 3-Typen** und die **Einpritzmodelle** verfügen über eine in den Tank eingelassene **Benzinpumpe;** Einzelheiten dazu im Kapitel „Einspritzanlage“.

Jetzt den Fahrzeugrahmen mit einem Wagenheber so weit anheben, daß genügend Platz zwischen Antriebseinheit und Rollerheck entsteht. Dann den Tank im hinteren Bereich absenken und nach unten manövrieren. **Einbau** in umgekehrter Reihenfolge.

Elektronisch gesteuerte Benzineinspritzung, Zündelektronik: Möglichkeiten und Grenzen

Foto: Blick auf die komplexe Einspritzanlage der GTS 300 i.e.

Funktionsweise: *Die modernen Viertakt-Enspritzmodelle der Baureihen GTS und GTV sind mit Benzin-Einspritzung, elektronischer Motorsteuerung und geregeltem Katalysator ausgerüstet. Bei laufendem Motor errechnet der* ***Mikroprozessor*** *permanent in Abhängigkeit von Drehzahl, Last und Außentemperatur den jeweils passenden* ***Zündzeitpunkt*** *und die benötigte* ***Benzinmenge.*** *Gleichzeitig wird über die vorn im Auspuff sitzende* ***Lambdasonde*** *der Restsauerstoffanteil im Abgas gemessen.*

Das Motormanagement stellt daraufhin das Benzin-Luft-Gemisch für die Verbrennung so ein, daß der Katalysator die ***Schadstoffe*** *CO, NO_x und HC optimal eliminieren kann. Alle Maßnahmen zusammen tragen wesentlich zur Verbrauchs- und Schadstoffreduzierung bei.*

Der Treibstoff wird über eine in den Tank eingelassene ***elektrische Benzinpumpe*** *unter einem Druck von 2,5 bar zum* ***Einspritzventil*** *befördert, das von der Elektronik millisekundenschnell geöffnet und geschlossen wird. Hand in Hand damit geht die Steuerung des* ***Zündzeitpunkts.***

Vorbemerkungen: *Arbeiten an der Benzineinspritzanlage sind kompliziert und nicht ohne Risiko (s. Kasten). Zudem erfordern sie ein perfektes Know-how, teure Meßgeräte und spezielle Handbücher, über die nur der Vespa-Werkstatt verfügt. Daher sollten entsprechende Arbeiten grundsätzlich nur von qualifizierten Fachwerkstätten ausgeführt werden. Wir geben zur Information trotzdem einen überblick über das, was beachtet werden muß und nach welchem Muster bestimmte Arbeiten ablaufen. Gleichwohl* ***raten wir von Arbeiten an der Einspritzanlage in Eigenregie ab.***

Benzin-Einspritzanlage: Vorsichtsmaßnahmen

- Vor Reparaturarbeiten an der Einspritzanlage überprüft die Werkstatt, ob Störungen festgestellt wurden. Vorher darf die Batterie nicht abgeklemmt werden. Bei Zündproblemen zuerst die ***Batterieanschlüsse prüfen.***
- Vorsicht: Der Benzin-Versorgungskreislauf steht unter einem Druck von 2,5 bar. Vor dem Abnehmen des Benzinkreislauf-Anschlusses sicherstellen, daß sich in der Nähe ***kein offenes Feuer (Zigarette)*** *oder eingeschaltete Heizgeräte befinden. Die Anschlüsse vorsichtig abnehmen, damit keine Benzinspritzer in die Augen fliegen. Beim Wiederaufstecken auf peinliche Sauberkeit achten.*
- Vor Abnehmen des Kabelsteckers der Zündelektronik Zündschlüssel auf „Off" stellen und ***Batterie abklemmen,*** *sonst wird die Elektronik beschädigt. (Die Batterie darf nur angeklemmt werden, wenn Tests dies erfordern. Die Batteriespannung muß dann über 12 Volt liegen.) Ansonsten* ***die Zündelektronik nur in unbedingt notwendigen Fällen abklemmen.*** *Beim Wiederanschließen sicherstellen, daß die Steckverbindungen trocken sind.*
- Bei Startversuchen müssen sich mindestens zwei Liter Benzin im Tank befinden, sonst kann die integrierte Benzinpumpe beschädigt werden. Wenn die Vespa für längere Zeit stillsteht, muß der ***Benzintank mindestens halb voll*** *sein, damit die Benzinpumpe ganz im Benzin liegt.*
- ***Motorraum niemals abdampfen.*** *Bei jeder Reinigung auf die elektrischen Bauteile und Kabel achten.*
- Bei den Kontrollen die Sonden des Testgeräts ***nicht mit Gewalt*** *in die Anschlüsse stecken. Piaggio untersagt, Messungen vorzunehmen, die nicht in den Handbüchern aufgeführt sind - Kurzschlußgefahr.*
- Nach jeder Kontrolle mit dem Testgerät die Kabelstecker wieder mit den ***Schutzkappen*** *sichern, da sonst die Zündelektronik Schaden nehmen kann.*

Fehlerdiagnose: Die Vespa-Werkstatt verfügt über Diagnosegräte, die ein Auslesen möglicher Fehler erlauben. Der zugehörige Stecker verfügt über 26 Anschlüsse. Die auf diesen Seiten gezeigten Listen geben einen Überblick über mögliche Ursachen, wenn der Motor nicht anspringt oder nicht richtig läuft. Meist sind Störungen im Regelkreis von **Benzineinspritzung** und **Zündelektronik** die Ursache. Oft führen aber auch einfache Defekte wie Undichtigkeiten im Ansaug- und Auspuffbereich zu Störungen im Alltagsbetrieb. Im Folgenden reißen wir kurz an, welche Elemente der Benzineinspritzung auf welche Weise ausgebaut werden können, empfehlen aber, dies **nicht in Eigenregie** zu tun. Daher zeigen wir auch keine Bilder.

Achtung: Die Werkstatt klemmt immer zuerst die **Batterie** ab, bevor am Einspritz- und Zündsystem gearbeitet wird. Anderenfalls kann die Elektronik beschädigt werden. **Vorsicht** vor unter Druck herausspritzendem **Benzin!** Details dazu auch im Kasten **„Vorsichtsmaßnahmen“** Seite 117.

Graphik: Drosselklappengehäuse GTS 250 i.e.; 1 = Drosselklappengehäuse inkl. Zündelektronik (CDI), 2 = Schlauchschellen, 3 = Ansaugstutzen, 4 = Schraube, 5 = Einspritzdüse mit Halterung, 6 = Schraube.

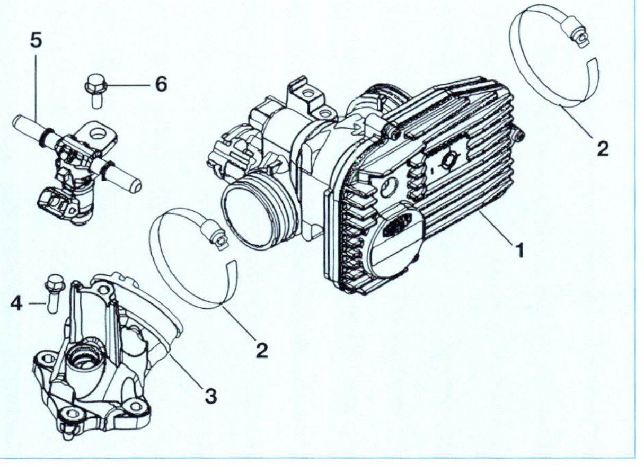

Drosselkörper – Aus- und Einbau: Zuerst die **Benzinleitung** abnehmen, dazu die Schraube lösen. Dann die Schnellanschlüsse von der **Einspritzdüsen-Halterung** abnehmen und den **Kabelstecker** von der Einspritzdüse abziehen.

Jetzt werden die drei Schrauben am **Zylinderkopf-Stutzen** ausgedreht und die **Schelle** des Drosselkörpers am Stutzen entfernt. Bei **abgeklemmter Batterie** kann anschließend der breite **Kabelstecker** von der „MIU“-**Zündelektronik** abgezogen werden. Zuletzt die **Befestigungsschelle des Drosselkörpers** am Luftfiltergehäuse und die Halterung des **Gaszugs** abnehmen.

Der **Einbau** erfolgt in umgekehrter Reihenfolge; dabei wird darauf geachtet, daß die Halteschelle des Drosselkörpers am Luftfilterbalg in einem Winkel von 45° angebracht wird.

Benzinpumpe – Prüfung: Die elektrisch betriebene und vom Mikroprozessor angesteuerte Benzinpumpe ist in den Tank eingelassen. Ausbau und Prüfung sind reine **Werkstattsache.** Die Prüfung, bei der die **Stromkreise** und der in die Pumpe integrierte **Benzinfilter** kontrolliert werden und der **Benzindruck** gemessen wird, erfolgt teilweise bei laufendem Motor und erfordert viel Fachwissen sowie spezielle Meßgeräte. Für den Laien ist es zudem gefährlich, bei laufendem Motor mit elektrischen Prüfgeräten an einem benzinführenden Bauteil zu arbeiten. Also **Finger weg** von der Pumpe.

Einspritz-Stromkreis, Einpritzdüse – Kontrolle: Das Gleiche gilt für die Prüfung von Einspritz-Stromkreis und Einspritzdüse: Auch hier kann nur die Werkstatt mit ihrem Know-how und ihren Meßgeräten helfen. Bei der **Einspritzdüse** kann mit einem Spezialgerät der **Druck** gemessen werden; bei Problemen muß nicht gleich die Düse durch ein teures Neuteil ersetzt werden. Die einzelnen Prüfverfahren sind uns bekannt, wir sehen aber von der Veröffentlichung aus guten Gründen ab.

Benzineinspritzung, Startverhalten, Motorlauf: Fehlerquellen, Fehlersuche

Phänomen, mögliche Ursache	Bereich, in dem der Fehler liegen kann
1. Motor springt nicht an, auch wenn der Anlasser normal dreht:	
Startfreigabe durch Wegfahrsperre	*Anlage nicht programmiert*
Störung laut Autodiagnose	*Benzinpumpenrelais*
	Zündspule
	Einspritzdüse
	Nockenwellensensor
Benzinversorgung	*kein Benzin im Tank*
	Benzinpumpe schaltet nicht ein
	Benzindruck zu niedrig
	Förderleistung der Einspritzdüse zu niedrig
Stromversorgung Zündkerze	*Zündkerze*
	Kerzenstecker
	Zündspule, vor allem Isolierung der Nebenwicklung
Parameter für Zündung, Einspritzung	*Kühlflüssigkeitstemperatur*
	Zündeinstellung
	Einspritzung
	Ansauglufttemperatur
Kompressionsdruck	*Kompressionsdruck zu niedrig*
2. Motor hat Startschwierigkeiten:	
Störung laut Autodiagnose	*Benzinpumpenrelais*
	Zündspule
	Einspritzdüse
	Nockenwellensensor
	Lufttemperatur
	Kühlmitteltemperatur
Drehzahl beim Starten zu gering	*Anlassermotor und Fernrelais*
	Batterie
	Masseanschlüsse

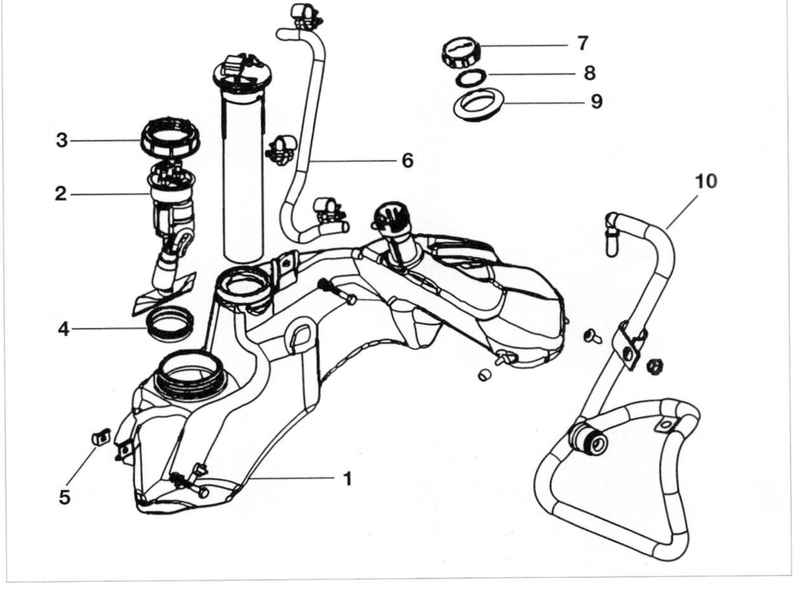

Graphik: Tank und Benzinpumpe GTS 300 i.e.; 1 = Benzintank, 2 = elektrische Benzinpumpe, 3 = Befestigungsring, 4 = Dichtgummi, 5 = Klammer mit Verschraubung, 6 = Benzinschlauch, 7 = Tankdeckel, 8 = Dichtring, 9 = Gummikappe, 10 = Benzinschlauch von der Benzinpumpe.

Motorraum mit Einspritzanlage der GTS 300 i.e. Zündung und Benzineinspritzung werden in Verbindung mit zahlreichen Sensoren zentral durch ein elektronisches Motormanegement gesteuert. Mit geregeltem Dreiweg-Katalysator und Vierventil-Technik ist das Vespa-Triebwerk genauso aufgebaut wie ein moderner Automobilmotor. Kehrseite der Medaille: Im Do-it-yourself-Verfahren läßt sich an der komplizierten Anlage so gut wie nichts mehr reparieren oder einstellen.

Sensoren für Drehzahl und Kühlmitteltemperatur, Zündspule – Prüfung: Die Prüfung dieser in das elektronische Einspritzmanagement integrierten Bauteile ist abermals ein Bereich, wo der Hobbyschrauber in der Regel nichts ausrichten kann. Die Werkstatt mißt den Widerstand des **Drehzahlsensors** bei einer Motortemperatur von ungefähr 20°C (Raumtemperatur); er muß zwischen 100 und 150 Ohm liegen. Die einzelnen **Pins** und **Kabel** werden auf Durchgang, Isolierung und Masseanschluß geprüft. Dazu ist neben dem Multimeter ein Schnittstellenkabel für Steuerelektronik erforderlich. Wer hat so etwas schon in seinem Werkzeugkasten?
Bei der **Zündanlage** handelt es sich um ein Hochleistungs-Induktiv-System. Die Steuerelektronik kontrolliert diese in Abhängigkeit von Motordrehzahl, Last, Temperatur und Luftdruck. Im Leerlauf wird die **Vorverstellung** so eingeregelt, daß die Leerlaufdrehzahl stets bei einem bestimmten Wert an Umdrehungen pro Minute liegt (Daten s. Anhang). Während der Startphase des Motors wird die Zündleistung automatisch erhöht.
Zuerst wird immer geprüft, ob die **Sicherungen** und die zugehörigen Stromkreise in Ordnung sind. Dann wird bei eingeschalteter Zündung kontrolliert, ob an den verschiedenen **Pins** die korrekte Spannung anliegt und ob der **Widerstand** der Hauptwicklung in Ordnung ist. Ferner wird gecheckt, ob das **Fernrelais** der Einspritzanlage funktioniert. Wichtig ist, daß die Überprüfung der Stromkreise bei voneinander getrennten Bauteilen erfolgt (Zündbox, Sicherungen, Fernrelais). Die Kontrolle des **Sensors** für die **Kühlmitttemperatur** erfolgt nach ähnlichen Verfahren.

Nullstellung des Gasschiebers: Dies ist eine sehr komplizierte Methode, die zum Beispiel nicht beim Einbau gebrauchter Drosselkörper vorgenommen werden darf. Die geeichte Nullstellung garantiert u. a. einen sauberen Leerlauf. Sie muß stets bei Einbau einer neuen Steuerelektronik vorgenommen werden.

Lambdasonde – Prüfung: In den Auspuffkrümmer eingelassen ist ein Sensor, der den Restsauerstoffanteil im Abgas mißt. Er wird **Lambdasonde** oder Sauerstoffsensor genannt. Sie kann nur in einem Temperaturbereich zwischen 350°C und 600°C arbeiten und reagiert innerhalb von 50 Millisekunden.
Damit die für das Funktionieren von Lamdasonde und **Dreiweg-Katalysator** erforderlichen hohen Temperaturen schnell erreicht werden, wird die Lamdasonde über ein integriertes elektrisches Element beheizt, das von der Zündelektronik gesteuert wird.
Bei der Kontrolle werden wieder die Sicherungen, die Kabelanschlüsse und die verschiedenen Widerstände überprüft. Auch diese Prüfung ist kompliziert und kann über eine Stunde Zeit erfordern.

Kompressionsdruck	*Kompressionsdruck zu niedrig*
Stromversorgung Zündkerze	*Zündkerze*
	Kerzenstecker
	Zündspule
	Nockenwellensensor
	Vorzündung nicht korrekt
Benzinversorgung	*Benzindruck zu niedrig*
	Förderleistung Einspritzdüse zu niedrig
	Einspritzdüse dichtet schlecht ab
Parameter für Zündung, Einspritzung	*Kühlmitteltemperatur*
	Ansauglufttemperatur
	Position des Gasschieber-Steppers (Schritte bzw. tatsächliche Öffnung)
	Zusatzluftleitung und Gasschieber verschmutzt
	Luftfilter verschmutz, undicht

3. Motor stirbt im Leerlauf ab, unregelmäßiger Leerlauf, zu niedrige Leerlaufdrehzahl:

Störung laut Autodiagnose	*Benzinpumpenrelais*
	Zündspule
	Einspritzdüse
	Nockenwellensensor
	Lufttemperatur
	Kühlmitteltemperatur
Funktion der Zündanlage	*Zündkerze*
	Zündeinstellung
Parameter für Zündung, Einspritzung	*Sensor Gasschieberstellung*
	Stepper
	Sensor Kühlmitteltemperatur
	Sensor Ansauglufttemperatur
Sauberkeit Ansaugsystem	*Luftfilter*
	Lufttrichter und Gasschieber
	Leitung Zusatzluft und Stepper
Abdichtung Ansaugsystem	*Ansaugstutzen am Zylinderkopf undicht*
	Drosselkörper am Ansaugstutzen undicht
	Muffe Ansaugstutzen zieht Nebenluft
	Filtergehäuse undicht
Benzinversorgung, zu niedriger Druck	*Benzinpumpe*
	Druckregler
	Benzinfilter
	Förderleistung Einspritzdüse

4. Motor geht nicht zurück auf Leerlauf, Leerlaufdrehzahl zu hoch:

Störung laut Autodiagnose	*Benzinpumpenrelais*
	Zündspule
	Einspritzdüse
	Nockenwellensensor
	Lufttemperatur
	Kühlmitteltemperatur
Funktion der Zündanlage	*Zündeinstellung*
Parameter für Zündung, Einspritzung	*Sensor Gasschieberstellung*
	Stepper
	Sensor Kühlflüssigkeitstemperatur
	Sensor Ansauglufttemperatur
Benzinversorgung, zu niedriger Druck	*Benzinpumpe*
	Druckregler
	Benzinfilter
	Förderleistung Einspritzdüse

5. Fehlzündungen beim Gaswegnehmen:

Störung laut Autodiagnose	*Benzinpumpenrelais*
	Zündspule
	Einspritzdüse
	Nockenwellensensor
	Lufttemperatur
	Kühlmitteltemperatur
	Lambdasonde
Parameter für Zündung, Einspritzung	*Sensor Gasschieberstellung*
	Stepper
	Sensor Kühlflüssigkeitstemperatur
	Sensor Ansauglufttemperatur
Abdichtung Ansaugsystem	*Ansaugstutzen am Zylinderkopf undicht*
	Drosselkörper am Ansaugstutzen undicht
	Muffe Ansaugstutzen zieht Nebenluft
	Filtergehäuse undicht
Benzinversorgung, zu niedriger Druck	*Benzinpumpe*
	Druckregler
	Benzinfilter
	Förderleistung Einspritzdüse
Abdichtung Auspuffsystem	*Auspuffkrümmer am Zylinderkopf undicht*
	Auspuffkrümmer am Schalldämpfer undicht
	Schweißnähte am Auspuff porös/undicht

6. Unregelmäßiger Motorlauf im Teillastbereich:

Sauberkeit Ansaugsystem	*Luftfilter verschmutz*
	Lufttrichter und Gasschieber verschlissen
	Leitung Zusatzluft und Stepper defekt
Abdichtung Ansaugsystem	*Muffe am Ansaugstutzen undicht*
	Filtergehäuse defekt/undicht
Zündanlage	*Zündkerzenverschleiß, Elektrodenabstand zu groß*
Parameter für Zündung, Einspritzung	*Sensor Gasschieberstellung*
	Sensor Kühlmitteltemperatur
	Sensor Ansauglufttemperatur
	Vorzündung nicht korrekt
Störung laut Autodiagnose	*Benzinpumpenrelais*
	Zündspule
	Einspritzdüse
	Nockenwellensensor
	Lufttemperatur
	Kühlmitteltemperatur
	Lambdasonde

7. Schlechte Leistung bei Vollgas, schlechtes Ansprechen beim Beschleunigen:

Störung laut Autodiagnose	*Benzinpumpenrelais*
	Zündspule
	Einspritzdüse
	Nockenwellensensor
	Lufttemperatur
	Kühlmitteltemperatur
	Lambdasonde
Stromversorgung Zündkerze	*Zündkerze defekt*
	Kerzenstecker defekt oder Wackelkontakt
	Zündkabel defekt oder schlechte Verbindung
	Zündspule defekt oder schlechte Verbindung
Ansaugsystem	*Luftfilter verstopft, verschmutzt*
	Luftfiltergehäuse defekt, undicht
	Muffe Ansaugstutzen zieht Nebenluft
	Filtergehäuse undicht
Parameter für Zündung, Einspritzung	*Signal Gasschieberstellung*
	Signal Kühlmitteltemperatur

	Signal Ansauglufttemperatur
	Vorzündung nicht korrekt
Benzinversorgung	Benzinstand im Tank zu niedrig
	Benzindruck zu gering
	Benzinfilter verstopft
	Förderleistung Einspritzdüse zu gering

8. Motor hat Fehlzündungen oder neigt zum Klopfen:

Störung laut Autodiagnose	Benzinpumpenrelais
	Zündspule
	Einspritzdüse
	Nockenwellensensor
	Lufttemperatur
	Kühlmitteltemperatur
	Lambdasonde
Funktion der Zündanlage	Zündkerze defekt
Parameter für Zündung, Einspritzung	Signal Gasschieberstellung
	Signal Kühlmitteltemperatur
	Signal Ansauglufttemperatur
	Vorzündung nicht korrekt
Abdichtung Ansaugsystem	Muffe am Ansaugstutzen undicht
	Filtergehäuse undicht
Benzinversorgung	Benzindruck zu gering
	Benzinfilter verstopft
	Förderleistung Einspritzdüse zu gering
	schlechte Benzinqualität
Stärke Zylinderfußdichtung	Stärke der Zylinderfußdichtung falsch

Die Vespa GTS Super 300 i.e. ist mit ihrem zeitlosen Design und der modernen Motor-, Antriebs und Fahrwerkstechnik ein Traum-Roller. Das Bild zeigt Motorrad-Mechaniker-Meister Rainer Schulz bei Beginn der Fotoarbeiten für dieses Buch im November 2009 mit unserer GTS, die über drei Jahre hinweg völlig problemlos lief.

Batterie, Zündkerze, Zündanlage: Aus- und Einbau, Prüfung

Bei Neufahrzeugen ist die Batterie originalverpackt beigelegt. Alle Neu-Batterien sind heutzutage in der Regel trocken und müssen vor dem Einbau mit Säure gefüllt und geladen werden. Bereits vom Händler geladene Batterien sind versiegelt und nach kurzem Aufladen gebrauchsfertig ***(Herstellerhinweise beachten).*** *Bei den modernen Vespa-Modellen der Baureihen GT, GTS und GTV werden keine herkömmlichen Batterien, die Zelle für Zelle befüllt werden müssen, mehr eingebaut. Auch das früher notwendige Kontrollieren des Säurestands entfällt, da die versiegelten Batterien nicht mehr geöffnet werden dürfen und auch keine Min-/Max-Markierungen mehr haben. Auch der Entlüftungsschlauch ist weggefallen.*

Neue Batterie – Säurebefüllung:
Die sechs Zellen der Batterie sind im Neuzustand leer, die Öffnungen mit einem Klebeband versiegelt. Die Säure wird praktischerweise in einem Kit von sechs miteinander gekoppelten und versiegelten PVC-Fläschchen mitgeliefert.
Zum **Befüllen** Klebeband an der Batterie abnehmen, **Säurebehälter** mit den Austrittsöffnungen nach unten auf die Batteriezellen setzen und den gesamten Kit kräftig nach unten drücken. Die Fläschchen öffnen sich, die Säure fließt automatisch in die Zellen, was ungefähr 20 Minuten dauert. Danach Kit abnehmen und entsorgen. Das Ganze ist so clever gemacht, daß keine Gefahr besteht, mit Resten der Schwefelsäure in Kontakt zu kommen.

Neue Batterie – Grundaufladung:
Vor dem ersten Aufladen lassen wir die Batterie eine Stunde lang ruhen, damit sie **ausgasen** kann; dies erfolgt natürlich bei unverschlossenen Einfüllöffnungen. Beigelegt ist der neuen Batterie das Verschlußelement mit seinen sechs Dübeln, die perfekt in die Zellenöffnungen passen. Wir legen es aber zunächst nur lose auf, damit die Batterie beim Laden vernünftig ausgasen kann.
Zum **Laden** der Batterie erstens den Plus-, zweitens den Minuspol mit dem Ladegerät verbinden, drittens den Stecker des Geräts in die 220-Volt-Steckdose stecken. Am besten ein Ladegerät mit Ladekontrolle und automatischer Abschaltung verwenden; es beendet den Ladevorgang, wenn die Zellenspannung etwa 2,7 Volt erreicht hat und das spezifische Gewicht bei 1,27 liegt.
Für wartungsfreie Batterien gibt Piaggio einen Ladestrom von 1/10 der Leistung in einem Zeitraum bis zu zehn Stunden an, keinesfalls länger. Wir haben die neue Batterie nach zwei Stunden vom Gerät nehmen und einbauen können. Beim Abklemmen zuerst den Stecker ziehen, dann den Plus- zuletzt den Minispol abschließen.
Nach dem Ladevorgang muß die **Abschlußleiste** fest in die Öffnun-

Die Zeiten von Säure-Ein- und Nachfüllen sind bei den modernen Vespas vorbei. Eine fabrikneue Batterie wird mit einem beigepackten Säurekit praktisch automatisch befüllt. Es genügt, die Sicherungsstreifen abzuziehen, den Plastikbehälter aufzudrücken und die Säure in die sechs Zellen laufen zu lassen. Vorn im Bild die abgezogenenen Sicherungsstreifen und die Abschlußleiste mit ihren Dübeln,die später fest auf die Zellen gedrückt wird.

gen gepreßt werden. Da die Dübel sehr stramm sitzen, mit einem leichten Hämmerchen nachhelfen, bis die Leiste eben und bündig mit der Batterieoberseite abschließt.

Wartungsfreie Batterie – Aufladen: Nach Inbetriebnahme darf die Verschlußleiste nicht mehr geöffnet werden. **Achtung:** Es besteht sonst die **Gefahr,** daß giftige und ätzende Schwefelsäure herausspritzt und in die Augen gelangt. Theoretisch muß **nachgeladen** werden, wenn die Batteriespannung unter 12,5 Volt abgefallen ist. In der Praxis beugt man einer Entladung vor, in dem alle vier Wochen nachgeladen wird, wenn das Fahrzeug in dieser Zeit nicht bewegt wird. Piaggio empfiehlt, den Motor **einmal im Monat** für 10 bis 15 Minuten laufen zu lassen, um Motor und Batterie in gutem Zustand zu halten. Wird der Roller über längere Zeit **stillgelegt,** muß die Batterie ausgebaut, gereinigt, vollständig geladen und kühl, luftig sowie trocken gelagert werden. In diesem Fall empfiehlt sich ein Nachladen **alle zwei Monate.**

Batterie – Einbau: Den Roller auf den Hauptständer stellen und die

vier Kreuzschlitzschrauben ausdrehen, mit denen die **Verkleidung** des Mitteltunnels befestigt ist. Dann – falls noch nicht geschehen – den **Sockel** aus Kunststoff in den Schacht setzen. Nun die Batterie so drehen, daß die Pole sich auf der rechten Fahrzeugseite befinden. Batterie absenken. Anschließend die Batterie mit dem **Halteprofil** und zwei KS sichern. Nun zuerst das **rote Kabel** mit dem **Pluspol,** dann das **schwarze Kabel** mit dem **Minuspol** verbinden; dazu die Rechteckmuttern in die Fallen schieben und die Kreuzschlitzschrauben eindrehen. Das rote Kabel nach hinten abwinkeln, das schwarze möglichst eng am Halteprofil verlegen, sonst geht die Abdeckung nicht drauf, die ganz zuletzt aufgesetzt und festgeschraubt wird. **Achtung:** Pole auf keinen Fall vertauschen, da sonst unmittelbar schwere Schäden an der Elektronik entstehen. Auch

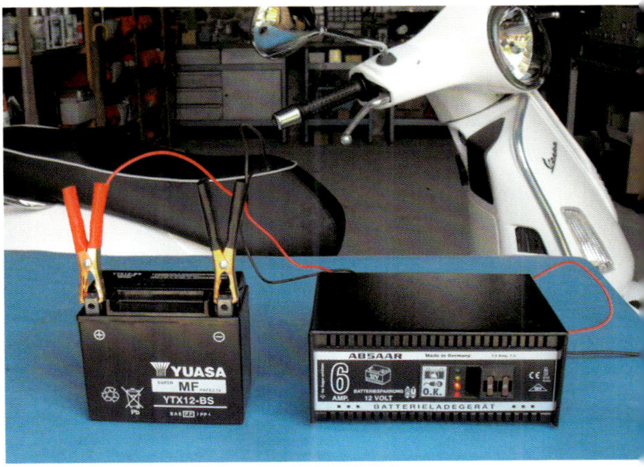

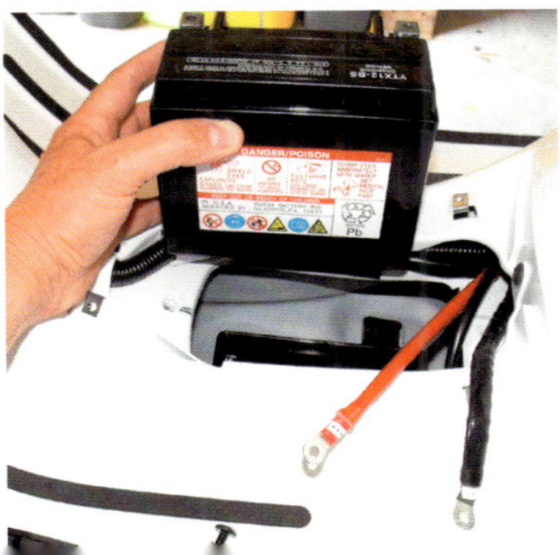

Oben: Aufladen der Batterie mit einem automatischen Ladegerät. Mitte links: Abschrauben der Mittelabdeckung. Mitte rechts: Einbau des Plastiksockels, auf dem die Batterie ruht. Unten: Die Batterie muß so eingesetzt werden, daß die Pole auf der rechten Fahrzeugseite liegen.

dürfen die Batteriepole nicht in Kontakt mit der Stahlblechkarosserie kommen. Pole etwas mit Vaseline oder **Spezial-Polfett** bestreichen.

Batterie – Ausbau, Polpflege: Abdeckung abschrauben, dann zuerst Minuspol, dann Pluspol abklemmen. Halter abschrauben und Batterie herausheben. Batterie reinigen, vor allem im Bereich der Pole. Korrosion sorgfältig mit Messingbürste oder Schmirgelpapier entfernen (stumpfgrauer Belag); Staub nicht einatmen! Grundsätzlich müssen Pole und Anschlußklemmen der Kabel immer blank und sauber sein. **Achtung:** Batterie niemals bei laufendem Motor abklemmen! Die Zünd- und Einspritzelektronik würde dabei irreparabel beschädigt.

Zündkerzenstecker – Ausbau, Prüfung: Roller aufbocken, Sitzbank hochklappen und Helmfach herausnehmen. Beim Abziehen des **Kerzensteckers** nicht am Kabel reißen. Innen muß der Stecker frei von Feuchtigkeit oder Korrosion sein; er muß stramm auf der Kerze sitzen. Eventuell vorhandene Korrosion läßt sich bis zu einem gewissen Grad durch Kratzen oder Schmirgeln beseitigen. Auch ein Kontaktspray sorgt vorübergehend wieder für gute Leitfähigkeit. Einen angegriffenen oder beschädigten Stecker so schnell wie möglich samt Zündkabel erneuern; er wird komplett mit dem Zündkabel von der Zündspule abgezogen. Nur funkentstörte Stecker verwenden. Darauf achten, daß die Gummidichtungen an den Kabelenden in Ordnung sind.

Zündkerze – Ausbau, Prüfung: Die Zündkerze mit dem Kerzenschlüssel aus dem Bordwerkzeug oder Spezial-Steckschlüssel ausbauen. **Achtung:** Der Motor muß kalt sein! **Vorsicht:** Schlüssel nicht verkanten, der aus Porzellan bestehende Isolierkörper ist zerbrechlich (gilt auch für den Einbau).

Anschließen der 12-Volt-Batterie, von oben: Aufsetzen des Haltebügels, Anziehen der beiden Befestigungsschrauben;dann muß zuerst der Pluspol mit dem roten Kabel verbunden werden; dazu die Schraube in die Mutter drehen, die in der Falle sitzt; erst danach wird das schwarze Kabel mit dem Minuspol verbunden. Das Foto unten zeigt die korrekt angeschlossene Batterie in der GTS 300 i.e. Wichtig ist, daß die Kabel so verlaufen, daß sie beim Aufsetzen der Zentralabdeckung nicht eingeklemmt werden.

Die Zündkerzen der Vespa- **Viertakt-motoren** besitzen das schmale Außengewinde **SW 16**.
Nun die **Zündkerze prüfen**. Kerze mit beschädigtem Isolator oder verbrannter Außenelektrode sofort ersetzen. Das **„Kerzengesicht“** gibt Auskunft darüber, ob der Motor einwandfrei arbeitet:
Isolierkörper rund um die Mittelelektrode **glänzend schwarz-braun**, feuchter Ölkohle- und Rußbelag: Verdacht auf defekten Ölabstreifring am Kolben.
Isolierkörper verrußt: zu geringer Luftanteil im Gemisch; Kerze hat zu hohen Wärmewert und bleibt im Betrieb zu kalt; unter Umständen Leerlaufdüse mit kleinerem Querschnitt in den Vergaser einsetzen, Kerze mit niedrigerem Wärmewert verwenden.
Isolierkörper extrem hell, weiß oder mit Schmelzperlen behaftet, Elektroden teilweise abgebrannt: Motor wird zu heiß, Motorschaden droht durch Zündkerzenteile, die in den Zylinder gelangen. Ursachen: Oktanzahl des Benzins zu niedrig, Vorzündung zu groß, Vergasereinstellung zu mager (GT) , Einspritzelektronik gestört, Kerze mit zu niedrigem Wärmewert. Abhilfe: höheroktanigen Sprit (Super bleifrei) tanken, Zündzeitpunkt zurücknehmen (Werkstatt), Vergaser (GT) korrekt einstellen, richtige Zündkerze verwenden.

Zündanlage – allgemeine Hinweise: *Alle modernen Vespa-Motoren sind mit elektronisch gesteuerten Zündanlagen ausgerüstet, die im Prinzip wartungsfrei sind. Bei Zündstörungen jedoch ist es sinnvoll, zunächst einmal zu prüfen, ob die Grundeinstellung stimmt. Erst danach ist es angebracht, nach anderen Ursachen zu suchen. Die Zündeinstellung der* ***Vergasermotoren*** *(GT-Modelle) läßt sich mit einem handelslüblichen* ***Stroboskop*** *püfen. Bei den Motoren mit elektronisch gesteuerter* ***Benzineinspritzung*** *(GTS i.e., GTV i.e.) ist dies* ***Werkstattsache,*** *da nur der Fachmann über das erforderliche Know-how und die Meßgeräte verfügt.*
Prinzipiell ist ***Vorsicht*** *angebracht bei allen Arbeiten an der elektronischen Zündung: Motor abstellen, spannungsführende Teile nicht mit bloßen Händen berühren. Vor Abklemmen oder Ausbau einzelner Elemente muß der Minuspol der Batterie abgeklemmt werden. Anderenfalls drohen schwere Elektronik- und Elektrikschäden.*

Zündkerze – Reinigung, Prüfung Elektrodenabstand: Bei einer wiederverwendbaren Zündkerze Ablagerungen an Elektroden und Isolierkörper mit einer Draht- oder Messingbürste entfernen. Kerze möglichst mit Druckluft sauber blasen. Den Elektrodenabstand mit einer handelsüblichen Blattlehre messen und gegebenenfalls neu einstellen. Piaggio empfiehlt z. B. bei allen Vierventilmotoren einen Abstand von **0,7 bis 0,8 mm**. Zum Korrigieren des Abstands Meßblatt zwischen die Elektroden schieben und die äußere Elektrode vorsichtig nachbiegen, indem man z.B. mit einem leichten Hammer auf sie klopft. Der Abstand ist korrekt, wenn sich das Meßblatt nur noch schwer hin- und herbewegen läßt. Der Dichtring darf keinerlei Schäden aufweisen und muß vollkommen sauber sein.

Der Abstand zwischen den beiden Elektroden der Zündkerze muß bei allen Vierventil-Motoren von Piaggio 0,7 - 0, 8 mm betragen. Der Wert stimmt, wenn sich das Blatt der Lehre knapp durchschieben läßt. Das Foto wurde an einem Sfera-Zweitaktmotor aufgenommen.

Zündkerze – Einbau: Hier ist Fingerspitzengefühl gefragt. Immer Zündkerzen mit dem für das Fahrzeug vorgeschriebenen **Wärmewert** verwenden (Bezeichnungen s. Anhang.) Kerze zunächst **mit der Hand** im richtigen **Neigungswinkel** zum Zylinderkopf **einschrauben**, sonst besteht die Gefahr, daß sie verkantet und dabei das Gewinde im Zylinderkopf beschädigt. Erst zum Schluß Schlüssel ansetzen (ebenfalls ohne Verkanten) und Kerze mit Gefühl, besser mit dem vorgeschriebenen **Drehmoment 12 - 14 Nm** anziehen. **Hinweis:** Piaggio schreibt

Zündkerze – Austausch allgemein: *Bei abgebrannten Elektroden sowie routinemäßig alle 12.000 km (GT-Vergasermodelle) bzw. alle 20.000 km (GTS- und GTV-Einspritzmodelle) muß die Kerze ausgewechselt werden. Dies darf* ***nur bei kaltem Motor*** *geschehen.* ***Achtung:*** *Eine Zündkerze falschen Typs und mit falschem Wärmewert kann zu schweren Schäden führen. Die von Piaggio empfohlenen Kerzentypen stehen im Anhang. Es können aber auch Marken-Zündkerzen anderer Hersteller verwendet werden; Vergleichslisten hält der Fachhandel bereit.*
Hinweis: *Vor dem Einschrauben der gereinigten Kerze nach Möglichkeit die Dichtfläche am Zylinderkopf säubern, (die beim Vierventil-Viertaktmotor indes so gut wie nicht erreichbar ist). Dabei darauf achten, daß kein Schmutz in die Bohrung fällt. Gewinde der neuen Zündkerze leicht mit* ***Kupferpaste*** *bestreichen. Auf keinen Fall Fett verwenden, die Kerze würde festbrennen. Niemals den Dichtring entfernen; die Zündkerze ragt dann zu weit in den Brennraum hinein, es kommt zu Glühzündungen mit ernsten Folgen.*

vor, bei den **GT-Modellen** die Zündkerze **alle 12.000 km,** bei den **GTS- und GTV-Modellen alle 20.000 km** zu wechseln, und dies **nur bei kaltem Motor.**

Zündung Vergasermotoren GT-Modelle – Einstellung: Mittelabdeckung abschrauben und Batterie freilegen. Dann den kleinen Deckel auf der Lichtmaschinenabdeckung lösen. **Stroboskop** anschließen. Das **rote Kabel** des Stroboskops wird an den Pluspol der Batterie, das **schwarze Kabel** an den Minuspol angeschlossen. Der **Induktivclip** des Stroboskops wird ans Zündkabel gelegt (Kerzenstecker nicht abnehmen). Piaggio-Werkstätten verwenden Stroboskope, bei denen der Pfeil auf dem Induktionsclip Richtung Zündkerze weisen muß; der Wählschalter wird auf die mittlere Position gestellt.

Auf der **Lichtmaschinenabdekkung** und auf dem **Wasserpumpenantrieb** (sichtbar durch das Kontrollfenster) sind Markierungen angebracht, die angeblitzt werden. Nun den Motor starten, bei der GTS 250 z. B. mit 2000/min drehen lassen und den Lichtblitz auf die Mar-

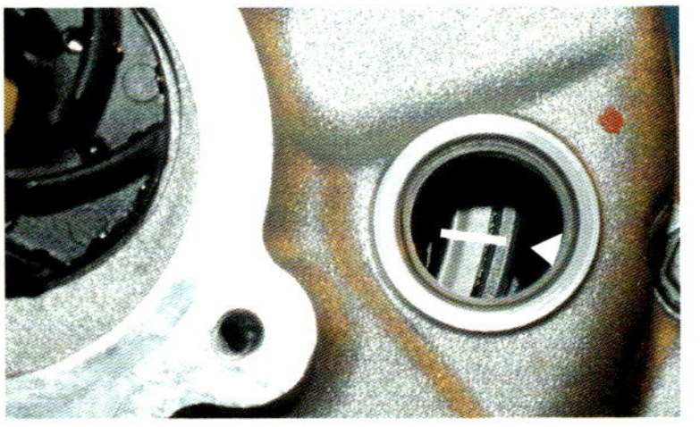

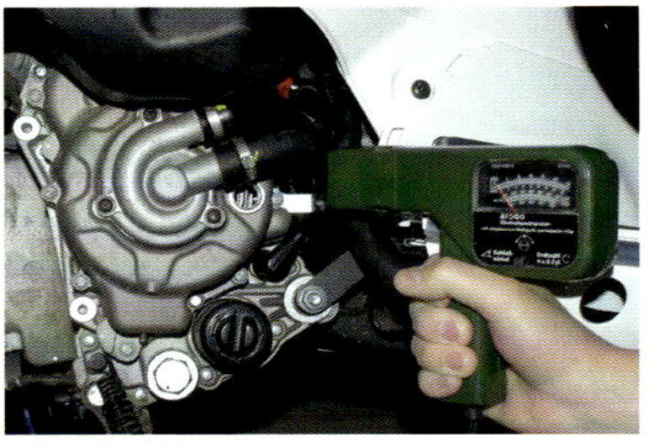

Das Prüfen und Einstellen der elektronischen Zündanlage sollte man der Fachwerkstatt überlassen. Foto oben: Bei den Vierventilmotoren müssen nach Abnahme der Abdeckkappe die Markierungen auf Gehäuse und Schwungrad übereinstimmen. Foto unten: Zündüberprüfung mit dem Stroboskop bei unserer GTS 300 i.e. Das Gerät wird bei abgestelltem Motor angeschlossen; dabei in jedem Fall Vorsicht, Hochspannung! Gemessen wird bei laufendem Motor; Grundwerte s. Anhang.

kierung am Lichtmaschinendeckel richten. Die Zündeinstellung ist korrekt, wenn die Markierung auf dem Deckel mit der Marke auf dem Wasserpumpenantrieb fluchtet.
Präzise läßt sich die Vorzündung auch bei den Vergasermodellen nur in der **Vespa-Werkstatt** einstellen. Denn es müssen zahlreiche Parameter beachtet werden, die nur mit Spezialgeräten geprüft bzw. abgelesen werden können. Gleichwohl listen wir **im Anhang** die Werte für die **Vorzündung** der einzelnen Modelle auf.

Zündung Einspritzmotoren GTS- und GTV-Modelle: Auch bei den Einspritz-Modellen kann die Zündung mit einem Stroboskop kontrolliert werden. Doch das allein genügt nicht. Da die Zündanlage Teil des elektronischen Motormanagements ist, kann **nur die Fachwerkstatt**

die nötigen Arbeiten korrekt ausführen. Wir geben daher lediglich einen kurzen Überblick über das, was im wesentlichen gemacht wird.
Mit dem Stroboskop wird geprüft, ob die von der **Elektronik** generierten Zündimpulse den Werten der nötigen Vorzündung entsprechen. Dazu müssen die **Zündkerze** sowie die **Abdeckungen** am Lichtmaschinendeckel und am Lufteinlaß des Variatorgehäuses abgenommen werden. Dann wird das **Lüfterrad** mit einem Schraubendreher so weit gedreht, bis **1.** die **Markierungen** zwischen Schwungrad und Lichtmaschinendeckel miteinander fluchten, **2.** die **Markierungen** am Antrieb zwischen Lüfterrad und Antriebsdeckel aufeinander ausgerichtet sind; danach werden die Zündkerze und die Abdeckungen wieder eingebaut. Daraufhin schließt die Werkstatt **1.** den **Induktionsclip** des Stroboskops, **2.** einen **Zündspannungstester, 3.** ein **Diagnose-Testgerät** an. Dann wird bei laufendem Motor das Stroboskop eingestellt und bedient. Am Diagnosegerät werden nun die abgelesenenen Drehzahl- und Vorzündungswerte mit den Sollwerten verglichen. Bei Differenzen müssen Zündeinstellung, Nockenwellensensor und Einspritz-/Zündelektronik kontrolliert, neu eingstellt bzw. instandgesetzt (so weit möglich) und/oder ausgetauscht werden.

Spannungsregler - allgemein: Der Zündstrom wird bei allen Vespa-Modellen von einem Drehstromgenerator mit Schwungrad und Dauermagnet erzeugt. Stets ist der Generator direkt mit dem Spannungsregler verbunden. Der Regler selbst ist einerseits mit Masse, andererseits über eine Schutzsicherung mit dem Pluspol der Batterie verbunden. Eine direkte Verbindung zum Zündschloß besteht nicht.
Bei den GT-Modellen liegt er gut erreichbar hinter der Kaskade, bei den GTS- und GTV-Modellen schwer zugänglich hinter Innenschild und Trittbrett. Die Kontrolle des Spannungsreglers sollte man der Werkstatt überlassen. Reparieren ist nicht möglich, nur der Komplettaustausch.

Unregelmäßige Zündung – Kontrollarbeiten: *Geprüft – und bei Defekt ausgewechselt – wird (immer bei abgestelltem Motor!) stets in folgender Reihenfolge: Wegfahrsperre, Zündkerzenstecker, Zündkerze, elektronische Zündanlage, elektronische Zündspule, Magnet Lichtmaschine, Stator Lichtmaschine. Dabei immer zuerst* ***Sichtkontrolle*** *vornehmen und den festen und korrosionsfreien Sitz aller Steck- und Kabelverbindungen sowie Masseanschlüsse prüfen.*
Besteht der Fehler fort, Zündanlage, Zündspule, Lichtspule und Pickup durchmessen (siehe dazu auch Kapitel „Benzineinspritzung“ und dort die Fehlersuchtabellen). Fehlerhafte Teile können in der Regel nicht repariert werden, sie sind auszuwechseln.
Achtung: *Bei Fahrzeugen mit* ***Wegfahrsperre*** *diese Arbeiten nur unter Verwendung des* ***blauen Schlüssels*** *durchführen. Bei Startschwierigkeiten oder wenn der Motor nicht genügend Drehzahl aufbaut, muß die Sperre mit Hilfe des roten und blauen Zündschlüssels sowie einem speziellen Testgerät geprüft und neu programmiert werden; s. a. Kapitel Karossserie-Elektrik und die jeweiligen Betriebsanleitungen.*

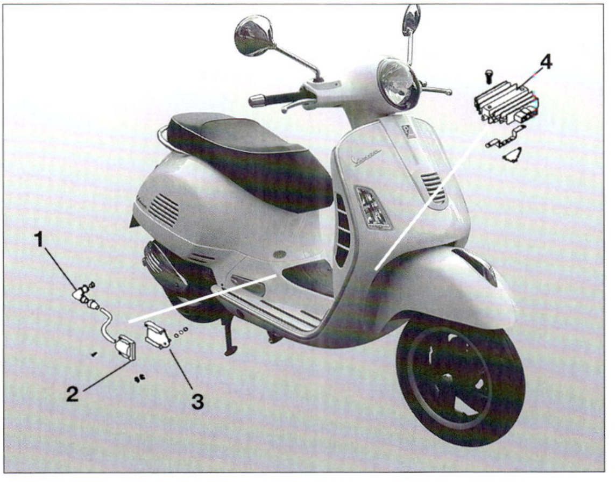

Graphik: Regler und Zündspulke GTS 250 i.e.; 1 = funktentstörter Zündkerzenstecker, 2 = Zündspule, 3 =Hqlterung, 4 = Regler hinter der Innenverkleidung. Foto: Blick in den Motorraum der GTS 250 i.e. mit elektronischer Benzineinspritzung.

Wartungsplan für GTS- und GTV-Modelle mit Benzineinspritzung

Wenn keine Typenbezeichnung, dann gültig für alle Modelle.

Baugruppe	Arbeiten bei km-Stand:	1000	5000	10.000	15.000
Antriebsriemen GTS 125 i.e.				PR	AT
Antriebsriemen GTS/GTV 250 i.e./300 i.e.					AT
Gaszug		EIN		EIN	
Luftfiltereinsatz				REI	
Filterschwamm Antriebsgehäuse				REI	
Motoröl		AT	PR	AT	PR
Motorölfilter		AT		AT	
Getriebeöl		AT		PR	
Bremsflüssigkeit *		PR		PR	
Bremsbeläge vorn/hinten		PR	PR	PR	PR
Bremshebel		SCH		SCH	
Kühlmittel *		PR		PR	
Kühler Außenreinigung					REI
Ventilspiel GTS 125 i.e.				EIN	
Ventilspiel GTS/GTV 250 i.e./300 i.e.					
Batterie, elektrische Anlage		PR		PR	
Zündkerze				AT	
Getriebene Riemenscheibe, Rollen				SCH	
Variator: Schuhe, Rollen				AT	
Reifen: Zustand, Abnutzung		PR		PR	
Reifen: Luftdruck		PR		PR	
Radführung vorn/hinten				PR	
Federung/Dämpfung vorn/hinten				PR	
Lenkung		EIN		EIN	
Überprüfung Drehmomente Fahrwerk		PR		PR	
Scheinwerfer, Beleuchtung		PR	PR	PR	EIN
Variatorrollen ohne Beschichtung (alte Bauart)					SCH

** alle zwei Jahre wechseln unabhängig von der Laufleistung*

Legende: *PR = prüfen, reinigen, einstellen oder bei Bedarf auswechseln, REI = reinigen, AT = austauschen, wechseln, EIN = einstellen, SCH = schmieren*

Stillegung über einen Zeitraum von mehr als zwei Monaten:
Fahrzeug reinigen, anschließend Motor warmfahren, damit sich keine Säurerückstände im Auspuff bilden. Lackierte und verchromte Teile polieren, nicht lackierte Metallteile dünn mit Korrosionsschutzfett bestreichen. Einspritzmodelle: Tank mindestens zur Hälfte befüllen, damit die Benzinpumpe völlig eingetaucht ist. Zündkerze ausbauen, in die Öffnung 10 bis 15 cm^3 Motoröl SAE 10W30 oder 20W40 spritzen, Kerze wieder einbauen.
Batterie ausbauen und trocken sowie kühl lagern, alle vier Wochen nachladen. Reifenluftdruck um 0,3 bar erhöhen und Fahrzeug so aufbocken, daß beide Räder entlastet sind. Plastiktüte über Auspuffendrohr ziehen. An feuchten Orten oder in Meeresnähe alle Metallteile leicht einölen, dabei Öl nicht auf Gummi oder Sitz gelangen lassen. Fahrzeug nicht mit undurchlässiger Plastikfolie, sondern textilem Gewebe oder Spezialhülle aus dem Zubehörhandel abdecken.

Modelle mit Benzineinspritzung:

GTS Super 125 i.e., GTS 250 i.e., GTS 250 i.e., GTS Super 300 i.e., GTV 250 i.e., GTV 300 i.e.

20.000	25.000	30.000	35.000	40.000	45.000	50.000	55.000	60.000
PR		AT		PR	AT	PR		AT
		AT			AT			AT
EIN		EIN		EIN		EIN		EIN
REI		REI		REI		REI		REI
REI		REI		REI		REI		REI
AT	PR	AT	PR	AT	PR	AT	PR	AT
AT		AT		AT		AT		AT
AT		PR		AT		PR		AT
PR		PR		PR		PR		PR
PR	PR	PR	PR	PR	PR	PR	PR	PR
SCH		SCH		SCH		SCH		SCH
PR		PR		PR		PR		PR
		REI			REI			REI
		EIN				EIN		
EIN				EIN				EIN
PR		PR		PR		PR		PR
AT		AT		AT		AT		AT
SCH		SCH		SCH		SCH		SCH
AT		AT		AT		AT		AT
PR		PR		PR		PR		PR
PR		PR		PR		PR		PR
PR		PR		PR		PR		PR
PR		PR		PR		PR		PR
EIN		EIN		EIN		EIN		EIN
		PR				PR		PR
PR	PR	EIN	PR	PR	EIN	PR	PR	EIN
	SCH			SCH			SCH	

Bitte beachten: Motor niemals in geschlossenen Räumen oder Garagen laufen lassen - Vergiftungsgefahr! Hautkontakt mit Benzin vermeiden, Dämpfe nicht einatmen.
Altöl, gebrauchtes Kühlmittel und alte Bremsflüssigkeit an der Sondermüll-Sammelstelle abgeben.

Wartungsplan für GT-, GTS- und GTV-Modelle mit Vergaser

Wenn keine Typenbezeichnung, dann gültig für alle Modelle.

Baugruppe	Arbeiten bei km-Stand: oder alle ... Monate:	1000 4	3000	6.000 12	12.000 24	18.00
Antriebsriemen Kontrolle od. Wechsel				PR/AT	PR/AT	PR/A
Gaszug		EIN			EIN	
Leerlaufdrehzahl		EIN			EIN	
Luftfilter				REI	REI	REI
Nebenluftfilter *					REI	
Motoröl **		AT	PR	AT	AT	AT
Motorölfilter		AT		AT	AT	AT
Getriebeöl		AT	PR	AT	AT	AT
Bremsflüssigkeit ***		PR		PR	PR	PR
Bremsbeläge vorn/hinten		PR		PR	PR	PR
Bremshebel		SCH			SCH	
Bremsschläuche						
Kühlmittel ***				PR	PR	PR
Kühler Außenreinigung						REI
Ventilspiel Kontrolle/Einstellen GT 125				PR/EIN		
Ventilspiel Kontrolle/Einstellen GT 200				PR/EIN		PR/E
Batterie, elektrische Anlage		PR		PR	PR	PR
Zündkerze, Elektrodenabst. o. Wechsel		PR		PR/AT	PR/AT	PR/A
Getriebene Riemenscheibe, Rollen					SCH	
Variator: Schuhe, Rollen: Kontr./Wechsel				PR/AT	PR/AT	PR/A
Reifen: Zustand, Abnutzung		PR		PR	PR	PR
Reifen: Luftdruck		PR		PR	PR	PR
Radführung vorn/hinten					PR	
Federung/Dämpfung vorn/hinten					PR	
Lenkung		EIN			EIN	
Überprüfung Drehmomente Fahrwerk		PR			PR	
Scheinwerfer, Beleuchtung		PR		PR	PR/EIN	PR
Variatorrollen ohne Beschichtung (alt)					SCH	

** alle zwei Jahre außen und innen reinigen; ** Motorölstand alle 3000 km prüfen, bei Bedarf auffüllen; *** alle zwei Jahre wechseln unabhängig von der Laufleistung*

Legende: *PR = prüfen, reinigen, einstellen oder bei Bedarf auswechseln, REI = reinigen, AT = austauschen, wechseln, EIN = einstellen, SCH = schmieren*

Stillegung über einen Zeitraum von mehr als zwei Monaten (Zwei- und Viertakter):
Fahrzeug reinigen, anschließend Motor warmfahren, damit sich keine Säurerückstände im Auspuff bilden. Lackierte und verchromte Teile polieren, nicht lackierte Metallteile dünn mit Korrosionsschutzfett bestreichen. Vergasermodelle mit Benzinhahn: Benzin aus Tank, Leitungen und Schwimmerkammer über einen Trichter in einen Kanister ablassen. Euro 3-Modelle mit Benzinpumpe: Tank mindestens zur Hälfte befüllen, damit die Benzinpumpe völlig eingetaucht ist. Zündkerze ausbauen, in die Öffnung 10 bis 15 cm^3 Motoröl SAE 10W30 oder 20W40 spritzen, Kerze wieder einbauen.

Modelle mit Vergaser:

GT 125, GT 125 Euro 3, GT 200, GTS 125 Euro 3, GTV 125 Euro 3

24.000	30.000	36.000	42.000	48.000	54.000	60.000	66.000	72.000
PR/AT	PR/AT	PR/AT	PR/AT	PR/AT	PR/AT	PR/AT	PR/AT	PR/AT
EIN		EIN		EIN		EIN		EIN
EIN		EIN		EIN		EIN		EIN
REI	REI	REI	REI	REI	REI	REI	REI	REI
REI		REI		REI		REI		REI
AT	AT	AT	AT	AT	AT	AT	AT	AT
AT	AT	AT	AT	AT	AT	AT	AT	AT
AT	AT	AT	AT	AT	PR	AT	AT	AT
PR	PR	PR	PR	PR	PR	PR	PR	PR
PR	PR	PR	PR	PR	PR	PR	PR	PR
SCH		SCH		SCH		SCH		SCH
		AT						AT
PR	PR	PR	PR	PR	PR	PR	PR	PR
		REI			REI			REI
PR/EIN		PR/EIN		PR/EIN				PR/EIN
PR/EIN		PR/EIN		PR/EIN	PR/EIN			PR/EIN
PR	PR	PR	PR	PR	PR	PR	PR	PR
PR/AT	PR/AT	PR/AT	PR/AT	PR/AT	PR/AT	PR/AT	PR/AT	PR/AT
SCH		SCH		SCH		SCH		SCH
PR/AT	PR/AT	PR/AT	PR/AT	PR/AT	PR/AT	PR/AT	PR/AT	PR/AT
PR	PR	PR	PR	PR	PR	PR	PR	PR
PR	PR	PR	PR	PR	PR	PR	PR	PR
PR		PR		PR		PR		PR
PR		PR		PR		PR		PR
EIN		EIN		EIN		EIN		EIN
PR		PR		PR		PR		PR
PR/EIN	PR	PR(EIN	EIN	PR/EIN	PR	PR/EIN		PR/EIN
	SCH			SCH			SCH	

Bitte beachten: Motor niemals in geschlossenen Räumen oder Garagen laufen lassen - Vergiftungsgefahr! Hautkontakt mit Benzin vermeiden, Dämpfe nicht einatmen. Altöl, gebrauchtes Kühlmittel und alte Bremsflüssigkeit an der Sondermüll-Sammelstelle abgeben.

Batterie ausbauen und trocken sowie kühl lagern, alle vier Wochen nachladen. Reifenluftdruck um 0,3 bar erhöhen und Fahrzeug so aufbocken, daß beide Räder entlastet sind. Plastiktüte über Auspuffendrohr ziehen. An feuchten Orten oder in Meeresnähe alle Metallteile leicht einölen, dabei Öl nicht auf Gummi oder Sitz gelangen lassen. Fahrzeug nicht mit undurchlässiger Plastikfolie, sondern textilem Gewebe oder Spezialhülle aus dem Zubehörhandel abdecken.

Fehlersuche und Mängelbehebung bei Motorrollern der Vespa-Baureihen GT, GTS und GTV; weitere Tips s. Kap. „Einspritzanlage“

MOTOR: STARTPROBLEME

Häufigste Ursache: Benzinmangel, daher zuerst prüfen, ob genügend **Benzin im Tank** ist; bei ausreichender Treibstoffmenge **Durchlauf prüfen:** dazu Seitendeckel oder Montageklappe abnehmen, Anlasser bei geschlossenem Gasgriff betätigen und kontrollieren, ob Benzin durch die Zulaufleitung strömt.

Düsen oder Benzinhahn verstopft (Vergasermodelle): ausbauen, reinigen und mit Druckluft trocknen.

Unterdruckventil am Benzinhahn defekt (Vergasermodelle): ausbauen, unter Umständen austauschen.

Benzinpumpe defekt (Einspritzmodelle): in Fachwerkstatt Fehleranalyse durchführen lassen; s. a. Kap. Fehlersuchtabelle „Einspritzanlage“.

Luftfilter verschmutzt: reinigen oder komplett wechseln.

Automatischer Choke defekt: elektrische Zuleitungen, Durchfluß und mechanische Leichtgängigkeit prüfen.

Motor „abgesoffen“; Anzeichen: es riecht aus dem Auspuff nach Benzin; Vollgas geben und Anlasser betätigen; notfalls Zündkerze ausbauen, trocknen, reinigen, Elektrodenabstand prüfen und korrigieren; notfalls Kerze ersetzen; vor dem Wiedereinbau den Motor mit Anlasser einige Male durchdrehen, um das Benzin-Luft-Gemisch aus dem Zylinder zu drücken; **Achtung bei Vergasermodellen:** war der Tank ganz leer, den Gasgriff nach dem Auffüllen in Leerlaufstellung lassen, um beim Anlassen hohen Unterdruck am Hahn zu erzeugen.

Schwimmernadelventil verklemmt oder Schwimmer defekt (Vergasermodelle): Schwimmerkammer öffnen, Teile durchprüfen, Schwimmer ersetzen.

Anlasser dreht nicht oder nur schwach: Batterie entladen; ersetzen oder nachladen; Batteriekabel und Anlasseranschlüsse auf festen Sitz und Korrosion überprüfen.

Zündanlage (Vergasermodelle), Zündkerze (alle Modelle) defekt: Zuleitungen zum Zündschloß und Zündanlage bis hin zu Kerzenstecker und Zündkabel kontrollieren; Kerzenstecker auf Korrosion untersuchen; Kerze prüfen (Wärmewert, Elektrodenabstand), ersetzen.

Defekte in der Zünd- und Einspritz-Elektronik (Einspritzmodelle): in Fachwerkstatt Fehleranalyse durchführen lassen; s. a. Kap. Fehlersuchtabelle „Einspritzanlage“.

Batterieprobleme: Batterie leer, defekt (Plattenschluß, zu niedriger Säurestand), lockere oder korrodierte Kabelanschlüsse. Batterie ausbauen und laden. **Achtung:** Motorroller mit automatischer Kraftübertragung können – anders als Fahrzeuge mit Schaltgetriebe – nicht angeschoben werden.

Störungen im System der Wegfahrsperre: Anlage prüfen, neu programmieren.

MOTOR, ANTRIEB: SCHLECHTE LEISTUNG

Düsen oder Benzinhahn verstopft oder verschmutzt (Vergasermodelle): : ausbauen, reinigen und mit Druckluft ausblasen.

Auspuff undicht: prüfen, ob Anschlüsse dicht sind und keine Durchrostung vorliegt; anderenfalls inkl. Katalysator austauschen.

Luftfilter verschmutzt oder defekt: reinigen bzw. ersetzen.

Choke bleibt hängen: Leichtgängigkeit und Funktion prüfen bzw. wiederherstellen.

Vergaser (GT-Modelle) falsch eingestellt: Gemischzusammensetzung und Leerlauf einstellen oder in Werkstatt einstellen lassen; Abgas prüfen.

Defekte in der Zünd- und Einspritz-Elektronik (Einspritzmodelle): in Fachwerkstatt Fehleranalyse durchführen lassen; s. a. Kap. Fehlersuchtabelle „Einspritzanlage“.

Zündkerze abgebrannt, defekt oder falscher Wärmewert: durch neue ersetzen.

Zündung verstellt: Phaseneinstellung prüfen.

Zylinder, Kolben, Kolbenringe abgenutzt oder beschädigt: Zylinder ausschleifen lassen, Kolben erneuern.

Kupplung rutscht: Backen der Fliehkraftkupplung prüfen und notfalls austauschen.

Riemenscheiben gleiten schlecht: Teile ausbauen, prüfen, beschädigte Elemente ersetzen, Variatorrollen fetten oder auswechseln.

Keilriemen abgenutzt: ausbauen, erneuern.

Verdichtung zu niedrig beim Viertaktmotor: Ventile falsch eingestellt oder überhitzt; Ventilsitze/Ventile verformt oder abgebrannt; prüfen, einstellen, erneuern.

MOTOR: ABSTERBEN IM LEERLAUF

Vergaser falsch eingestellt (GT-Modelle): Leerlauf und Gemischeinstellung prüfen, korrigieren.

Leerlaufdüse verschmutzt (Vergasermodelle): ausbauen, reinigen und mit Druckluft durchblasen.

Choke schließt sich nicht: Freigängigkeit prüfen/wiederherstellen.

Schwimmernadel, Schwimmer hängen (Vergasermodelle): ausbauen, prüfen, Freigängigkeit herstellen.

Ansaugtrakt undicht: Abdichtung zwischen Vergaser bzw. Drosselgehäuse und Ansaugrohr zum Luftfilter sowie zwischen Ansaugrohr und Zylinderkopf prüfen.

Kupplungsschaden: Feder gebrochen; ersetzen

Leerlauf falsch eingestellt: prüfen, korrigieren.

Zündanlage (Vergasermodelle), Zündkerze defekt: prüfen, instandsetzen.
Defekte in der Zünd- und Einspritz-Elektronik (Einspritzmodelle): in Fachwerkstatt Fehleranalyse durchführen lassen; s. a. Kap. Fehlersuchtabelle „Einspritzanlage".
Decoder Wegfahrsperre defekt: austauschen.

MOTOR: ABSTERBEN BEI VOLLGAS
Hauptdüse verschmutzt, Gemisch zu mager (Vergasermodelle): Düse ausbauen und mit Druckluft durchblasen.
Vergaser verschmutzt (GT-Modelle): ausbauen, zerlegen, mit Waschbenzin reinigen und mit Druckluft durchblasen.
Wasser im Vergaser (GT-Modelle): Ursache suchen, notfalls gesamtes Kraftstoffsystem entleeren und trocknen; hat der Motor bereits Wasser angesaugt, Triebwerk komplett zerlegen, reinigen, prüfen; **Achtung:** Motorschaden droht!
Defekte in der Zünd- und Einspritz-Elektronik (Einspritzmodelle): in Fachwerkstatt Fehleranalyse durchführen lassen; s. a. Kap. Fehlersuchtabelle „Einspritzanlage".
Zündkerze defekt: prüfen, reinigen, einstellen oder ersetzen.

MOTOR: AUSSETZER BEIM BESCHLEUNIGEN ODER AM BERG
Luftfilter verschmutzt: ausbauen und reinigen oder ersetzen.
Zündkerze defekt: prüfen, reinigen, einstellen oder ersetzen; Wärmewert und Elektrodenabstand müssen stimmen (s.a. technische Daten).
Defekte in der Zünd- und Einspritz-Elektronik (Einspritzmodelle): in Fachwerkstatt Fehleranalyse durchführen lassen; s. a. Kap. Fehlersuchtabelle „Einspritzanlage".

MOTOR: VERBRAUCH ZU HOCH
Vergaser verstellt (GT-Modelle): Gemisch und Leerlauf einstellen, Spiel der Seilzüge prüfen.
Luftfilter und/oder Vergaser (GT-Modelle) verstopft oder verschmutzt: reinigen, Luftfilter ersetzen.
Defekte in der Zünd- und Einspritz-Elektronik (Einspritzmodelle): in Fachwerkstatt Fehleranalyse durchführen lassen; s. a. Kap. Fehlersuchtabelle „Einspritzanlage".
Choke defekt: prüfen, gängig machen, notfalls austauschen.
Hoher Verschleiß an Kolben und Zylinder: Motor überholen.

MOTOR: ÜBERHITZUNG, SCHLECHTE LEISTUNG
Ölstand zu niedrig: auffüllen
Ölfilter verschmutzt: auswechseln
Ölpumpe defekt, Öldruck zu niedrig: zu grosses Spiel, Antrieb defekt, Bypass-Ventil bleibt geöffnet; Teile ausbauen, prüfen, ersetzen.
Ventile falsch eingestellt: prüfen, korrigieren.
Ventile verschlissen: Zylinderkopf ausbauen, neue Ventile einschleifen.
Ventilsitze abgenutzt oder verformt: Zylinderkopf komplett austauschen.

MOTOR: ÖLFAHNE, HOHER ÖLVERBRAUCH
Zylinder, Kolben, Kolbenringe verschlissen oder beschädigt: Zylinder ausschleifen lassen, Kolben auswechseln
Kolbenringe falsch eingebaut: korrekt ausrichten, Versatz beachten.
Ölverlust an Leitungen, Dichtungen: Öleinfüll- und Ablaßschrauben prüfen, Ölfilterdeckel prüfen
Ölschutz am Ventil, Ventilführungen, Ventilteller abgenutzt: ausbauen, prüfen, ersetzen

MOTOR, GETRIEBE: METALLISCHE GERÄUSCHE, KLAPPERN
Kolben und Zylinder ausgeschlagen, Kolbenbolzenlager und/oder Pleuellager verschlissen, Kurbelwellenlager verschlissen oder defekt (u.U. infolge Ölmangels); **Getriebezahnräder beschädigt**, Lager Vorgelege oder Antriebswelle defekt, kein oder zu wenig Öl im Getriebe;
Defekte im Bereich Variator und/oder Kupplung; ausbauen, prüfen, ersetzen oder überholen.

VERGASER-MODELLE: GEMISCH ZU MAGER
Düsen verstopft: sorgfältig reinigen, ausblasen.
Schwimmernadelventil, Schwimmer defekt: prüfen, ersetzen.
Tankentlüftung oder Versorgungsleitungen verstopft: prüfen, instandsetzen.
Filter am Unterdruckhahn verstopft: reinigen.
Ansaugstutzen rissig: auswechseln

VERGASER-MODELLE: GEMISCH ZU FETT
Schwimmerkammer läuft über, Nadelventil defekt: ausbauen, prüfen, ersetzen.
Luftbohrungen verstopft: Vergaser ausbauen, auswaschen, mit Druckluft ausblasen.
Automatik-Choke schaltet nicht ab: Freigängigkeit des kleinen Kolbens prüfen, ggfs. Choke komplett austauschen.
Luftfilter verschmutzt: reinigen, trocknen, tränken.

ANTRIEB: KUPPLUNG RUPFT ODER RUTSCHT DURCH
Schwungmassen klemmen: Freigängigkeit der Elemente prüfen.
Keilriemen rutscht durch: Prüfen, ob Fliehkraftelemente sich unter Daumendruck bewegen und leicht zurückspringen; Schwungmassen und/oder Riemenscheiben von Fett und Öl verschmutzt; notfalls Getriebe neu abdichten, Wellendichtringe erneuern; Keilriemen gelängt oder abgenutzt;
Kupplungsbeläge beschädigt: Kupplung ausbauen, zerlegen, Beläge prüfen und gegebenenfalls ersetzen.

Kupplungsglocke innen beschädigt: es dürfen keine Riefen vorhanden sein; Ursache: völlig abgenutzte Beläge. **Achtung:** Motor nie ohne Kupplungsglocke laufen lassen!

HYDRAULIK-SCHEIBENBREMSEN: SCHLECHTE WIRKUNG

Bremsbeläge abgenutzt: prüfen/ersetzen.

Bremsanlage undicht oder defekt: Luft im System, zu wenig oder überalterte Bremsflüssigkeit, undichte Bremsleitungen oder Bremszylinder, abgenutzte oder korrodierte Bremskolben und/oder Bremszylinder.

Brems-Blockieren nach Loslassen des Hebels, Überhitzung der Bremsen: Hauptbremszylinder (HBZ) und/oder Bremszange defekt - ausbauen und ersetzen; Ausgleichslöcher des Hauptbremszylinders verstopft – reinigen; Gummiteile aufgebläht oder verklebt – alle Gummiteile und Bremsflüssigkeit ersetzen, Anlage entlüften.

Federnde Wirkung: Flüssigkeitsverlust oder Druckstange HBZ gebrochen – Anlage prüfen und instandsetzen.

Zu langer Bremshebelweg: Luft im System, Bremsflüssigkeit unter Minimum im Behälter, Dichtungen im HBZ defekt – Anlage prüfen, instandsetzen, entlüften

LENKUNG: SCHWERGÄNGIG

Lager zu stramm eingestellt: Anzugsmoment der oberen Nutmutter prüfen und korrigieren.

Kugellager verschlissen oder mangels Schmierung korrodiert: Rillen und Rollspuren schränken die Freigängigkeit ein, angegriffene Lager daher komplett ersetzen.

LENKUNG: ZUVIEL SPIEL

Lager nicht richtig angezogen: Mit richtigem Anzugsmoment anziehen.

VORDERRADAUFHÄNGUNG: DEUTLICHE POLTERGERÄUSCHE

Steuerrohr-Lager zu großes Spiel: durch Anziehen der oberen Nutmutter korrigieren.

Federbein/Stoßdämpfer defekt, ausgeschlagen: Federbein komplett auswechseln.

Vorderrad und/oder Bremsträger und/oder Bremsscheibe nicht korrekt befestigt: Mutter Radachse lose, Bremsträger nicht korrekt eingesetzt, Bremsscheibe nicht richtig befestigt; prüfen, anziehen, korrigieren; **Achtung:** Unfallgefahr!

Radlager defekt: prüfen, u.U. austauschen.

HINTERRADAUFHÄNGUNG: POLTERN

Anlenkung Triebsatzschwinge defekt, lose, ausgeschlagen: prüfen und ersetzen

Stoßdämpfer defekt: Federbein tauschen.

Radlager in Schwinge defekt: prüfen, u.U. ausbauen und ersetzen.

Hinterrad lose: Mutter prüfen, anziehen.

Werkzeug und Werkzeugeinsatz: Ti richtigen Umgang mit dem Werkze

Das serienmäßige Bordwerkzeug der Vespa-Modelle der Reihen GT, GTS und GTV ist - wie bei den meisten Rollern - nur ein Notbehelf. Es taugt kaum zum Zündkerzenwechsel, versagt erst recht, wenn beispielsweise die Räder abgenommen werden müssen. Sinnvoll ist es daher, sich fürs Vespa-Schrauben zumindest einen **Basis-Werkzeugsatz** mit Umschaltknarre und Stecknüssen SW 8 bis SW 24 sowie diversen Schlitz- und Kreuzschlitz-Schraubendrehern anzuschaffen.

Anschaffung von Spezialwerkzeugen sinnlos

Wer professionell arbeiten will, sollte indes in eine **gehobenere Werkstatt-Ausrüstung** investieren: Werkbank mit Schraubstock, Stecknuß-Satz SW 6 bis 24 mit kleiner und großer Umschaltknarre sowie den zugehörigen Adaptern 1/4- und 1/2-Zoll, Ring- und Gabelschlüssel-Satz SW 6 bis 24, Innensechskantschlüssel SW 3 - 10, Torxschlüssel T10-T50, Zündkerzenschlüssel SW 16, vier Schlitz-Schraubendreher mit Schneidenbreiten 2, 3/4, 5/7, 9/0, drei Kreuzschlitz-Schraubendreher klein, mittel und groß, Kombizange, Wasserpumpenzange, Spitzzange, Seegeringzange, Dorn 8 mm, Schlosserhammer klein und mittel, Kunststoffhammer, Draht- und Messingbürste, Hand-Fettpresse, Bowdenzugöler, Batterie-Ladegerät, Fühlerlehre, Hakenschlüssel für Lenkkopfmutter, Fußluftpumpe mit Manometer.

Unentbehrlich für Arbeiten an Motor, Antrieb und Fahrwerk sind außerdem zwei automatisch über-

springende **Drehmomentschlüssel** (ca. 10 bis 60 und 30 bis 140 Nm). Für Kontrollen und Arbeiten an der komplexen Vergaseranlage der GT-Modelle und erst recht an der Einspritz- und Zündanlage der GTS- und GTV-Modelle sind **Spezialwerkzeuge** erforderlich, die nur gut ausgerüstete Vespa-Werkstätten besitzen. Jede entsprechende Anschaffung wäre für den Gelegenheitssschrauber unrentabel und in der Regel auch kaum möglich, weil diese Werkzeuge nicht an Endverbraucher verkauft werden.
Auch an der **Elektrik** kann nur in eingeschränktem Maße gearbeitet werden. Dann aber ist ein Quetschverbinderset mit Kabelschuh- und Abisolierzange unentbehrlich. Zur gehobenen Ausrüstung gehören Stroboskoplampe und elektronisch geregelte Bohrmaschine.

Vom Reifenluftdruck hängt die Sicherheit ab. Eine leistungsfähige Fußluftpumpe gehört daher in jede Werkstatt. Luftdruck mindestens einmal im Monat prüfen.

Auf den richtigen Schlüssel kommt es an

Natürlich will auch der **Umgang mit dem Werkzeug** gelernt sein. Unerfahrene Schrauber greifen gern zum falschen Schlüssel: Ein Gabelschlüssel eignet sich nur zum Beidrehen von Muttern oder Schrauben, keinesfalls zum endgültigen Festziehen; dazu sollten ausschließlich Ring- oder Steckschlüssel bzw. Stecknüsse verwendet werden. Bei Schraubendrehern gilt: nur Werkzeuge mit unbeschädigten, sauber gekanteten Klingen verwenden.
Abgerissene Schrauben müssen **ausgebohrt** werden: Zuerst Schaftende glatt feilen, in der Mitte körnen und mit einem kleinen Bohrer vorbohren. Dann mit exakt passendem Bohrer nacharbeiten. Anschließend muß ein neues Gewinde geschnitten werden, in der Regel in drei Stufen.
Wer den Schraubendreher als Meißel benutzt, beschädigt Werkzeug und Werkstück. Generell sollten alle Schrauben, die in Leichtmetallteile gedreht werden (Motorgehäuse z.B.) **drehmomentkontrolliert** festgedreht werden.
Niemals versuchen, festsitzende Muttern mit Gewalt zu lösen: Die Schraube reißt ab, die Ecken von Muttern werden rund gedreht. Korrodierte Schraubverbindungen lösen sich meist, wenn ein guter Rostlöser einige Zeit eingewirkt hat; billiges Fahrradöl tut Wunder. Es kann auch helfen, einen Schraubendreher anzusetzen und dem Griffende einen kräftigen Hammerschlag zu verpassen – oft löst sich die Schraube dann.

Neo-Retro und Original-Retro: Herbststimmung mit Vespa GTS Super 300 i.e. und Youngtimer Citroën CX 20 RE von 1986. Gepflegt werden wollen beide.

An Gesundheit und Sicherheit denken

Wichtig: verschmutzte Fahrwerks- und Motorteile **reinigen**, bevor die Schraubarbeit beginnt. Keinesfalls Benzin verwenden – es enthält krebserregendes Benzol und giftiges Toluol. Während der Arbeit unbedingt auf **Sicherheit** achten: Armbanduhren, Armbänder, Ringe und Halsketten sollten stets abgelegt werden. Auch flatternde Kleidungsstücke wie weite Jacken oder Schals können beim Schrauben gefährlich werden.

Werkzeugzusammenstellung für unterwegs

Für unterwegs empfehlen wir: je zwei verschieden starke Schraubendreher Schlitz und Kreuzschlitz, Kombischlüssel Ring/Gabel SW 8 bis SW 19, Inbusschlüssel SW 6 für den Radausbau, Zündkerzenschlüssel, Mehrzweckzange, multifunktionales (Taschen-)Messer. Nützlich könenn sein: ein Stück Draht, Elektrokabel und Klebeband.

Technische Daten, Einstelldaten Vespa Vergaser-Modelle GT, GTS

(alle Angaben nach bestem Wissen, aber ohne Gewähr; Haftung ausgeschlossen, vor allem bei Einstelldaten)

Modell	**GT 125**	**GT 200**	**GT 125 Euro 3**	**GTS 125 Euro 3**	**GTV 125 Euro 3**
Produktionszeit	2003-2004	2003-2005	2005-2006	2006-2009	2006-2012
Motor					
Bauart	1-Zylinder-4-Takt-4-Ventil, flüssigkeitsgekühlt, mit Antrieb verblockt ----------				
Motortyp Piaggio	LEADER	LEADER	LEADER	LEADER	LEADER
Motor-Präfix	M311M1001	M312M1001	M315M1001	M315M1001	M315M1001
Ventilsteuerung	eine kettengesteuerte obenliegende Nockenwelle, 2 dreiarmige Schwinghebel, vier Ventile				
Hubraum cm³	124,0	197,8	124,0	124,0	124,0
Bohrung x Hub mm	57,0 x 48,6	72,0 x 48,6	57,0 x 48,6	57,0 x 48,6	57,0 x 48,6
Verdichtungsverhältnis	12-13 : 1	11-12 : 1	11,5-12,5 : 1	11,5-12,5 : 1	11,5-12,5 : 1
Leistung PS/kW	15,0 (11,0)	21,0 (15,4)	14,3 (10,5)	14,3 (10,5)	14,3 (10,5)
bei Drehz./min^{-1}	9700	8500	9500	9500	9500
Maximales Drehmoment Nm bei Drehzahl/min^{-1}	ca. 12,5/8200	ca. 15/7000	12/8000	12/8000	12/8000
Kurbelwelle	geschmiedet, gleitgelagert ----------				
Schmierung	kettengesteuerte Nockenpumpe, Netzfilter und Papierfilterpatrone ----------				
Kühlung	Druckumlaufkühlung mit Pumpe, Ausgleichsbehälter, zwei Kühlern, Thermostat, Elektrolüfter				
Zündung	kontaktlos elektronisch mit variabler Vorzündung ----------				
Zündkerze	Champion	Champion	Champion	Champion	Champion
Typ	RG 4 HC	RG 6 YC	RG 4 HC	RG 4 HC	RG 4 HC
alternativ:				NGK CR8EB	
Benzinversorgung	automatischer Benzinhahn ----------		elektrische Benzinpumpe ----------		
Vergaser (Unterdruck, Membran) oder	Walbro WVF-7G Keihin CVEK 30	Walbro WVF-7P Keihin CVEK 30	Keihin CVK 30 ---	Keihin CVEK 30 ---	Keihin CVEK 30 ---
Luftfilter	Schwamm, in Benzin-Öl-Gemisch 50 : 50 % getränkt ----------				
Abgasanlage	ungeregelter Katalysator, SAS-Sekundärluftsystem ----------				
Starter	Elektrostarter mit Vorgelege, bei GT 200 mit Drehmomentbegrenzung ----------				
Lichtmaschine	Schwungradmagnetzünder, Wechselstrom, einphasig ----------				
Kraftübertragung					
Primärtrieb	Direktantrieb über Variator auf der Kurbelwelle ----------				
Kupplung	Fliehkraftkupplung mit Dämpferelementen auf Getriebeantriebswelle ----------				
Getriebe	Zahnrad-Untersetzungsgetriebe mit Antriebs- und Abtriebswelle ----------				
Übersetzung	variabel nach Drehzahl ----------				
Sekundärtrieb	Keilriemen auf Fliehkraftkupplung, Untersetzungsgetriebe, Abtriebswelle/Hinterachse ----------				
Chassis, Fahrwerk, Bremsen					
Rahmen-Präfix	ZAPM311000000	ZAPM312000000	ZAPM313000000	ZAPM313000000	ZAPM313010000
Rahmen	Stahlblechrahmen selbsttragend ----------				
Karosserie	Stahlblech mit Kunststoff-Anbauteilen ----------				
Vorderradführung	Lenkrohr mit gezogener Schwinge, Federbein mit hydraulischer Dämpfung u. Koaxialfeder				
Hinterradführung	LM-Triebsatzschwinge mit Kurzschwinge, 2° Spielraum, Drehpunkt mit Arm am Rahmen, 2 hydraulisch gedämpfte Federbeine mit 4-stufig einstellbaren Koaxialfedern				
Federwege v/h	86,5/89,5 mm	86,5/89,5 mm	86,5/89,5 mm	86,5/89,5 mm	86,5/89,5 mm
Bremse vorn	gelochte Bremsscheibe, Zweikolben-Schwimmsattel, Kolben-Durchm. 25 mm ----------				
Scheiben-Ø	220 mm	220 mm	220 mm	220 mm	220 mm
Bremsbetät. vorn	hydraulisch von Hand per Hebel rechts am Lenker ----------				
Bremse hinten	gelochte Bremsscheibe, Zweikolben-Festsattel, Kolben-Durchm. 30 mm ----------				
Scheiben-Ø	220 mm	220 mm	220 mm	220 mm	220 mm
Bremsbetätigung hint.	hydraulisch von Hand per Hebel links am Lenker ----------				
Räder, Bauart vorn	LM 3,00 x 12	LM 3,00 x 12	LM 3,00 x 12	LM 3,00 x 12	LM 3,00 x 12
Räder, Bauart hinten	LM 3,00 x 12	LM 3,00 x 12	LM 3,00 x 12	LM 3,00 x 12	LM 3,00 x 12
Reifen vorn	120/70-12 tubel.	120/70-12 tubel.	120/70-12 tubel.	120/70-12 tubel.	120/70-12 tubel.
Reifen hinten	130/70-12 tubel.	130/70-12 tubel.	130/70-12 tubel.	130/70-12 tubel.	130/70-12 tubel.
Fahrleistungen					
Vmax km/h in D	104	125	100	100	100
Treibstoff	alle Modelle: Super bleifrei ROZ 95 ----------				
Verbrauch l/100 km	3,5	3,6	3,2	3,2	3,2

Modell	GT 125	GT 200	GT 125 Euro 3	GTS 125 Euro 3	GTV 125 Euro 3
Maße und Gewichte					
Länge mm	1940	1940	1940	1940	1940
Breite ohne Spiegel mm	755	755	755	755	770
Höhe ohne Spiegel	1170	1170	1180	1180	1180
Sitzhöhe mm	800	800	800	800	800
Benzintank (Reserve) Liter	9,5 (2,0)	9,5 (2,0)	9,5 (2,0)	10,0 (2,0)	9,5 /2,0)
Radstand mm	1395	1395	1395	1395	1395
Leergewicht kg	140	140	145	145	148
Zuladung kg (ca.)	200	200	195	195	192
zuläss. Ges.gew. kg (ca.)	340	340	340	340	340
Vergaser- und Umweltdaten					
Typ	Keihin CVEK 30 *	Keihin CVEK 30 *	Keihin CVEK 30 *	Keihin CVEK 30 *	Keihin CVEK 30 *
(in Klammern:)	(Walbro WVF-7R *)	(Walbro WVF-7P *)	---	---	---
Gehäuse-Markierung	CVEK * (7RI *)	CVK * (7P *)	CVEK	CVEK	CVEK
Cut-off-Vorrichtung	keine (keine)	keine (ja)	keine	keine	keine
Drosselventil Einlaß Ø	30,5 mm (30 mm)	30,5 mm (33 mm)	30,5 mm	30,5 mm	30,5 mm
Hauptdüse	98 (103)	92 (95)	98	108	98
Haupt-Luftdüse	150 (60 max.)	70 max.. (120 max.)	150	70	150
Leerlaufdüse	38 (38)	38 (33)	38	38	38
Leerlauf-Luftdüse	130 (110)	115 (55)	130	130	130
Gasschieberfeder	100-160 g (100 g)	150-250 g (120 g)	100-160 g	100-160 g	100-160 g
Nadelventil konisch	NDVA (653)	NDAA (495)	NDVA	NDYB	NDVA
Zacken von oben	1 (2)	1 (2)	1	1	1
Leerlaufgemisch-Regulierungsschraube:					
Umdrehungen heraus	2,0 +/- 1/4	2 1/4 +/- 1/4	2,0 +/- 1/4	1,0 +/- 1/2	2,0 +/- 1/4
	(2 7/8 +/- 1/2)	(2,0 +/- 1/2)	---	---	---
Leerlaufdrehzahl/min⁻¹	1650 +/- 50	1650 +/- 50	1650 +/- 50	1650 +/- 50	1650 +/- 50
Mischrohrdüse Ø	5,0 (2,7)	5,0 (2,7)	5,0	5,0	5,0
Benzin-Einlaßöffnung Ø	--- (1,5)	--- (1,5)	---	---	---
Choke-Luftdüse Ø	1,5 (200)	1,5 (200)	1,5	1,5	1,5
Choke-Düse	42 (48)	42 (45)	42	42	42
Widerstand Choke	20 Ω (40 Ω)	20 Ω (40 Ω)	20 Ω	20 Ω	20 Ω
Venturi-Lufttrichter Ø	29 (29)	29 (29)	29	29	29
Kegel max. Trichter Ø	--- (48)	--- (48)	---	---	---
CO-Wert	3,8 +/- 0,7 %	3,8 +/- 0,7 %	keine Angaben	keine Angaben	keine Angaben
Abgasnorm	Euro 2	Euro 2	Euro 3	Euro 3	Euro 3

** Kennungen können anders sein, wenn der Vergaser in der laufenden Serie geändert wurde*

Elektrik, Beleuchtung					
Batterie	12V-12Ah	12V-12Ah	12V-10Ah	12V-10Ah	12V-10Ah
Fern-/Fahrlicht	12V-55/60W	12V-55/60W	12V-55/60W	12V-55/60W	12V-55/60W
Standlicht	12V/5W	12V/5W	12V/5W	12V/5W	12V/5W
Rück-/Bremslicht	12V-5/21W	12V-5/21W	12V-5/21W	12V-5/21W	12V-5/21W
Blinker vorn/hinten	12V-10/10W	12V-10/10W	12V-10/10W	12V-10/10W	12V-10/10W
Hauptsicherung	15A	15A	15A	15A	15A
Zusatzsicherungen	10A, 7,5A, 5A	10A, 7,5A, 5A	10A, 7,5A, 5A, 3A	10A, 7,5A, 5A, 3A	10A, 7,5A, 5A, 3A
Instrumente	12V-1,2W u. 2,0W	12V-1,2W u. 2,0W	12V-1,2W u. 2,0W	12V-1,2W u. 2,0W	12V-1,2W
Nummernschild	12V-5W	12V-5W	12V-5W	12V-5W	12V-5W
Füllmengen, Reifenluftdruck					
Motoröl cm³	1000	1000	1000	1100	1000
Motoröl Spezifikation	Synthetiköl SAE 5W-40 nach API SL, ACEA A3, JASO MA ----------				
Getriebeöl cm³	150	150	150	150	150
Getriebeöl Spezifikation	80W-90	80W-90	80W-90	80W-90	80W-90
Kühlmittel	2,1-2,15 l Paraflu 11FE (verdünnt) ----------				
Bremsflüssigkeit	DOT 4	DOT 4	DOT 4	DOT 4	DOT 4
Luftdruck vorn bar solo	1,8	1,8	1,8	1,8	1,8
Luftdruck hinten bar solo	2,0	2,0	2,0	2,0	2,0
Luftdr. bar v/h beladen	1,8/2,2	1,8/2,2	1,8/2,2	1,8/2,2	1,8/2,2

Einstell- und Elektrik-Daten GT- und Euro 3-Vergaser-Modelle: s. Seite 143

Technische Daten, Einstelldaten Vespa Einspritz-Modelle GTS, GTV

(alle Angaben nach bestem Wissen, aber ohne Gewähr; Haftung ausgeschlossen, vor allem bei Einstelldaten)

Modell	**GTS Super 125 i.e.**	**GTS 250 i.e.**	**GTS Super 300 i.e**	**GTV 250 i.e.**	**GTV 300 i.e.**
Produktionszeit	seit 2009	2005-2012	2008-2016	2006-2012	2010-2016
Motor					
Bauart	1-Zylinder-4-Takt-4-Ventil, flüssigkeitsgekühlt, mit Antrieb verblockt				
Motortyp Piaggio	QUASAR	QUASAR	QUASAR	QUASAR	QUASAR
Motor-Präfix	M451M	M451M	M451M	M451M	M451M
Ventilsteuerung	eine kettengesteuerte obenliegende Nockenwelle, 2 dreiarmige Schwinghebel, vier Ventile				
Hubraum cm^3	124,0	244,3	278,3	244,3	278,3
Bohrung x Hub mm	57,0 x 48,6	72,0 x 60,0	75,0 x 63,0	72,0 x 60,0	75,0 x 63,0
Verdichtungsverhältnis	11,5-12,5 : 1	10,5-11,5 : 1	10,5-11,5 : 1	10,5-11,5 : 1	10,5-11,5 : 1
Leistung PS/kW	15,0 (11,0)	21,4 (15,7)	22,3 (16,4)	21,4 (15,7)	22,3 (16,4)
bei Drehz./min^{-1}	9750	8500	7500	8500	7500
Maximales Drehmoment Nm bei Drehzahl/min^{-1}	12/7500	20,1/6500	22/6500	20,1/6500	22/6500
Kurbelwelle	geschmiedet, gleitgelagert				
Schmierung	kettengesteuerte Nockenpumpe, Netzfilter und Papierfilter-Patrone				
Kühlung	Druckumlaufkühlung mit Pumpe, Ausgleichsbehälter, zwei Kühlern, Thermostat, Elektrolüfter				
Zündung	computergesteuert, kontaktlos elektronisch mit variabler Vorzündung				
Zündkerze	NGK CR8EKB	Champion	Champion	Champion	Champion
alternativ:		RG 4 PHP	RG 4 PHP	RG 4 PHP	RG 4 PHP
Benzinversorgung	elektronisch gesteuerte Benzineinspritzung, elektrische Benzinpumpe				
Luftfilter	Schwamm, in Benzin-Öl-Gemisch 50 : 50 % getränkt				
Abgasanlage	geregelter Dreiweg-Katalysator, Lambdasonde				
Starter	Elektrostarter mit Freilauf				
Lichtmaschine	Schwungradmagnetzünder, Wechselstrom, 380 W bei 8000/min				
Kraftübertragung					
Primärtrieb	Direktantrieb über Variator auf der Kurbelwelle				
Kupplung	Fliehkraftkupplung mit Dämpferelementen auf Getriebeantriebswelle				
Getriebe	Zahnrad-Untersetzungsgetriebe mit Antriebs- und Abtriebswelle				
Übersetzung	variabel nach Drehzahl				
Sekundärtrieb	Keilriemen auf Fliehkraftkupplung, Untersetzungsgetriebe, Abtriebswelle/Hinterachse				
Chassis, Fahrwerk, Bremsen					
Rahmen-Präfix	ZAPM45100000	ZAPM45100000	ZAPM45100000	ZAPM451020000	ZAPM451020000
Rahmen	Stahlblechrahmen selbsttragend				
Karosserie	Stahlblech mit Kunststoff-Anbauteilen				
Vorderradführung	Lenkrohr mit gezogener Schwinge, Federbein mit hydraulischer Dämpfung u. Koaxialfeder				
Hinterradführung	LM-Triebsatzschwinge mit Kurzschwinge, 2° Spielraum, Drehpunkt mit Arm am Rahmen, 2 hydraulisch gedämpfte Federbeine mit 4-stufig einstellbaren Koaxialfedern				
Federwege v/h	86,5/89,5 mm	86,5/89,5 mm	86,5/89,5 mm	86,5/89,5 mm	86,5/89,5 mm
*Bremse vorn **	gelochte Bremsscheibe, Zweikolben-Schwimmsattel, Kolben-Durchm. 25 mm				
Scheiben-Ø	220 mm	220 mm	220 mm	220 mm	220 mm
Bremsbetät. vorn	hydraulisch von Hand per Hebel rechts am Lenker				
*Bremse hinten **	gelochte Bremsscheibe, Zweikolben-Festsattel, Kolben-Durchm. 30 mm				
Scheiben-Ø	220 mm	220 mm	220 mm	220 mm	220 mm
Bremsbetätigung hint.	hydraulisch von Hand per Hebel links am Lenker				
Räder, Bauart vorn	LM 3,00 x 12	LM 3,00 x 12	LM 3,00 x 12	LM 3,00 x 12	LM 3,00 x 12
Räder, Bauart hinten	LM 3,00 x 12	LM 3,00 x 12	LM 3,00 x 12	LM 3,00 x 12	LM 3,00 x 12
Reifen vorn	120/70-12 tubel.	120/70-12 tubel.	120/70-12 tubel.	120/70-12 tubel.	120/70-12 tubel.
Reifen hinten	130/70-12 tubel.	130/70-12 tubel.	130/70-12 tubel.	130/70-12 tubel.	130/70-12 tubel.
Fahrleistungen					
Vmax km/h in D	115	118	120	118	120
Treibstoff	alle Modelle: Super bleifrei ROZ 95				
Verbrauch l/100 km	3,5	3,6	3,7	3,6	3,7

Anmerkungen: * *Modelle auch mit elektronisch gesteuertem ABS lieferbar (Brems-Antiblockiersystem)*

Modell	GTS Super 125 i.e.	GTS 250 i.e.	GTS Super 300 i.e	GTV 250 i.e.	GTV 300 i.e.
Maße und Gewichte					
Länge mm	1930	1930	1930	1930	1930
Breite ohne Spiegel mm	755	755	755	770	770
Höhe ohne Spiegel	1170	1170	1170	1170	1170
Sitzhöhe mm	800	800	800	800	800
Benzintank (Reserve) Liter	9,2 (2,0)	9,2 (2,0)	9,2 (2,0)	9,2 (2,0)	9,2 /2,0)
Radstand mm	1370	1370	1370	1370	1370
Leergewicht kg	158	151	158	146	146
Zuladung kg	182	189	182	194	194
zulässiges Ges.gew. kg	340	340	340	340	340
Einspritzanlage, Umweltdaten					
Hersteller	Magneti Marelli	Magneti Marelli	Magneti Marelli	Magneti Marelli	Magneti Marelli
Drosselkörper Einlaß Ø	keine Angaben	keine Angaben	32 mm	keine Angaben	keine Angaben
Leerlaufdrehzahl/min^{-1}	1750 +/- 50	1650 +/- 50	1650 +/- 50	1700 +/- 100	1650 +/- 50
CO-Wert	keine Angaben	keine Angaben	keine Angaben	keine Angaben	keine Angaben
Abgasnorm	Euro 3	Euro 3	Euro 3	Euro 3	Euro 3
Elektrik, Beleuchtung					
*Batterie **	12V-12Ah	12V-12Ah	12V-12Ah	12V-12Ah	12V-12Ah
Fern-/Fahrlicht	12V-55/60W	12V-55/60W	12V-55/60W	12V-55/60W	12V-55/60W
Standlicht	12V/5W	12V/5W	12V/5W	12V/5W	12V/5W
Rück-/Bremslicht	12V-5/21W	12V-5/21W	12V-5/21W	12V-5/21W	12V-5/21W
Blinker vorn/hinten	12V-10/10W	12V-10/10W	12V-10/10W	12V-5/10W	12V-5/10W
Hauptsicherung	30A	30A	30A	30A	30A
Zusatzsicherungen	15A, 7,5A	15A, 10A, 7,5A, 3A	15A, 10A, 7,5A, 3A	15A, 10A, 7,5A	15A, 10A, 7,5A
Instrumente	12V-1,2W u. 2,0W	12V-1,2W u. 2,0W	12V-1,2W u. 2,0W	12V-1,2W	12V-1,2W
Nummernschild	12V-5W	12V-5W	12V-5W	12V-5W	12V-5W
Füllmengen, Reifenluftdruck					
Motoröl cm^3	1300	1300	1300	1300	1300
Motoröl Spezifikation	Synthetiköl SAE 5W-40 nach API SL, ACEA A3, JASO MA ----------				
Getriebeöl cm^3	250	250	250	250	250
Getriebeöl Spezifikation	80W-90	80W-90	80W-90	80W-90	80W-90
Kühlmittel	2,1-2,15 l AGIP Permanent spezial oder Paraflu 11FE (verdünnt) ----------				
Bremsflüssigkeit	DOT 4	DOT 4	DOT 4	DOT 4	DOT 4
Luftdruck vorn bar solo	1,8	1,8	1,8	1,8	1,8
Luftdruck hinten bar solo	2,0	2,0	2,0	2,0	2,0
Luftdr. bar v/h beladen	1,8/2,2	1,8/2,2	1,8/2,2	1,8/2,2	1,8/2,2
Einstell- und Elektrik-Daten Einspritz-Modelle					
Ventilspiel Einlaß mm	0,10	0,10	0,10	0,10	0,10
Auslaß mm	0,15	0,15	0,15	0,15	0,15
Elektrodenabstand Zündkerze mm	0,7-0,8 mm	0,7-0,8 mm	0,7-0,8 mm	0,7-0,8 mm	0,7-0,8 mm
Gaszugspiel	1,0 mm	1,0 mm	1,0 mm	1,0 mm	1,0 mm
Bremsbelag minimal	1,5 mm	1,5 mm	1,5 mm	1,5 mm	1,5 mm
Vorzündung vor OT	*variabel, in die Einspritz- und Zündelektronik integriert*				

Anmerkungen: * Batterie wahlweise auch 12V-14 Ah

Modell	GT 125	GT 200	GT 125 Euro 3	GTS 125 Euro 3	GTV 125 Euro 3
Einstell- und Elektrik-Daten GT- und Euro 3-Vergaser-Modelle					
Ventilspiel Einlaß mm	0,10	0,10	0,10	0,10	0,10
Auslaß mm	0,15	0,15	0,15	0,15	0,15
Elektrodenabstand Zündkerze mm	0,7-0,8 mm	0,7-0,8 mm	0,7-0,8 mm	0,7-0,8 mm	0,7-0,8 mm
Gaszugspiel	1,0 mm	1,0 mm	1,0 mm	1,0 mm	1,0 mm
Bremsbelag minimal	1,5 mm	1,5 mm	1,5 mm	1,5 mm	1,5 mm
Vorzündung variabel	10° +/- 1°/2000	10° +/- 1°/2000	10° +/- 1°/2000	10°/2000	10° +/- 1°/2000
von/bis vor OT/min^{-1}	34° +/- 1°/6000	32° +/- 1°/6500	29° +/- 1°/6750	29°/6750	29° +/- 1°/6750

Drehmoment-Richtwerte

Angaben in Nm für das Anziehen in 2 Stufen; alle Angaben nach bestem Wissen, aber ohne Gewähr, Haftung ausgeschlossen; Quelle: Piaggio; [1] Muttern vorher mit Motoröl schmieren

Modelle	**GTS 125 i.e. GTS 250 i.e., GTV 250 i.e. GTS 300 i.e., GTV 300 i.e.**	**GT 125, GT 200, GT 125 Euro 3 GTS 125 Euro 3, GTV 125 Euro 3**
Baugruppe, Bauteil	**Drehmoment Nm, Stufen**	**Drehmoment Nm, Stufen**
Zylinderkopf, Zylinder		
Zündkerze	12 - 14	12 - 14
Schrauben Zylinderkopfdeckel	6 - 7	6 - 7
Muttern Zylinderkopf am Zylinder, kreuzweise in 3 Stufen und mit Gradscheibe anziehen [1]	7+/-1 + 10+/-1 + 270°	7+/-1 + 90° + 90°
Zylinderkopf-Schrauben seitlich	11 - 12	11 - 13
Schraube Masse Anlasser	7 - 8,5	7 - 8,5 (GT 200)
Kontermutter Ventil-Einstellschraube	6 - 8	6 - 8
Schrauben Ansaugstutzen	11 - 13	11 - 13
Schraube Spannschuh Steuerkette	10 - 14	10 - 14
Schrauben Anlasserbefestigung	11 - 15	11 - 15 (GT 200)
Schraube seitlich Nockenwelle	---	11 - 15 (GT, GTS, GTV 125)
Schraube Halterung Kettenspanner Steuerkette	11 - 13	11 - 13
Mittlere Schraube Kettenspanner Steuerkette	5 - 6	5 - 6
Schraube Rückhalteblech Nockenwelle	4 - 6	4 - 6
Gewicht Ventilausheber	7 - 8,5	7 - 8,5
Ausgleichsgewicht, Korb, Nockenwellenritzel	11 - 15	11 - 15
Schmiersystem		
Ablaßschraube Getriebeöl	15 - 17	15 - 17
Ablaßschraube Motoröl-Netzfilter	27 - 33	27 - 33
Ölfilterpatrone	4 - 6	4 - 6
Schrauben Ölpumpendeckel	7 - 9	7 - 9
Schrauben Ölpumpe am Gehäuse	5 - 6	5 - 6
Schraube Antriebszahnkranz Ölpumpe	10 - 14	10 - 14
Schrauben Abdeckblech Ölpumpe	4 - 6	4 - 6
Schrauben Ölwanne	10 - 14	10 - 14
Öldrucksensor	12 - 14	12 - 14
Schwungrad Lichtmaschine		
Schrauben Lichtmaschinendeckel	11 - 13	5 - 6
Schrauben Stator-Einheit (zusätzlich Schraubensicherung LOCTITE 242)	3 - 4	3 - 4
Mutter Rotor (Schwungrad)	94 - 102	52 - 58
Schrauben Pick-Up	3 - 4	3 - 4
Schrauben Freilauf am Schwungrad	13 - 15	---
Motorgehäuse und Kurbelwelle		
Schrauben innere Trennwand Motorgehäuse	4 - 6	4 - 6
Motorgehäuse-Verbindungsschrauben	11 - 13	11 - 13
Schrauben Anlassermotor	11 - 13	11 - 13
Schrauben Deckel Ventilsteuerung (zusätzlich Schraubensicherung LOCTITE 242)	3,5 - 4,5	3,5 - 4,5
Auspuffanlage		
Schraube Auspuff-Hitzeschutz	4 - 5	5 - 6
Schraube Auspuff an Halterung	20 - 25	20 - 25
Lambdasonde am Auspuffkrümmer	40 - 50	---
Verbindungsstück Auspuffkrümmer-Auspuff	12 - 13	---
Schelle Auspuffkrümmer-Schalldämpfer	16 - 18	---

Kühlsystem		
Deckel Laufrad Wasserpumpe	3 - 4	3 - 4
Schrauben Thermostat-Deckel	3 - 4	3 - 4
Mitnehmer Laufrad Wasserpumpe	3 - 4	3 - 4
Entlüftungsschraube	3	3
Antrieb		
Schraube Riemen-Laufrolle	11 - 13	11 - 13
Mutter Kupplungseinheit an geführter Riemenscheibe	45 - 50	55 - 60
Mutter Antriebs-Riemenscheibe	75 - 83	75 - 83
Schrauben Antriebsdeckel	11 - 13	11 - 13
Mutter Welle geführte Riemenscheibe	54 - 60	54 - 60
Schrauben Deckel Hinterradgetriebe	24 - 27	24 - 27
Rahmen-Anbauelemente		
Bolzen Schwinge-Motor	64 - 72	64 - 72
Bolzen Schwinge-Rahmen	76 - 83	76 - 83
Verbindungsbolzen Schwinge Motor-Fahrzeug	33 - 41	33 - 41
Schraubbolzen Befestigungsblech Silentblock	42 - 52	42 - 50
Bolzen Hauptständer	32- 40	25 - 30
Bolzen Seitenständer	35- 40	40 - 45
Vordere Radaufhängung, Federbein		
Rad Inbussschrauben	20 - 25	20 - 25
Federbein-Befestigung unten	20 - 27	20 - 27
Federbein-Befestigung oben	20 - 30	20 - 30
Radnabe Zentralmutter	74 - 88	75 - 90
Schrauben Vorderkotflügel am Lenkrohr	5 - 6,5	5 - 6,5
Lenkung		
Oberer Lenkrohr-Gewindering	35 - 40	30 - 40
Unterer Lenkrohr-Gewindering	12 - 14	8 - 10
Lenker-Befestigungsschraube [1)]	50 - 55	45 - 50
Bügelschrauben Bedienungseinheiten am Lenker	7 - 10	7 - 10
Hintere Radaufhängung, Federbein		
Rad an Nabe	20 - 25	20 - 25
Hinterradachse	104 - 126	104 - 126
linke Stoßdämpferhalterung am Gehäuse	20 - 25	20 - 25
Obere Stoßdämpferbefestigungen	20 - 25	20 - 25
Untere Stoßdämpferbefestigungen	33 - 41	33 - 41
Halterung Auspuff-Stoßdämpfer am Motor [1)] (vorher Hinterradachsmutter anziehen, s. o.)	20 - 25	20 - 25
Vorderradbremse		
Bremsleitung an Hauptbremszylinder	20 - 25	20 - 25
Bremsleitung an Bremssattel	20 - 25	20 - 25
Bremssattel an Federbeinführung	24 - 27	20 - 25
Schrauben Bremsscheibe (zusätzlich Schraubensicherung LOCTITE 242)	6 - 6,5	6 - 6,5
Entlüftungsschraube Bremssattel	12 - 16	12 - 16
Befestigungsbolzen Bremsbeläge	19,6 - 24,5	19,6 - 24,5
Schrauben Bremsflüssigkeitsbehälter	15 - 20	15 - 20
Hinterradbremse		
Bremsleitung an Hauptbremszylinder	20 - 25	20 - 25
Bremsleitung an Bremssattel	20 - 25	20 - 25
Schrauben Bremsscheibe	11 - 13	11 - 13
Entlüftungsschraube Bremssattel	12- 16	12 - 16
Bremssattel an Antriebsgehäuse	20 - 25	20 - 25
Schrauben Bremsflüssigkeitsbehälter	15 - 20	15 - 20
Verbindungsschrauben Bremssattelhälften	30 - 33	30 - 33

Schaltplan Vespa GTS 125 Euro 3 mit Vergaser

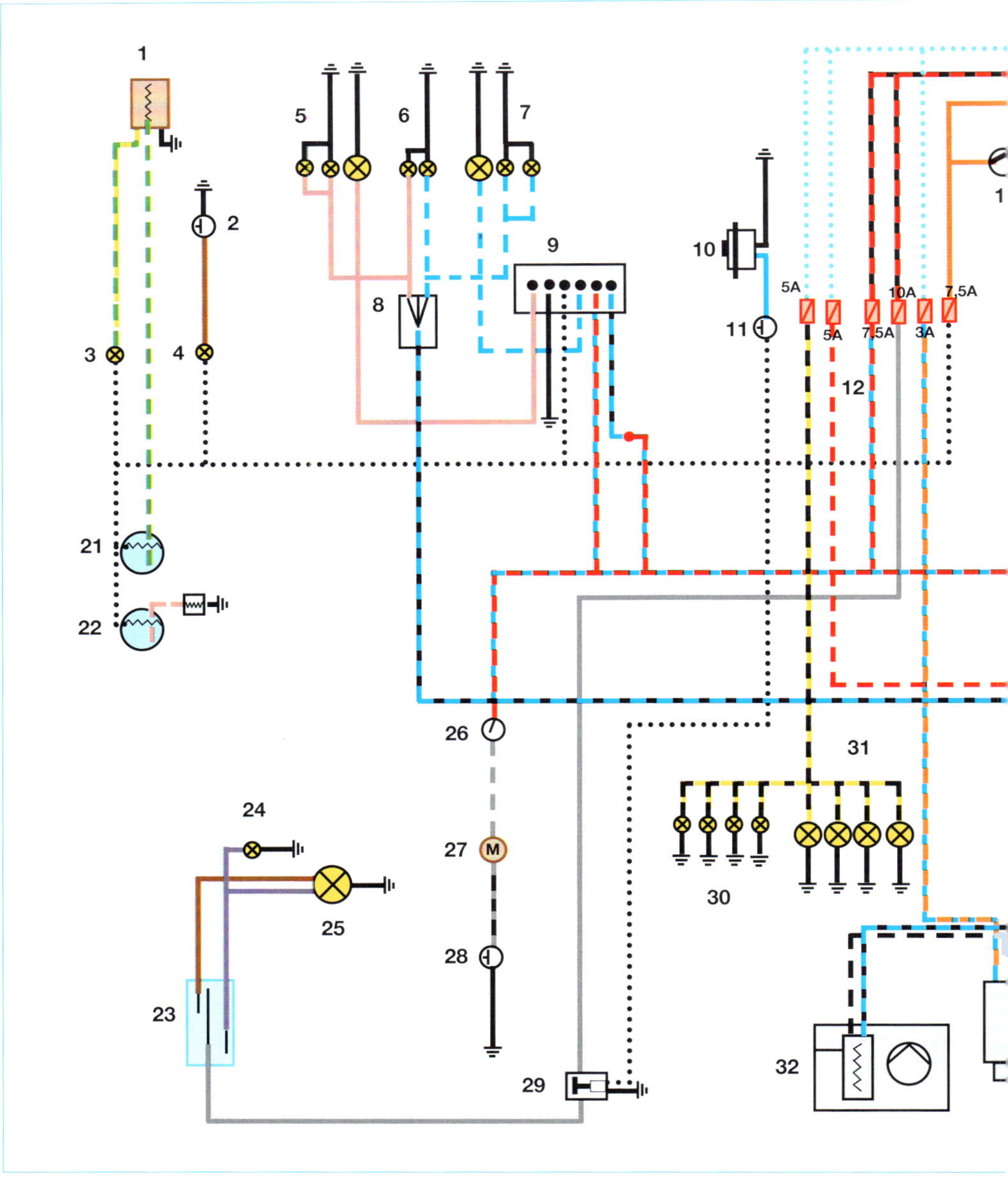

Elektrik-/Elektronik-Elemente-/Baugruppen: *1 = Benzinstandgeber, 2 = Öldrucksensor, 3 = Benzinreservekontrolle 12V-1,2W, 4 = Öldruckkontrolle 12V-1,2W, 5 = Blinklampen vorne 12V-5W u. 12V-10W, 6 = Blinkerkontrolle 12V-2W, 7 = Blinklampen hinten 12V-10W, 8 = Blinkerschalter, 9 = Vorbereitung Diebstahlsicherung, 10 = Hupe, 11 = Hupendruckknopf, 12 = Nebensicherungen, 13 = Notausschalter Motor, 14 = Anlassermctor, 15 = Anlasser-Relais, 16 = Anlasserdruckschalter, 17 = Hauptsicherung, 18 = Batterie 12V-12Ah, 19 = zwei Bremslichtschalter, 20 = Bremslichtlampe 12V-16W, 21 = Benzinstandanzeiger, 22 = Kühlmittel-Temperaturanzeiger,*

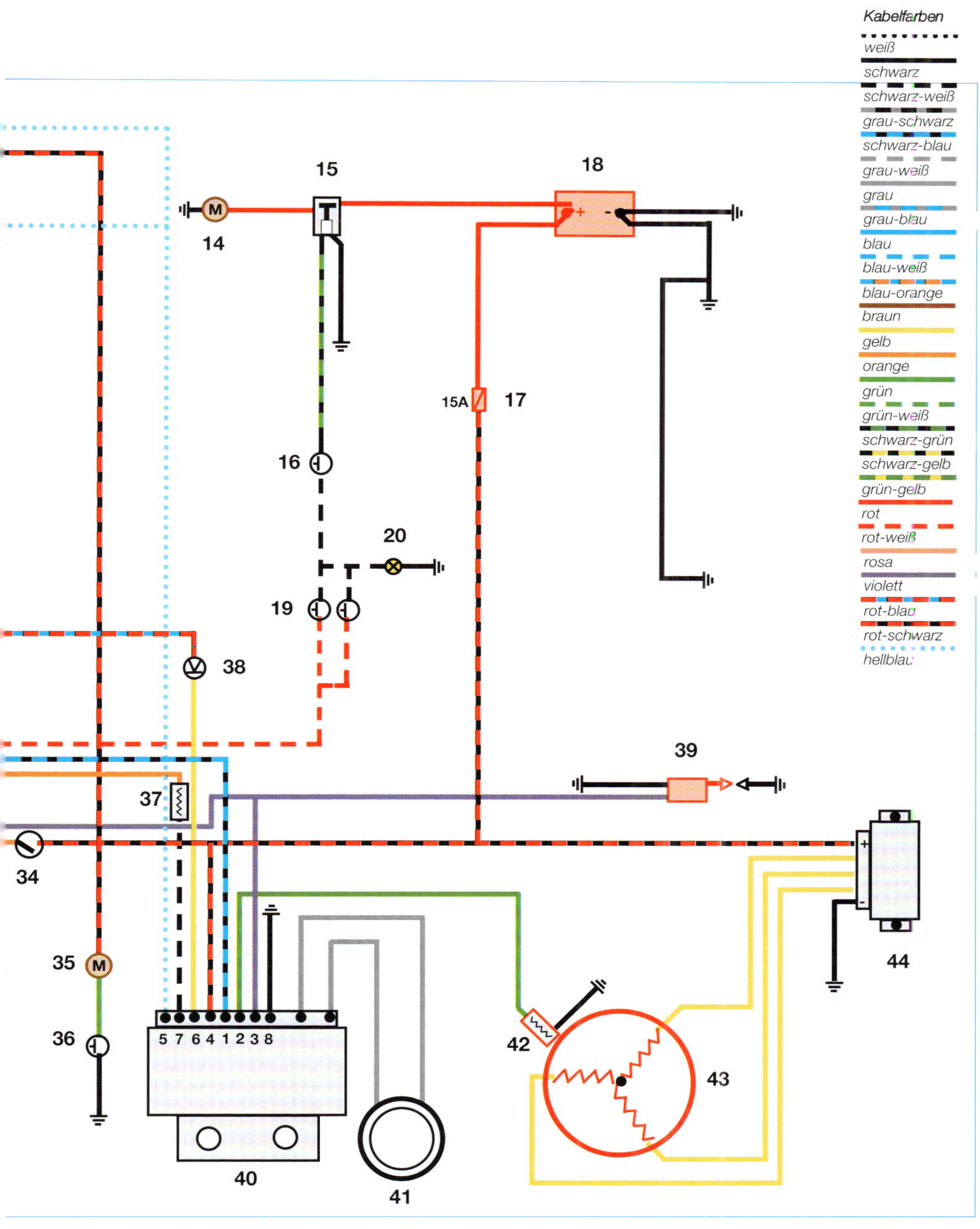

23 = Abblendschalter Licht, 24 = Fernlichtkontrolle 12V-1,2W, 25 = Scheinwerfer-Zweifadenlampe 12V-55/60W, 26 = Zündschloß-kontakte, 27 = elektrischer Sitzbanköffner, 28 = Öffner Sitzbankverriegelung, 29 = Hupenrelais, 30 = Cockpitbeleuchtung 12V-2W, 31 = Standlichtlampen 12V-5W, 32 = elektrische Benzinpumpe, 33 = Steuermodul Benzinpumpe, 34 = Zündschloßkontakte, 35 = Kühlerventilator, 36 = Thermoschalter, 37 = Widerstand, 38 = LED-Kontrolle Wegfahrsperre, 39 = Zündspule mit Zündkerze, 40 = Zündelektronik, 41 = Antenne Wegfahrsperre, 42 = Pickup, 43 = Schwungradmagnetzünder Lichtmaschine, 44 = Spannungsregler.

Graphik: SCHNEIDER MEDIA

Schaltplan Vespa GTS 250 i.e. mit Benzineinspritzung

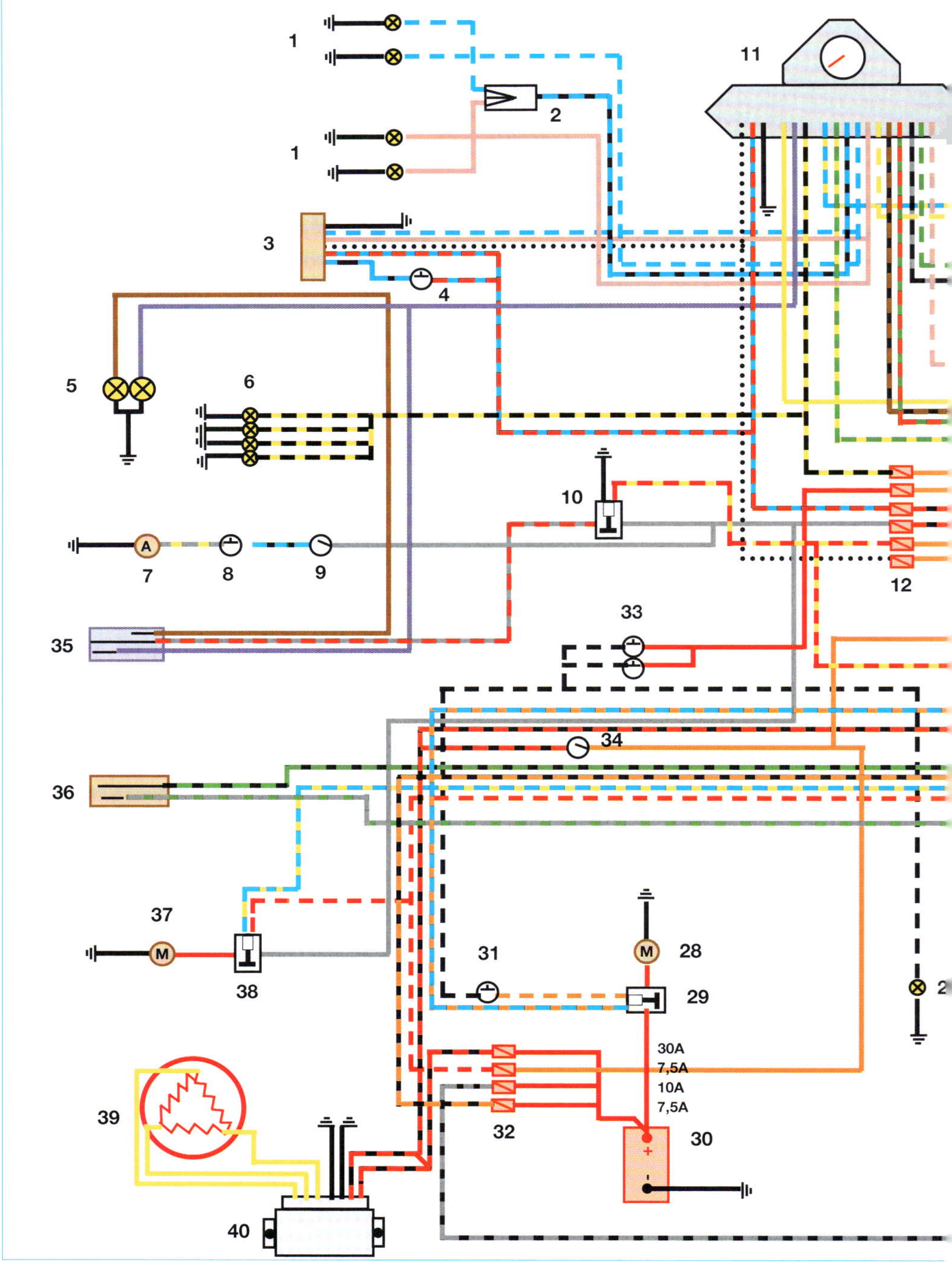

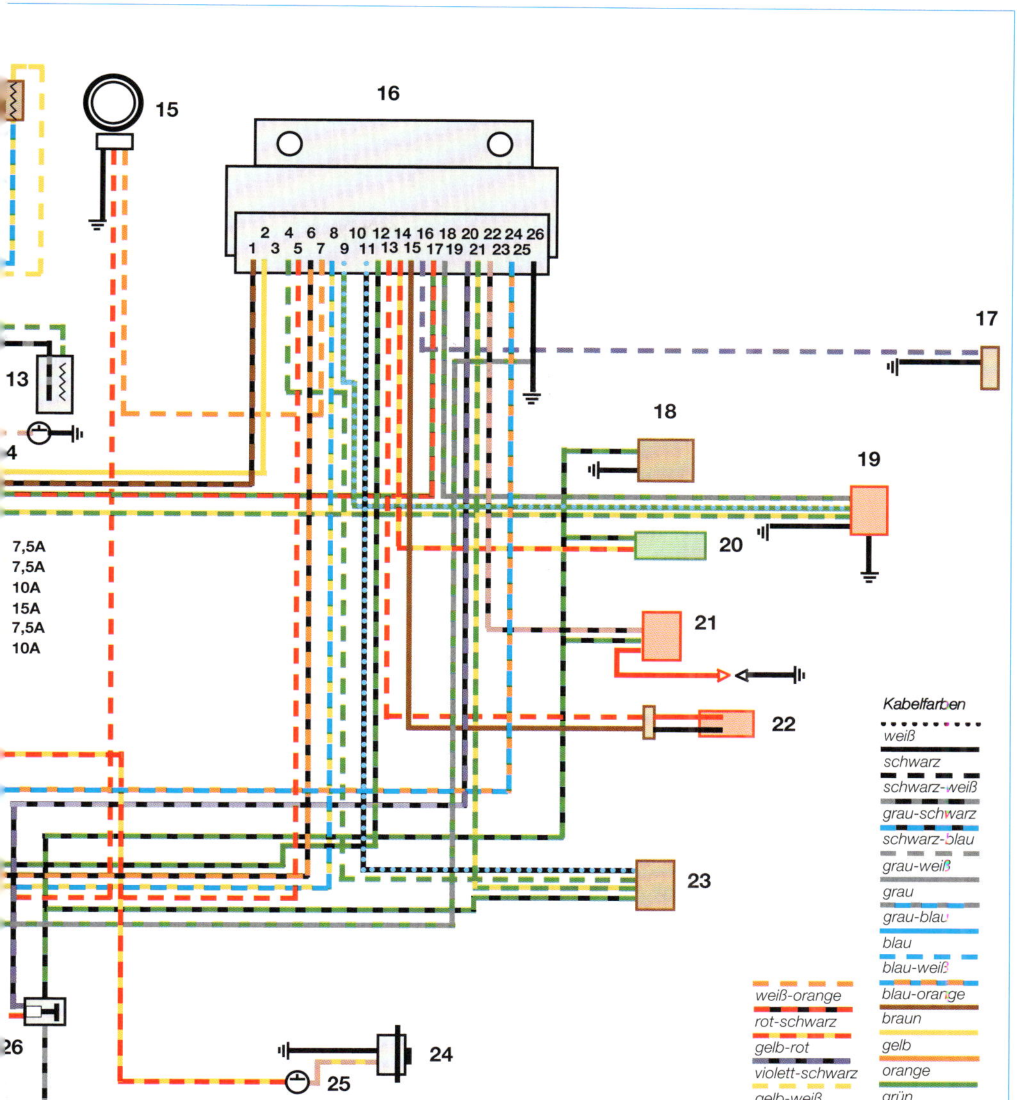

Elektrik-/Elektronik-Elemente-/Baugruppen: *1 = Blinklampen vorn 12V-10W, 2 = Blinkerschalter, 3 = Klemmleiste, 4 = Schalter Helmfachbeleuchtung, 5 = Scheinwerfer-Zweifadenlampe 12V-55/60W, 6 = zwei Standlichtlampen 12V-5W, Rücklichtlampe 12V-5W, Kennzeichenbeleuchtung 12V-5W, 7 = elektrischer Sitzbanköffner, 8 = Schalter Sitzbanköffner, 9 = Zündschloßkontakte, 10 = Scheinwerferrelais, 11 = Cockpitplatine mit Display, 12 = Nebensicherungen (A-Werte rechts davon), 13 = Benzinstandgeber, 14 = Öldrucksensor, 15 = Antenne Wegfahrsperre, 16 = Zünd- und Einspritzelektronik, 17 = Diagnosestecker, 18 = Benzinpumpe, 19 = Motortemperatur-Sensor, 20 = Benzin-Einspritzdüse, 21 = Zündspule mit Zündkerze, 22 = Drehzahlsensor, 23 = Lambdasonde, 24 = Hupe, 25 = Hupendruckknopf, 26 = Einspritzrelais, 27 = Bremslicht 12V-16W, 28 = Anlassermotor, 29 = Anlasserrelais, 30 = Batterie 12V-12Ah, 31 = Starterknopf, 32 = Haupt- (oben) und Nebensicherungen (A-Werte rechts davon), 33 = zwei Bremslichtschalter, 34 = Zündschloßkontakte, 35 = Lichtschalter, 36 = Notausschalter, 37 = elektrischer Kühlventilator, 38 = Kühlgebläserelais, 39 = Schwungradmagnetzünder Lichtmaschine, 40 = Spannungsregler.* *Graphik: SCHNEIDER MEDIA*

Schaltplan Vespa GTS 300 i.e. mit Benzineinspritzung; Stand: Februar/2

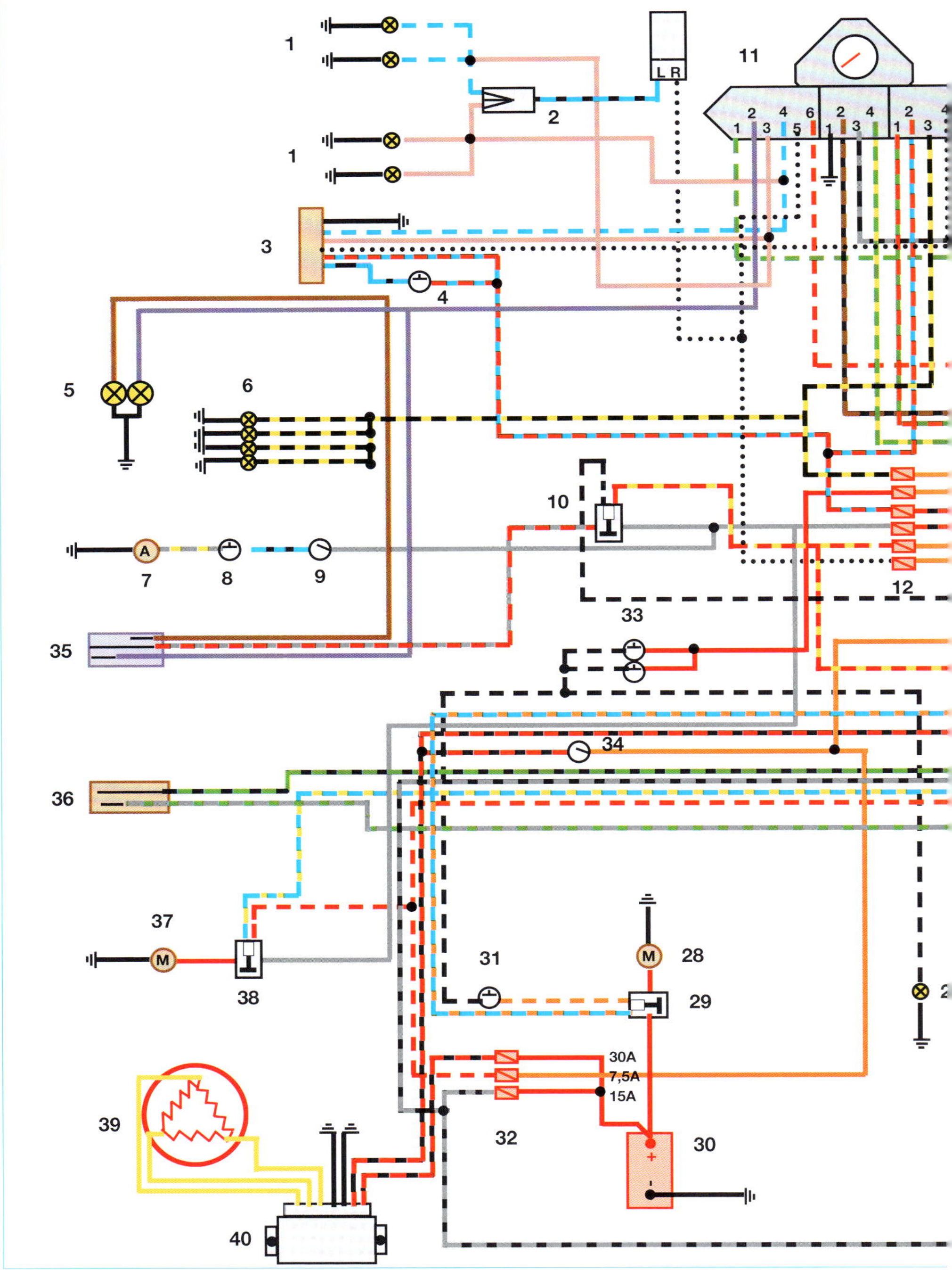

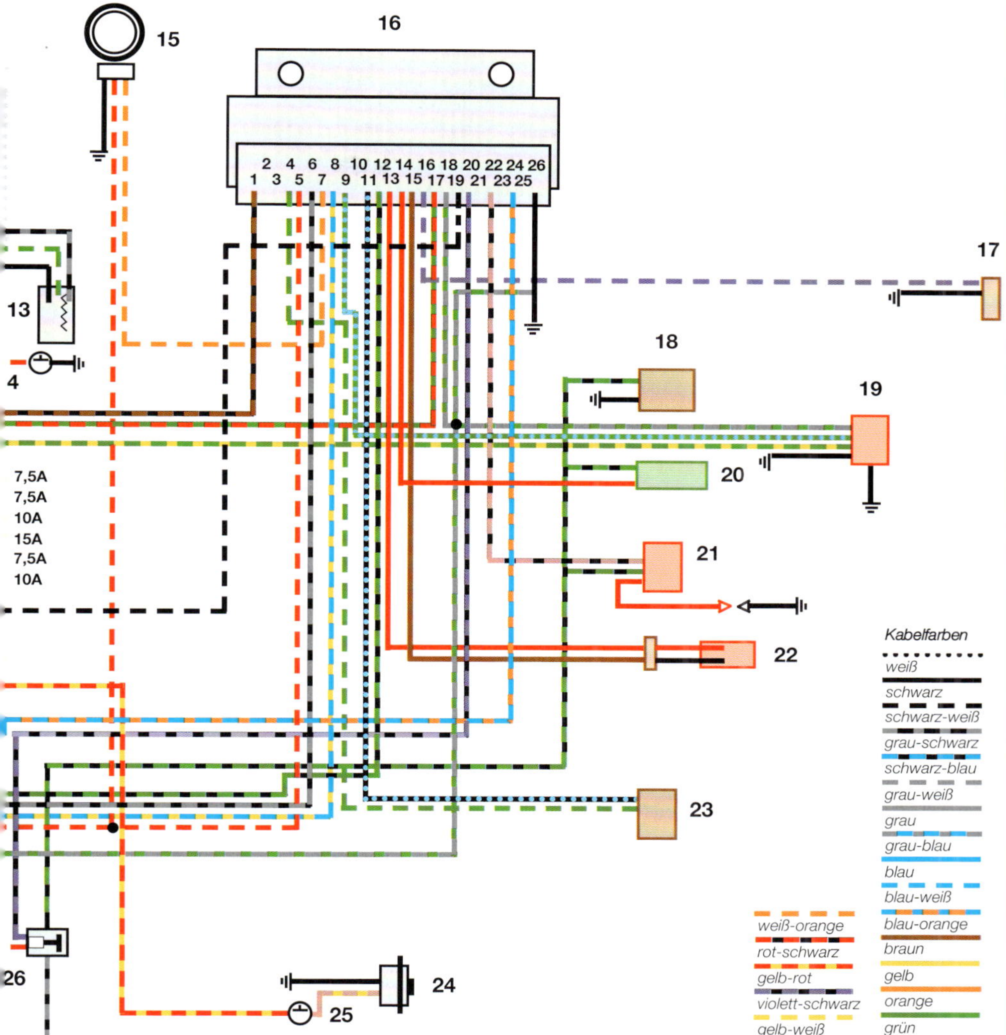

Elektrik-/Elektronik-Elemente-/Baugruppen: *1 = Blinklampen vorn 12V-10W, 2 = Blinkerschalter, 3 = Klemmleiste, 4 = Schalter Helmfachbeleuchtung, 5 = Scheinwerfer-Zweifadenlampe 12V-55/60W, 6 = zwei Standlichtlampen 12V-5W, Rücklichtlampe 12V-5W, Kennzeichenbeleuchtung 12V-5W, 7 = elektrischer Sitzbanköffner, 8 = Schalter Sitzbanköffner, 9 = Zündschloßkontakte, 10 = Scheinwerferrelais, 11= Cockpitplatine mit Display, 12 = Nebensicherungen (A-Werte rechts davon), 13 = Benzinstandgeber, 14 = Öldrucksensor, 15 = Antenne Wegfahrsperre, 16 = Zünd- und Einspritzelektronik, 17 = Diagnosestecker, 18 = Benzinpumpe, 19 = Motortemperatur-Sensor, 20 = Benzin-Einspritzdüse, 21 = Zündspule mit Zündkerze, 22 = Drehzahlsensor, 23 = Lambdasonde, 24 = Hupe, 25 = Hupendruckknopf, 26 = Einspritzrelais, 27 = Bremslicht 12V-16W, 28 = Anlassermotor, 29 = Anlasserrelais, 30 = Batterie 12V-12Ah, 31 = Starterknopf, 32 = Haupt- (oben) und Nebensicherungen (A-Werte rechts davon), 33 = zwei Bremslichtschalter, 34 = Zündschloßkontakte, 35 = Lichtschalter, 36 = Notausschalter, 37 = elektrischer Kühlventilator, 38 = Kühlgebläserelais, 39 = Schwungradmagnetzünder Lichtmaschine, 40 = Spannungsregler.* ***Achtung:*** *Ist kein Punkt vorhanden, liegen die Kabel übereinander*

Graphik: SCHNEIDER MEDIA

Kabelfarben

weiß
schwarz
schwarz-weiß
grau-schwarz
schwarz-blau
grau-weiß
grau
grau-blau
blau
blau-weiß
blau-orange
braun
gelb
orange
grün
grün-weiß
schwarz-grün
schwarz-gelb
grün-gelb
rot
rot-weiß
rosa
violett
rot-blau
rot-schwarz
hellblau

weiß-orange
rot-schwarz
gelb-rot
violett-schwarz
gelb-weiß
braun-schwarz
rot-grün
schwarz-hellblau
grün-hellblau
blau-gelb
gelb-grau
rot-grau
gelb-rot
grau-grün
blau-orange
schwarz-orange

Schaltplan Zünd- und Einspritzanlage GTS 250 i.e.

(vereinfacht, Farben symbolisch)

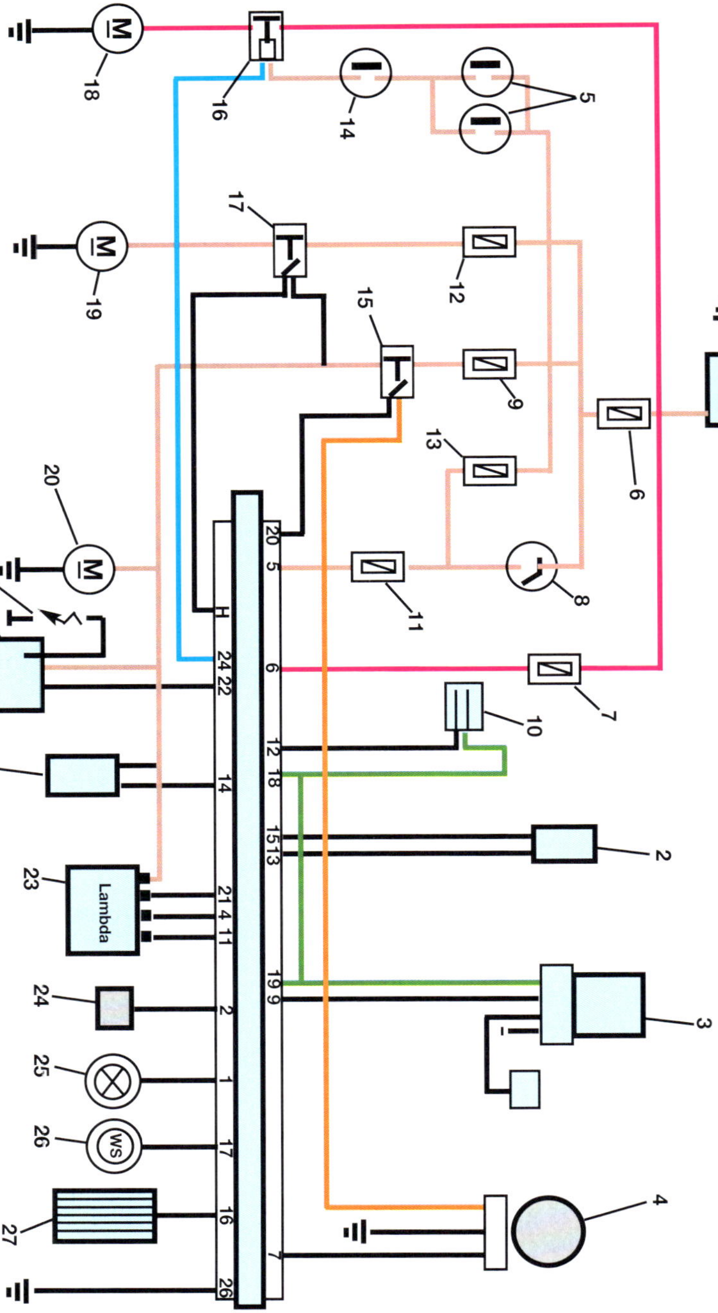

1 = Batterie 12V-12Ah, 2 = Motordrehzahlsensor, 3 = Kühlmittel-Temperatursensor, 4 = Antenne Wegfahrsperre, 5 = Bremslichtschalter, 6 = Sicherung 30 A, 7 = Sicherung 3 A, 8 = Zündschalter, 9 = Sicherung 10 A, 10 = Schalter zum Abstellen des Motors, 11 = Sicherung 7,5 A, 12 = Sicherung 15 A, 13 = Sicherung 7,5 A, 14 = Anlaßschalter, 15 = Fernrelais Einspritz-Ladung, 16 = Anlasser-Fernrelais, 17 = Kühlgebläse-Fernrelais, 18 = Anlassermotor, 19 = Kühlgebläse, 20 = Benzinpumpe, 21= CDI-Zündspule, 21a = Zündkerze, 22 = Benzin-Einspritzdüse, 23 = Lambdasonde, 24 = Drehzahlmesser, 25 = Warnlampe, 26 = LED Wegfahrsperre, 27 = Diagnosestecker.

Werterhaltende Maßnahmen: Entrostung, Falz- und Hohlraumversiegelung, Unterbodenschutz

Zahlreiche GT- und GTS-Fahrer beklagen sich über **Qualitätsprobleme,** wie Vespa-Sammler Werner Lechner aus Schwäbisch Hall berichtet. Fest steht, daß hauptsächlich die GTS-Modelle im Bereich der Karosserie viele **Blechfalze** aufweisen. Diese Karosseriestruktur und die mitunter unzureichende Lackierung führen dazu, daß die GTS-Modelle schon früh in den Falzen rosten.Wird zudem im Winter auf salzgestreuten Straßen gefahren, blüht der Rost schnell überall, auch am Auspuff. Zudem leiden ungeschützte Leichtmetallelemente sehr unter der Salzeinwirkung. Aus den Blechfalzen läßt sich der **Rost** später kaum noch entfernen. Es ist daher durchaus sinnvoll, eine noch fabrikneue GTS gleich zu Anfang teilzuzerlegen (Abbaus von Kaskade, Innenschild, Anbauelemente etc.) und mit **Hohlraumwachs** und ggf. auch **Unterbodenspray** nachzubehandeln. Es wäre ja schade, wenn man sich wegen dieser Rostprobleme schon nach einem oder zwei Jahren von seiner GTS trennen müßte.

Der GTS von Stefan Ott aus Köln hatte schon nach einem Jahr und rund 13.000 km an der Unterseite etliche **Roststellen,** und das, obwohl der Roller nicht im Winter gefahren worden war. Auch hier kam der Rost aus den Falzen, der Lack am Unterboden war teilweise abgeplatzt. Nachdem Ott das Problem bei seinem Vespa-Händler reklamiert hatte, wurden die Schäden immerhin auf Garantie beseitigt. Offenbar war das Fahrzeug vor der Lackierung im Werk einfach nicht richtig gereinigt worden, denn es waren noch Späne aus der Herstellung im Lack eingeschlossen. Aufgrund der Reklamation wurde der Roller in einer Karosseriewerkstatt entrostet und neu lackiert, außerdem bekam er einen Unterbodenschutz, der überlackiert wurde. Ott spendierte seiner GTS darüber hinaus eine **Hohlraumkonservierung.** Er sagt: „Das kann ich nur jedem ans Herz legen, der keine Garage hat. Wichtig dabei ist, daß Innenschild, Handschuhfach und Trittbrett abgebaut werden, damit die Kühler nicht zugesprüht werden und damit man überall dran kommt.“

An der GTS 300 i.e. von 2008, die von uns für Foto- und Montagezwecke gekauft worden war, zeigte sich nach drei Jahren Korrosion am **Schwingungsdämpfer** rechts am Lenker. Wir empfehlen, alle Chromteile für die Wintermonate mit Vaseline aus der Tube einzureiben. Die kleinen Zierspangen im Chromlook auf der Kaskade lösten sich sehr früh, weil der Kleber aushärtete. Mit zwei Streifen Tesefilm konnte das Herunterfallen verhindert werden, bis Ersatz bestellt worden war.

Wer viele Jahre lang Freude an seiner Vespa GTS haben will, sollte sie möglichst frühzeitig gegen Korrosion schützen, vor allem an den Falzen und am Unterboden. Foto: Vespa GTS 300 i.e. Super Sport (links) und 300 i.e. Super (rechts) von 2014.

Modelle 2014: neues digitales Cockpit, verbessertes ABS mit ASR, größeres Helmfach

Für 2014 wurden Vorderradschwinge und ABS überarbeitet. Unten: die GTS 300 Super 2014 in voller Fahrt.

Für **2014** wurden alle Vespa-GTS-Modelle (GTS 300 i.e., GTS Super 300 i.e., GTS Super Sport 300.i.e und GTS Super 125 i.e.) **behutsam modernisiert;** die 250er-Modelle fielen weg. Die Kaskade des Grund-Modells besaß jetzt nur noch drei Schlitze für die Hupe, bei den Super-Modellen blieb es bei fünf Schlitzen und dem rot lackierten Federbein. Am meisten ins Auge sprang das völlig **neue Cockpit** mit moderner digitaler Graphik und einem serienmäßigen **USB-Anschluß.** Gegen Aufpreis (160 Euro) wurde eine „App" geliefert („Vespa Multimedia-Platform"), die aus einem angeschlossenen Smartphone ein **Zusatzcockpit** machte, das sich als GPS nutzen läßt und zahlreiche Fahrdaten von Beschleunigung bis Verbrauch und Schräglage anzeigte. Neu waren ferner der **Chromrahmen** an der

Das neue digitale Cockpit der GTS 2014 besitzt einen USB-Anschluß für ein Smartphone. Unten: Das Helmfach wurde etwas vergrößert.

Heckleuchte und die **LED-Positionslichter** in den vorderen Blinkern. Zur Aufwertung trug u.a. auch ein modifizierter Sitzbankbezug bei. Daß das **Helmfach** unter der weiterhin sehr bequemen Sitzbank (etwas) vergrößert wurde und nun zwei flache Jethelme aufnehmen konnte (zumindest, wenn sie von Piaggio stammten), war überfällig.

In Deutschland war die neue GTS 300 Super **ab Mai 2014** für 5490 Euro zu haben. Wer 300 Euro drauflegte, bekam ein neu entwickeltes **Zweikanal-ABS** für die Scheibenbremsen vorne und hinten, das mit einer (abschaltbaren) **Antischlupfregelung** fürs Hinterrad kombiniert war. Die **Anlenkung des Federbeins** an die Vorderradschwinge über ein Gelenk verbesserte spürbar den Komfort. Der bewährte Vierventil-Einspritzmotor wurde nur geringfügig im Ansaug- und Abgastrakt geändert, es blieb bei 22 PS (bzw. 15 PS bei der 125er).

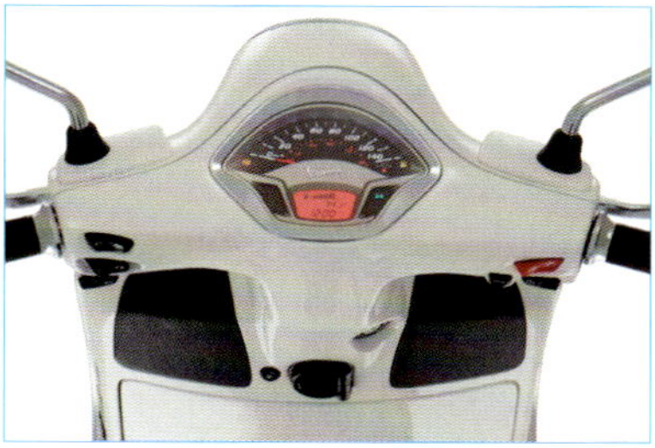

Links von oben: Cockpit Super 300, Heck mit Chromrahmen, Sondermodell „Moto dell anno“ mit runder Hupenabdeckung. Rechts von oben Modelle 2014: GTS Super 300 mit Touring-Paket, GTS Super, GTS Super Sport.

Oben: Die Basismodelle GTS 300 und 125 sind seit 2014 durch die drei Schlitze in der Kaskade und dem anthrazitfarben lackierten Federbein zu erkennen. Rechts: GTS Super 300 mit dem neuen verchromten Heckleuchtenrahmen. Der Auspuff besteht weiter aus Stahlblech. Edelstahlanlagen gibt's im Zubehörhandel.

Modelle bis 2018: feine Details, neue Farben, Exklusivmodell Sei Giorni

Oben: Vespa GTS 125, unten GTS 300 in den Classic-Basisversionen von 2017/2018. Optisch sind die beiden Modelle nicht voneinander zu unterscheiden, sieht man vom serienmäßigen Gepäckträger der GTS 300 ab.

GTS ab 2016: ABS und iGet-, HPE-Motoren für Euro 4

Der große Erfolg der Vespa GTS mit 125er und 300er Motor (exakt: 124 und 278,3 cm^3), setzte sich ab 2016 fort. Wichtigste Änderung für das Modelljahr 2016/2017 war die Überarbeitung der Motoren an die ab dem 1. Januar 2017 geltenden, weiter verschärften EU-Abgasnormen (iGet = „Italian Green Experience Technology"). Wie die 50er und 125er iGet-Triebwerke der kleineren Modelle Primavera und Sprint entsprachen jetzt auch die 125er GTS-**iGet-** und 300er **HPE-**Aggregate der **Euronorm 4.**

Die **GTS 125** emittierte 60 Gramm CO^2 auf 100 km, bei der **GTS 300** waren es 77 g/100 km. In Verbindung mit der bewährten Vierventil- und elektronisch gesteuerten Einspritztechnik reduzierten bei allen Vespa-Modellen **geregelte Dreiweg-Katalysatoren** die Abgasemissionen. Den Verbrauch an Superbenzin bleifrei ROZ 95 gab Piaggio bei der 125er GTS mit 2,5 l/100 km, bei der GTS 300 mit 3,4 l/100 km an. Die Erfahrung im Alltag zeigt allerdings, daß der Verbrauch bis zu einem Liter höher liegen kann, vor allem im Kurzstreckenverkehr mit häufigen Stopps und Starts. Bei Tankvolumina von 7,0 (125er) und 8,5 Liter (300er) muß in der Realität alle 150 km nachgetankt werden. Während die neueste GTS 125 mit ihren 12,2 PS bei 8250/min^{-1} eine Spitze von 95 km/h erreicht, schafft die GTS 300 mit 21,3 PS bei 7750/min^{-1} 118 km/h.

Ein wesentliches Sicherheitsmerkmal der Modelle ab 2017 ist das serienmäßige **Zweikanal-ABS,** das bei der GTS 125 sogar serienmäßig mit einer **Start-Stopp-Automatik** kombiniert ist. Die generell 220 mm großen, gelochten Bremsscheiben vorne und hinten sorgen für satte Verzögerung. Damit nicht genug: Die GTS 300 ist neuerdings sogar mit der **Traktionskontrolle ASR** ausgerüstet, die zuvor erstmals beim Kultobjekt 946 zum Einsatz kam. Serienmäßig waren 2018 der verchromte Heckgepäckträger, der „Bike finder" und die automatische Fernbedienung für die Sitzbankverriegelung.

Die ebenfalls mit ABS und ASR ausgerüsteten **Modelle Super** und **SuperSport** unterscheiden sich vor allem durch exklusive Farben wie Grigio Opaco und Giallo von den

Oben links: Seitenansicht der GTS 300 Classic. Oben rechts: In Italien ist die GTS auch als 150er zu haben. Beide Fotos: 2017.

Mitte links, rechts und Cockpit: GTS 300 Super von 2017. Rechts unten: GTS 125 SuperSport 2016 in Grigio Opaco.

Klassik-Versionen. Das seit vielen Jahren erhältliche und für 2018 mit ABS und ASR ausgerüstete **Touring-Modell** der GTS 300 mit Windschild, Heck- und Klappgepäckträger vorn bekam 2016 das 125er Touring-Modell mit ABS zur Seite gestellt. Von der Basis unterscheidet sich die Touring-GTS durch exklusive Farben wie Dolomitgrau oder Bordeaux.

Sondermodelle haben bei Vespa eine lange Tradition. So erschien 2016 zum 70. Geburtstag der Marke Vespa die **Vespa GTS Settantesimo** in Türkisblau (Settantesi-

Oben links, rechts: GTS 300 Super. Mitte: GTS Notte, lieferbar als 125er und 300er. Unten: GTS Yacht Club. Alle Fotos: 2017.

mo = italienisch für „Siebzigster“, geläufige Abkürzung für den 70. Geburtstag). Technisch handelte es sich um eine GTS (wahlweise als 300er oder 125er zu haben) mit Gepäckträger und einer Ledersitzbank mit der eingeprägten Zahl 70.

Im Oktober **2017** stellte Piaggio die Sondermodelle **Yacht Club** und **Notte** vor, als Primavera-, Sprint- und GTS-Sondermodelle lieferbar. Die Stahlblech-Karosserie der GTS Yacht Club war in maritimem Weiß lackiert. Weitere Besonderheiten waren die blaue Sitzbank mit weißem Keder, opalblaue Aluminium-Leichtmetallräder mit „Diamant-Cut“ auf den Flanken. Die traditionelle „Krawatte“, die Fußleisten und feine Dekorstreifen waren blau, ein Yacht Club-Logo rundete das Finish ab.

Wie die Vespa Sprint Notte in der 50er- und 125er-Klasse kamen GTS 125 und 300 in der „Notte“-Edition **mit mattschwarzem Outfit** daher. Analog zum 125er Sondermodell X Saint Laurent zeigten sich Spiegel, „Krawatte“, Räder, Schalldämpferabdeckung und Soziusgriff in glänzendem Schwarz.

Für eine GTS 300 Yacht Club bzw. Notte mußte der Kunde 6140 respektive 6190 Euro auf den Tisch legen. Er konnte sich damit trösten, daß der Wertverlust bei Vespa-Sondermodellen sehr gering ist.

Vespa Sei Giorni 2017

Knaller der Saison 2017/2018 war das Sondermodell **Sei Giorni,** das an die **Sporterfolge** der Vespa in den **1950er Jahren** erinnerte. Die Geschichte: **1951** versetzte die Piaggio Squadra Corse die internationale Rennsport-Szene bei einem der härtesten Motorsport-Wettbewerbe jener Zeit ins Staunen.

In der Zeit nach dem Zweiten Weltkrieg hatten Wettbewerbe in Form von Gleichmäßigkeitsprüfungen ihre Hochphase. Dabei wurden hunderte Kilometer lange Etappen auf extrem schwierigen Strecken zurückgelegt. Echte Härtetests für Mann und Maschine. Das **Sei Giorni Internationale** war der prestigeträchtigste Wettbewerb seiner Zeit und wurde damals in **Varese** zum 26sten Mal ausgetragen.

Die zehn Vespa wurden am Start eher mit einer gewissen Skepsis gesehen. Mit welchen Erwartungen traten sie an? Was wollten sie im Kampf gegen echte Wettbewerbsmotorräder ausrichten? Doch es war eine ganz spezielle Vespa, die genau bei diesem Wettbewerb in einer Sport-Version an den Start ging. Am Ende dominierte sie die Veranstaltung mit **neun Goldmedaillen.** Es war eine Überlegenheit, die auf scheinbar undurchdringlichen Off-Road Strecken sowie beim Zeitfahren auf der Rennstrecke von Monza gezeigt wurde. Gleichzeitig gewann Piaggio als italienisches Team die Goldmedaille für den besten Hersteller in diesem Wettbewerb.

Mit der im Mai 2017 präsentierten Vespa Sei Giorni erinnerte Piaggio an die glorreiche Vergangenheit der Vespa im Mortorsport der 1950er Jahre, wo das klassische Modell gegen stärkste Motorrad-Konkurrenz neun Goldmedaillen gewann.

Chromlenker, Zentralinstrument und Kotflügel-Scheinwerfer greifen das historische Konzept wieder auf.

Optisch war die 1951er Vespa „Sei Giorni“, die ihren Namen nach diesem grandiosen Erfolg erhielt, vom Serienmodell kaum zu unterscheiden. **Mehr Tankvolumen,** verbesserte Aerodynamik des Beinschilds und eine grössere Motorabdeckung für den **Rennvergaser** waren die wesentlichen Unterscheidungsmerkmale. Heute zählt die Sei Giorni von 1951 zu den begehrtesten und wertvollsten Sammlerstücken der Vespa-Geschichte. Insgesamt knapp 300 Vespa Sei Giorni wurden damals für die Teilnahme an Gleichmäßigkeitswettbewerben gebaut.

Mit einer exklusiven und **nummerierten Special Edition der GTS 300** erinnerte Piaggio 2017 an die glorreiche Vergangenheit. Auf jeden Fall hat die Sei Giorni 2017 Stil und Klasse, ist eben eine typische Vespa. Unverwechselbar wie bei den 2006

erstmals vorgestellten GTV-Modellen: Der **„Faro Basso“,** der Frontscheinwerfer auf dem vorderen Schutzblech sowie der einfache **Rohrlenker.** Beide Merkmale sind Stilelemente, die an die historische Sei Giorni erinnern. Charmant gemacht, das Rundelement mit **analogem Tacho** und Tankuhr. Schön anzusehen, die roten Zeiger auf weißem Grund. Unauffällig

Der Look ist der gleiche, doch ansonsten haben Modell 1951 und 2017 nichts miteinander gemein.

Oben: GTS 300 Touring von 2016 mit Windschild und zwei verchromten Gepäckträgern als komfortables Reisefahrzeug mit überragenden Fahreigenschaften.

verbirgt sich hinter der rechteckigen Digitalanzeige modernste Technik. Das rauchgraue **Windschild** unterstreicht die sportliche Note.

Selbstrecend verfügt die moderne Sei Giorni über den stärksten Antrieb der Vespa-Baureihe: Einzylinder-Viertaktmotor mit **278 cm^3 Hubraum,** vier Ventilen, elektronisch gesteuerter Benzineinspritzung, 21,2 PS bei 7750/min^{-1} und 22 Nm bei 5000/min^{-1}. Das genügt locker für rund 120 km/h Top Speed, beste Beschleunigung und kraftvollen Durchzug. Daß Rahmen und Karosserie („Large Body") Vespa-typisch aus Stahl sind, unterstreicht die hohe Qualität des Fahrzeugs.

Die schwarzen **Startnummern** mit der weißen Sechs sind eine Reminiszenz an die erfolgreichen Sei Giorni von 1951. Schwarze Räder mit roter Linierung, die schwarze Abdeckung des Schalldämpfers und der feine rote Rahmen der Typenschilder ergeben ein perfektes Finish. Die Doppelsitzbank im **Single-Seater-Look** ist komfortabel, die unterschiedlichen Materialen des Bezugs sind perfekt aufeinander abgestimmt und zeigen weiße Keder und weiße Steppnähte.

Typisch für die Vespa GTS-Serie ist das geräumige **Ablagefach** unter der Komfortsitzbank. Mit viel Beinfreiheit und ergonomischer Sitzposition, hat der Fahrer seine Sei Giorni jederzeit perfekt im Griff. Ob über Land, auf großer Tour oder zur Rush Hour durch die City: **2-Kanal-ABS** und **LED-Tagfahrlicht** stehen für Sicherheit. ASR hat die Sei Giorni aber nicht. Praktisch für unterwegs, der **USB-Anschluß** im Handschuhfach. Beim Verkaufsstart im Oktober 2017 kostete die Vespa Sei Giorni 6390 Euro – inklusive aller Nebenkosten.

Ende Juni 2023 präsentierte Piaggio neue, sportlich aufgemachte Versionen der GTV 300, links das Modell in Beige, rechts die Version Nero Convinto. Schwarz beschichtete Räder und Technikelemente, umfangreiche LED-Technik, orangefarbene Zierstreifen und zusätzliche Lüftungsschlitze vorn und hinten setzten markante Akzente. Der 278-cm^3-Viertaktmotor leistete mehr als je zuvor: 23,8 PS. Preis in Deutschland: 7499 Euro, über 1100 Euro mehr als die Sei Giorni 2017 kostete.

Technische Daten Vespa GTS 2018

(alle Angaben nach bestem Wissen, aber ohne Gewähr; weitere Detailinformationen s. S. 142)

Modell	**GTS, GTS Super GTS SuperSport GTS Touring 125 iGet ABS**	**GTS, GTS Super GTS SuperSport GTS Touring 300 ABS/ASR**	**Sei Giorni 300**
Daten für Bauzeit:	seit 2016	seit 2016	seit 2017
Motor			
Bauart	1-Zyl.-4-Takt, flüssigkeitsgekühlt, mit Antrieb verblockt		
Motortyp Piaggio	LEM/i-Get	HPE	HPE
Ventilsteuerung	SOHC, 4 Ventile	SOHC, 4 Ventile	SOHC, 4 Ventile
	1 obenliegende, kettengetriebene Nockenwelle ----------		
Hubraum cm^3	124	278,3	278,3
Bohrung x Hub mm	52,0 x 58,7	75,0 x 63,0	75,0 x 63,0
Verdichtungsverhältnis	12,0 : 1	11,0 : 1	11,0 : 1
Leistung kW (PS)	9,0 (12,2)	15,6 (21,3)	15,6 (21,3)
bei Drehzahl./min^{-1}	8750	7750	7750
Maximales Drehmoment Nm bei Drehzahl/min^{-1}	11,1/6750	22,0/5000	22,0 Nm/5000
Gemischaufbereitung	Einspritzung, elektronisch gesteuert ----------------------		
Kurbelwelle	gleitgelagert --		
Schmierung	kettengesteuerte Nockenpumpe, Netz-Vorfilter-----------		
Zündung	kontaktlos elektronisch über Bordcomputer -------------		
Zündkerze	NGK CR8EB	NGK CR8EKB	NGK CR8EKB
Abgasanlage	geregelter Dreiwege-Katalysator -------------------------		
Starter	Elektrostarter ---		
Lichtmaschine	Schwungradmagnetzünder, Wechselstrom, 380 W		
Kraftübertragung			
Primärtrieb	Direktantrieb über Variator auf der Kurbelwelle ----------		
Kupplung	Trocken-Fliehkraftkupplung auf Getriebeantriebswelle		
Getriebe	Zahnradgetriebe mit Vorgelege ---------------------------		
Sekundärtrieb	Keilriemen auf Fliehkraftkupplung, Untersetzungsgetriebe		
Fahrwerk, Bremsen			
Rahmen	Stahlblechrahmen selbsttragend ------------------------		
Karosserie	Stahlblech mit Kunststoff-Anbauteilen ------------------		
Länge/Breite/Höhe mm	1950/755/1170 *1	1950/755/1170 *1	*2 950/770/1185
Sitzhöhe/Radstand mm	790/1380	790/1375	790/1375
Gewicht fahrfertig kg	147	160	160
Vorderradführung	Lenkrohr mit gezogener Schwinge, hydr. Federbein		
Hinterradführung	LM-Triebsatzschwinge, 2 hydr. gedämpfte Federbeine *3		
Bremse vorn	gelochte Bremsscheibe, Zweikolben-Festsattel		
Bremse Durchmesser	220 mm	220 mm	220 mm
Bremsbetätigung vorn	hydraulisch von Hand per Hebel rechts am Lenker -----		
Bremse hinten	gelochte Bremsscheibe, Zweikolben-Festsattel		
Bremse Durchmesser	220 mm	220 mm	220 mm
Bremsbetätigung hint.	hydraulisch von Hand per Hebel links ---------		
Assistenzsysteme	ABS	ABS/ASR	ABS
Räder, Bauart vorn	LM 3.00 x 12	LM 3.30 x 12	LM 3.00 x 12
Räder, Bauart hinten	LM 3.00 x 12	LM 3.00 x 12	LM 3.00 x 12
Reifen vorn	120/70 x 12 TL	120/70 x 12 TL	120/70 x 12 TL
Reifen hinten	130/70 x 12 TL	130/70 x 12 TL	130/70 x 12 TL
Fahrleistungen, Energie			
Vmax km/h in D	95	118	118
Treibstoff	alle Modelle: Super bleifrei ROZ 95 ----------------------		
Abgasnorm	Euro 4	Euro 4	Euro 4
Verbrauch l/100 km	2,5	3,4	3,4
Tankinhalt Liter ca.	7,0	8,5	8,5

Anmerkungen

*1 *Höhe ohne Spiegel, ohne Windschild*
*2 *Maße Sei Giorni: 1950/770/1185*
*3 *Federvorspannung verstellbar*

Oben: speziell lackierte GTS 300 mit Fahrer und Sozia im Look des Mailänder Modedesigners Peuterey 2017. Unten Vespa GTS 300 Touring von 2016.

Stichwortverzeichnis

Weitere Vespa- und Piaggio-Wartungsbücher von SCHNEIDER MEDIA

Bestseller: der legendäre Vespa-Roller in Einzelteilen

Klassische Vespa-Motorroller zu restaurieren lohnt sich. Doch für Laien ist es nicht einfach. Der neue Ratgeber von Hans J. Schneider zeigt **am Beispiel einer PX 200 E von 1985** in allen Details und bis zur letzten Schraube, wie eine Vespa zerlegt, restauriert und fachmännisch wieder zusammengebaut wird, wobei auf die Mitwirkung eines erfahrenen Vespa-Meisterbetriebs nicht verzichtet wurde.
Auf **256 Seiten** und anhand von **1620 Fotos in Farbe** wird präzise erklärt, wo die Fallstricke liegen, die bei Nichtbeachtung zum Desaster führen könnten. Tabellen mit Mängelbeschreibungen, den benötigten Werkzeugen und den entstehenden Kosten fehlen natürlich auch nicht.

Format: 194 x 260 mm, broschiert, 29,90 Euro
ISBN: 978-3-667-11415-0

Klassische Piaggio Automatik-Roller

Sfera, SKR, Storm, NRG, Quartz, TPH, Hexagon
6., erweiterte Auflage
Alle Reparatur- und Inspekionsarbeiten, 148 x 210 mm, 224 S., 577 meist farbige Abbild., 16,90 Euro.
ISBN: 978-3-667-11583-6

Klassische Vespa Motorroller

PK + Vorläufer, P-, PX-und Cosa-Modelle seit 1970
20. Auflage, alle Reparatur- und Inspektionsarbeiten auch für aktuelle Modelle; 148 x 210 mm, 352 S., 1347 Abb., 19,90 Euro.
ISBN: 978-3-667-12061-8

Vespa ET, LX, LXV, S Automatik-Roller

5. Auflage, alle Reparatur- und Inspektionsarbeiten.
149 x 210 mm, erweitert auf 168 S., 581 Abbildungen, 5 Schaltpläne in Farbe, 18,00 Euro.
ISBN 978-3-667-11581-2

Erhältlich im Buch- und Fachhandel
oder unter **www.delius-klasing.de/shop**